职业教育"十四五"规划教材

职业教育课程改革规划创新教材

商品图片处理

邵 新 田云芳 唐黎娟◎主编

U0809845

中国石化出版社
HTTP://WWW.SINOPEC-PRESS.COM
中国经济出版社
CHINA ECONOMIC PUBLISHING HOUSE
·北京·

内 容 提 要

商品图片处理是电子商务专业的核心课程，通过课程学习，学生可以熟练使用各种工具完成给定的项目案例制作，熟练掌握移动工具、选框工具、画笔工具、文字工具的使用方法，应用图层蒙版和调整图层对图片进行合成并调色，熟练掌握各种修图技巧，完成商品图片的简单修饰和给定项目案例的精修，加深对商品图片处理技能的理解，不断提高图片处理和软件操作的技术水平。

本书可作为职业学校电子商务专业的教材，也适合自学 Photoshop 软件和图片处理的人员使用。

图书在版编目(CIP)数据

商品图片处理 / 邵新，田云芳，唐黎娟主编.
北京:中国石化出版社，2024.9. —ISBN 978-7-5114
-7598-5

Ⅰ. TP391.413

中国国家版本馆 CIP 数据核字第 2024QL7271 号

未经本社书面授权，本书任何部分不得被复制、抄袭，或者以任何形式或任何方式传播。版权所有，侵权必究。

中国石化出版社出版发行

地址:北京市东城区安定门外大街 58 号
邮编:100011　电话:(010)57512500
发行部电话:(010)57512575
http://www.sinopec-press.com
E-mail:press@sinopec.com
宝蕾元仁浩(天津)印刷有限公司印刷
全国各地新华书店经销

*

787 毫米×1092 毫米 16 开本 22 印张 388 千字
2024 年 9 月第 1 版　2024 年 9 月第 1 次印刷
定价:68.00 元

《商品图片处理》

编 委 会

主　编： 邵　新　河北经济管理学校

田云芳　河北经济管理学校

唐黎娟　广西钦州农业学校

副主编： 李　霞　河北经济管理学校

张　津　河北经济管理学校

李　超　河北省冀南技师学院

杨冠伟　河北石家庄工程技术学校

编　委： 李　颖　海南省经济技术学校

王书凯　河北廊坊市电子信息工程学校

王贝贝　山东淄博电子工程学校

前言 PREFACE

商品图片处理是电子商务专业的核心课程，是学生学习后续课程如网店美工、网页制作等课程的基础。本课程以现代职业教育理念为指导，通过先进的教学手段，使学生充分掌握商品图片处理课程中Photoshop软件基础知识、绘制和编辑选区、文字工具和钢笔工具、文字选择和点线面光影设计、色彩搭配和图像精修等内容，熟练掌握移动工具、选框工具、画笔工具、文字工具的使用方法，应用图层蒙版和调整图层对图片进行合成并调色，熟练掌握各种修图技巧，完成商品图片的简单修饰和给定项目案例的精修。结合项目案例进行操作，加深对商品图片处理技能的理解，不断提高学生图片处理和软件操作的技术水平。课程设计强调理论与实践相结合，通过项目任务式学习，使学生由浅入深地掌握网店商品图片处理的职业技能。

本书涉及多组项目案例的实施，学生经过不断的练习和实践，可以熟练掌握软件的使用方法，提高图像处理的效率和质量，同时可以了解不同的图像处理技术，培养对美的感知能力，不仅可以提高审美水平，还可以激发创造思维和创新能力，有助于培养学生解决问题的能力。项目案例制作过程中常常会遇到各种问题和挑战，通过解决这些问题，可以培养学生分析问题、提出解决方案的能力，同时也可以锻炼学生的耐心和毅力。

我们对本书的编写体系做了精心的设计，按照“任务描述—知识准备—任务实施—巩固提高”这一思路进行编排，通过任务描述情景创建可以激发学生的学习兴趣，提升课堂参与度，通过任务实施训练可以使学生快速熟悉软件功能和商品图片处理的设计思路。学生在学习本课程后，可以掌握扎实的图像综合处理能力，能够胜任网店美工和网店视觉设计等相关岗位的部分工作。本书同时强化实践教学环节，重点培养电商专业学生职业素质和职业能力，注重以平面设计公司业务流程中的工作岗位任务激发学生学习知识和技能的兴趣，提高学生的实践能力和创新能力。同时，结合专业特点和课程教学内容，对学生进行职业道德教育，着力培养学生诚实守信、爱岗敬业、善于沟通和团队合作等良好的思想道德素质。

目录 CONTENTS

项目一

制图软件的"奇妙世界"

【项目简介】

本章主要介绍 Photoshop CC 2017 图像处理的基础知识，包括 PS 软件的应用、位图与矢量图的区别、图像尺寸与分辨率、文件常用格式、图像色彩模式等。通过本章的学习，同学们可以快速掌握 PS 软件的强大功能，提升学习的兴趣和动力，同时掌握图片处理的基础知识，对如何选择图像色彩模式和图像存储格式有清晰的认识，清楚地了解图片处理行业的发展前景，强化责任担当，用勤奋学习的实际行动践行爱国主义情怀。

【学习目标】

知识目标

了解 Photoshop CC 2017 图像处理软件基础知识；

理解位图、矢量图及分辨率的概念和文件存储格式。

能力目标

掌握图像处理软件在不同行业的用途；

了解各种格式文件的不同应用领域。

素养目标

感受 Photoshop CC 2017 图像处理软件的强大功能；

通过图像处理软件的学习，强化爱国主义责任担当。

【知识框图】

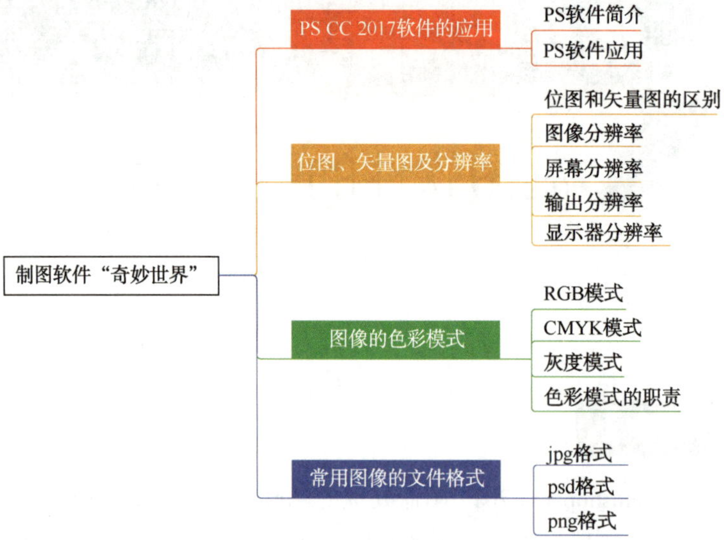

图 1-1　制图软件的“奇妙世界”

【任务描述】

Adobe Photoshop，简称“PS”，是由 Adobe 公司开发的图像处理软件，Photoshop 主要处理以像素所构成的数字图像。使用其众多的编修与绘图工具，可以有效地进行图片编辑工作。PS 有很多功能，在图像、图形、文字、视频、出版等各方面都有涉及。图像文件格式是指在计算机中存储图像文件的方式，每种图像文件格式都有自身的特点和用途。那么 PS 图像文件格式有哪些？如何存储不同的文件格式？

案例一：PS 软件常用的色彩模式有哪些？不同色彩模式有什么区别？

1. 情景设计

刚踏入校园的彬彬和子博无意间得知 XW 美工设计公司因平台扩建，正在学校进行校园招聘，主要有网店客服、美工助理和运营助理等兼职岗位，向来美工相关专业课非常优秀的两人准备应聘美工助理岗位，并立志在毕业前就能积攒一定的工作经验，为毕业后的求职应聘打下坚实的基础。

2. 任务描述

彬彬和子博收到 XW 美工设计公司下发的设计图片，两人根据任务要求按尺寸新建画布并制作图片，图片制作完成后，两人发现根据公司给定的色号设计的图像，颜色却并不相同，彬彬完成的图片颜色鲜艳，而子博做完的图片色彩相对暗淡。由于同一色号出现了颜色差异，两人开始核对并分析出现问题的原因，经过反复查看得出结论，两人的作品之所以出现色彩不同，是因为子博新建画布的时候，将XW美工设计公司要求新建画布的RGB色彩模式建成了CMYK模式。

3. 任务分解

两人经过入职考核才发现色彩模式的重要性，促使两人利用课余时间再次回顾并复习色彩模式相关知识点，避免以后再出现相同的问题。同学们，让我们与彬彬和子博一起，认真学习色彩模式，为网店美工专业课的学习打下坚实的基础。

在新建画布时，都会遇到一个“颜色模式”的选项，一般默认为RGB，但有时候也会用到其他模式，RGB颜色是电子显示器显示的颜色，而CMYK是印刷用的颜色。

CMYK也称作印刷色彩模式，是一种依靠反光的色彩模式，只有在有外界光源的情况下才可以看到。在印刷品上看到的图像，就是CMYK模式表现的。比如期刊、报纸、宣传画册等，都运用了CMYK模式。RGB模式是发光的色彩模式，在一间黑暗的房间内仍然可以看见屏幕上的内容。

案例二：PS软件图片都有哪些存储格式？各自有什么用途？

1. 情景设计

已经通过面试的彬彬和子博每天利用业余时间为XW美工设计公司作图片，这天收到一批图片抠图的任务，因为图片数量较多，收到任务后两人马上热火朝天地进入工作状态，经过多半天的努力终于将所有的图片处理完成，彬彬在检查上交的过程中，发现子博部分图片还带有白色背景，赶紧找到子博询问原因，子博一脸无辜地说我已经都抠完了，为什么存储的图片会不干净呢？

2. 任务描述

彬彬和子博对抠图过程进行检查并没有发现问题，再查看存储格式终于找到“罪魁祸首”，原来子博将部分抠好的图片存储成了jpg格式，导致已经去掉背景的商品周围出现了背景色。彬彬赶紧询问抠图文件的原图是否已经存储，子博自信地说原图都在，两人找到原图打开，不需进行任何操作，重新存储成png格式的图片，三五分钟完成任务并在公司规定的时间内发送到指定邮箱。

3. 任务分解

经过一番折腾，彬彬和子博都感慨，幸亏这次作图任务过程中听课上老师的要求，存储了 psd 格式的源文件，否则还得重新抠图，那么 psd 格式的源文件指的是什么？为什么有了它就不用再重复作图？为什么抠图完成后的图片要存储成 png 格式才能实现背景透明？让我们跟随彬彬和子博的思路，一起学习 PS 软件存储文件的不同格式。

图像文件格式是指在计算机中存储图像文件的方式，每种图像文件格式都有自身的特点和用途。那么，PS 图像文件格式有哪些？

psd：Photoshop 默认的文件格式，可以保留文档中所有操作的图层、通道等，通常情况是将文件保存为 psd 格式，方便随时修改。

psb：Photoshop 的大型文档格式，可支持高达 300000px 的超大图像文件。可以保持图像中的通道、图层样式和滤镜效果不变，但只能在 Photoshop 中打开。如果创建一个 2GB 以上的 psd 文件，可以使用该格式。

bmp：用于 Windows 操作系统的图像格式，主要用于保存位图文件。该格式可处理 24 位颜色的通道，支持 RGB、位图、灰度和索引模式，但不支持 Alpha 通道。

gif：基于在网络上传输图像而创建的文件格式，它支持透明背景的动画，被广泛地应用在网络文档中。

jpg：有损压缩的方式，具有较好的压缩效果，但是将压缩比设置得较大时，会损失掉图像的细节。支持 RGB、CMYK 和灰度模式，不支持 Alpha 通道。

tiff：一种通用的文件格式，所有的绘画、图像编辑和排版程序都支持该格式。该格式支持具有 Alpha 通道的 CMYK、RGB、Lab、索引和灰度模式，以及没有 Alpha 通道的位图模式。Photoshop 可以在 tiff 文件中储存图层，但是，如果在另一个应用程序中打开该文件，则只有拼合图像是可见的。

请结合案例一、二所给资料，预习课件内容，分析并讲述 PS 软件常用的色彩模式有哪些，各自有什么特点，同时说明 PS 软件图片都有哪些存储格式，各自有什么用途。

【知识准备】

随着电子商务行业的高速发展，网上购物逐渐成为当前最主流的消费方式，商品图片处理技术是电子商务行业从业人员必备的技术之一。

商品图片处理课程通过学习 Photoshop CC 2017 软件，为网店美工、网店设计、网店运营等工作岗位培养具备核心专业能力的从业人员。

一、PS CC 2017 软件的应用

1. PS 软件简介

Photoshop 软件是 Adobe 公司旗下的图像处理软件。作为平面设计中最常用的工具之一，它的应用领域很广泛，在图像、图形、文字、视频、出版各方面都有涉及。如果单纯地把 Photoshop 定义为平面设计软件有些狭隘。

在图像处理领域，计算机的图形图像数字化处理技术得到了广泛的应用，图像处理以及特效是 Photoshop 最优秀的地方，它可以把一些质量很差的图片加工处理成为效果不错的图片，可以把很多张图片合成为一张图片，也可以把图片原来的颜色改变为你想要的任意颜色。

从大的方面来说，Photoshop 被广泛应用于广告业、商业、影视娱乐业、机械制造业、建筑业等领域；从具体的细节方面来说，Photoshop 被应用于平面设计、影像创意、修复照片、摄影、建筑效果图后期修饰、网页制作、绘画插画、三维贴图制作、图标制作、艺术文字设计、婚纱照设计等。其实，还远不止这些，随着新版本的 Photoshop 的功能增强，它在影视后期制作、二维动画制作以及三维模型创建等方面都有不俗的表现，它不仅是一个非常好用的图像编辑软件，而且在以下行业都有所涉及。

小资料卡片

从照片编辑和合成到数字绘画、动画和图形设计，一流的图像处理和图形设计应用程序是创意项目的核心所在。利用 Photoshop 的强大功能，您可以在灵感来袭时随时随地进行创作。

2. PS 软件应用——平面设计

平面设计是应用最为广泛的领域，例如图书封面、招贴、海报、喷绘等这些具有丰富图像的平面印刷品，基本上都需要 Photoshop 软件对图像进行处理甚至印刷，当设计者使用其他软件设计广告时，用到的无背景图片也需经过 PS 抠图，再调入其他软件（图 1-2）。

3. PS 软件应用——图像处理

Photoshop 具有强大的修图、调色功能。利用这些功能，可以快速修复照片，也可以

修复人脸上的斑点等缺陷，快速调色。现在的婚纱影楼都使用数码相机，处理修饰照片也要应用到 Photoshop(图 1-3)。

图 1-2　PS 软件应用——平面设计

图 1-3　PS 软件应用——图像处理

4. PS 软件的应用——创意合成

创意合成是 Photoshop 的常用处理方式，通过 Photoshop 的处理可以将原本毫不相关的图像组合在一起，也可以使用“狸猫换太子”的手段使图像发生巨大变化(图 1-4)。

5. PS 软件的应用——图标及 logo 制作

使用 Photoshop 制作的图标形式多样，工具和特效也很丰富，所以多数 UI 的图标使用 PS 进行设计，包括一些 logo 的设计，PS 设计的图标的确非常精美(图 1-5)。

图 1-4　PS 软件的应用——创意合成

图 1-5　PS 软件应用——图标及 logo 制作

6. PS 软件应用——UI 设计

就目前来说，界面设计是一个新兴的领域，已经受到越来越多的软件企业及开发者的重视，是一个全新的职业，在界面设计行业，绝大多数设计者使用 Photoshop(图 1-6)。

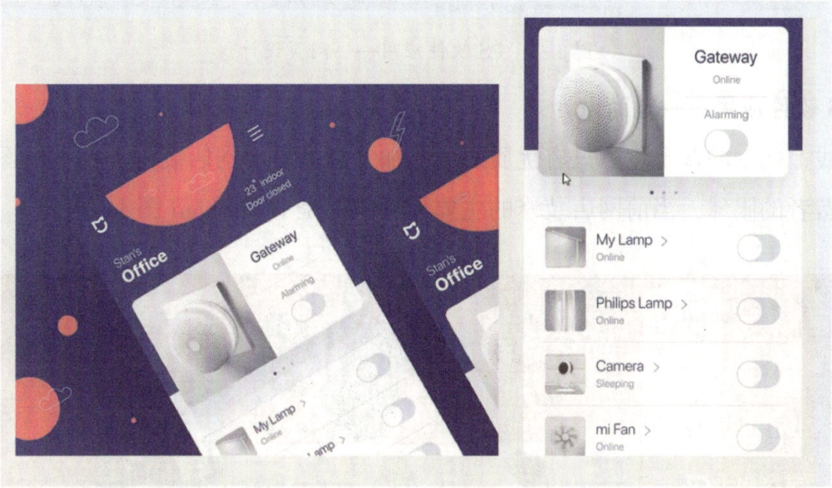

图 1-6　PS 软件应用——UI 设计

7. PS 软件应用——网页设计

Photoshop 是一款广泛应用于网页设计的图像编辑软件，其作用在于为设计师提供丰富的图像素材和编辑工具，能够让设计师轻松地进行漂亮的网页设计。

在网页设计中，Photoshop 是必不可少的软件，承担着网页代码设计之前所有的网页设计任务。在网页设计中，图像通常是网页的主要素材。通过 Photoshop 的图像处理工具，设计师可以对图像进行剪裁、调整颜色、增强对比度等操作，使图像更加适用于网页设计。同时，Photoshop 还能够对图像进行优化，使得图像在上传到网站后加载速度更快，减少用户等待时间。

在网页设计中，除了图片之外，还需要用到矢量图形和文字。Photoshop 提供了丰富的绘图和排版工具，设计师可以使用这些工具轻松地创建各种矢量图形和文本效果；设计师还可以利用 Photoshop 的图层管理和样式面板，快速地进行图形设计和排版调整，提高效率(图 1-7)。

图 1-7　PS 软件应用——网页设计

8. PS 软件应用——电商设计

随着线上购物的普及化，只有优质的商品加上高品质的网店装修、精美的图片呈现才能吸引消费者的眼球，当前网店装修的主要设计软件是 Photoshop(图 1-8)。

图 1-8　PS 软件应用——电商设计

二、位图、矢量图及分辨率

1. 位图

位图图像也叫点阵图像，它是由许多单独的小方块组成的，这些小方块又称像素点，每个像素点都有特定的位置和颜色值。像素点越多，图像的分辨率越高，相应地，图像的文件大小也会随之增大。使用放大工具放大后，可以清晰地看到像素的小方块形状与不同的颜色(图 1-9)。

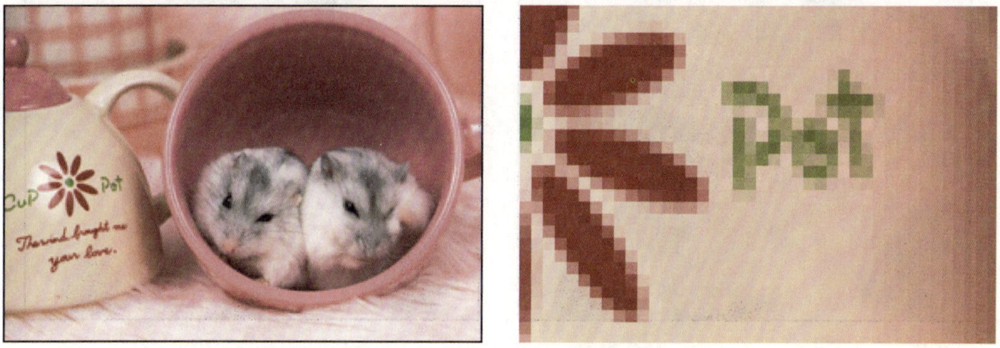

图 1-9　原始图像和放大后的图像之一

2. 矢量图

矢量图也叫向量图，它是一种基于图形的几何特性来描述的图像。矢量图中的各种图形元素称为对象，每一个对象都是独立的个体，都具有大小、颜色、形状、轮廓等属性。矢量图与分辨率无关，可以将它设置为任意大小，其清晰度不变，也不会出现锯齿状的边缘(图 1-10)。

图 1-10　原始图像和放大后的图像之二

3. 图像分辨率

图像中每单位长度上的像素数目，称为图像的分辨率，其单位为像素/英寸或像素/厘米。在相同尺寸的两幅图像中，高分辨率图像包含的像素比低分辨率图像包含的像素多(图 1-11)。

图 1-11　原始图像和放大后的图像之三

4. 屏幕分辨率

屏幕分辨率是指纵横向上的像素点数，单位是 px。屏幕分辨率确定计算机屏幕上显示多少信息的设置，以水平和垂直像素来衡量。就相同大小的屏幕而言，当屏幕分辨率低时(例如 640px×480px)，在屏幕上显示的像素少，单个像素尺寸比较大；屏幕分辨率高时(例如 1600px×1200px)，在屏幕上显示的像素多，单个像素尺寸比较小。

5. 输出分辨率

输出分辨率又称打印机分辨率，是指在打印输出时横向和纵向两个方向上每英寸最多能够打印的点数，通常以“点/英寸”即 dpi(dot per inch)表示。打印机的分辨率在 720dpi 以上的，可以使图像获得比较好的效果。平时所说的打印机分辨率一般指打印机的最大分辨率，一般激光打印机的分辨率均在 600dpi 以上(图 1-12)。

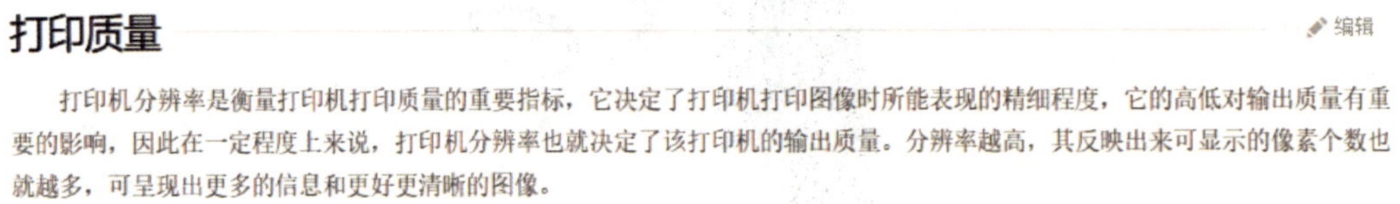
打印质量

编辑

打印机分辨率是衡量打印机打印质量的重要指标，它决定了打印机打印图像时所能表现的精细程度，它的高低对输出质量有重要的影响，因此在一定程度上来说，打印机分辨率也就决定了该打印机的输出质量。分辨率越高，其反映出来可显示的像素个数也就越多，可呈现出更多的信息和更好更清晰的图像。

图 1-12　打印机打印质量

6. 显示器分辨率

无论液晶显示器还是传统 CRT 显示器，分辨率都是重要的参数之一，传统 CRT 显示器所支持的分辨率较有弹性，而液晶显示器的像素间距已经固定，所以支持的显示模式不像 CRT 那么多。液晶显示器的最佳分辨率，也叫最大分辨率，只有在该分辨率下，液晶显示器才能显现最佳影像(图 1-13)。

当液晶显示器呈现分辨率较低的显示模式时，有两种方式进行显示。一种为居中显示：例如在 XGA 1024px×768px 的屏幕上显示 SVGA 800px×600px 的画面时，只有屏幕居中的 800×600 个像素被呈现出来，其他没有被呈现出来的像素则维持黑暗。该方法较少采用。另一种为扩展显示：在显示低于最佳分辨率的画面时，各像素点通过差动算法扩充到相邻像素点显示，从而使整个画面被充满。这样也使画面失去原来的清晰度和真实的色彩。

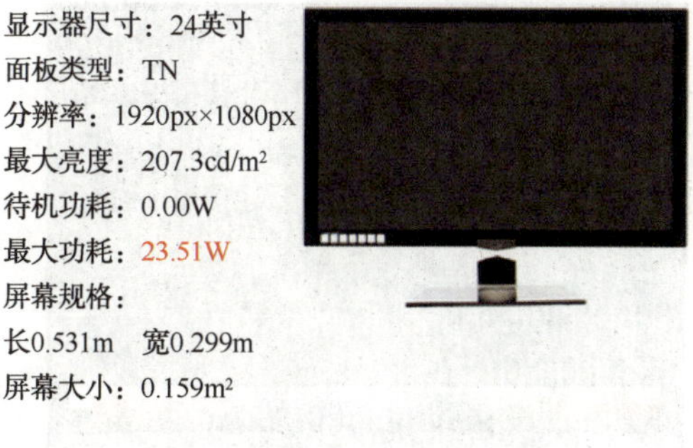

图 1-13　常用显示器的分辨率及参数

三、图像的色彩模式

色彩模式是数字世界中表示颜色的一种算法。在数字世界中，为了表示各种颜色，人们通常将颜色划分为若干分量。由于成色原理的不同，决定了显示器、投影仪、扫描仪这类靠色光直接合成颜色的颜色设备和打印机、印刷机这类靠使用颜料的印刷设备在生成颜色方式上的区别，常用的色彩模式有以下几种：

1. CMYK 模式

CMYK 模式是减法混合原理，即减色色彩模式。CMYK 代表了印刷上用的 4 种油墨颜色：C 代表青色，M 代表洋红色，Y 代表黄色，K 代表黑色(图 1-14)。

2. RGB 模式

RGB 模式是一种加色模式，它通过红、绿、蓝 3 种色光相叠加而形成更多的颜色。RGB 是色光的彩色模式，一幅 24bit 的 RGB 图像有 3 个色彩信息的通道：红色(R)、绿色(G)和蓝色(B)(图 1-15)。

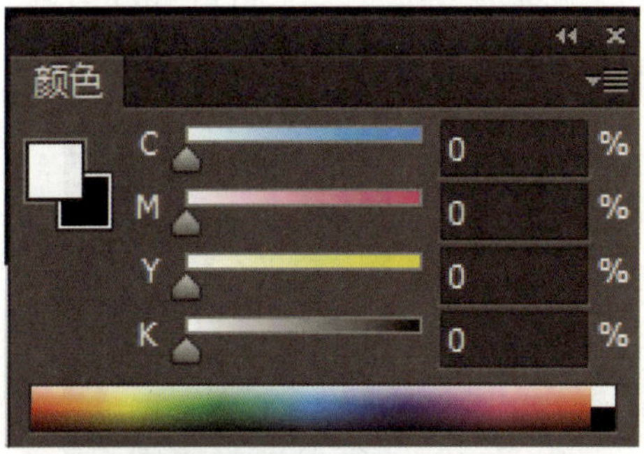

图 1-14　CMYK 色彩模式

图 1-15　RGB 色彩模式

图 1-16　灰度模式

3. 灰度模式

灰度模式，灰度图又叫 8bit 深度图。每个像素用 8 个二进制位表示，能产生 2^8(256) 级灰色调(图 1-16)。

灰度模式可以使用多达 256 级灰度来表现图像，使图像的过渡更平滑细腻。灰度图像的每个像素都有一个 0(黑色) 到 255(白色) 之间的亮度值。

4. 常用色彩模式总结

新建画布的时候需要选择合适的色彩模式，常用的色彩模式有三种：制作图片需要打印的时候选择 CMYK 模式；制作图片在电子终端显示使用的时候选择 RGB 模式；灰度模式下，所有的色相都消失，无论选择什么颜色，最终呈现的都是从白色到黑色中间不同程度的灰色。

5. 不同色彩模式的职责

RGB 模式：适用于显示器、投影仪、扫描仪、数码相机等。如果图像只在电脑上显示，就用 RGB 模式，这样可以得到较广的色域。

CMYK 模式：适用于打印机、印刷机等。如果图像需要打印或印刷，则必须使用 CMYK 模式，才可确保印刷品颜色与设计时一致。

当我们开始制作新图像时，首先要根据图片的实际用途确定好色彩模式，来新建文件。不同的色彩模式应用领域各不相同。

四、常用图像的文件格式

1. psd 格式

这是 Photoshop 图像处理软件的专用文件格式，文件扩展名是 .psd，可以支持图层、通道、蒙版和不同色彩模式的各种图像特征，是一种非压缩的原始文件保存格式。psd 文件有时容量会很大，但由于可以保留所有原始信息，在图像处理中对于尚未制作完成的图像，选用 psd 格式保存是最佳的选择(图 1-17)。

图 1-17　psd 格式图片

psd 格式的文件在保存时会将文件压缩，以减少占用磁盘空间，但 psd 格式所包含图像数据信息较多，如图层、通道、剪辑路径、参考线等，因此比其他格式的图像文件要大得多。psd 文件保留所有原图像数据信息，修改起来较为方便。psd 格式的图像文件制作完成后，通常需要转化为一些比较通用的图像格式，如 jpg、png、tiff、gif 格式等，以便输出到其他软件中继续编辑。

小资料
卡片

Photoshop 软件制作图片第一步，是要存储一份 psd 格式的源文件，并且在图片处理过程中不断地进行保存，只有存储了 psd 格式的源文件，才能在后期对图像进行随心所欲的修改，只要有了源文件，就能存储成其他任何格式的图片。

2. jpg 格式

jpg 格式既是 Photoshop 支持的一种文件格式，也是一种压缩方案。它是 Mac 上常用的一种存储类型。jpg 格式是压缩格式中的“佼佼者”，与 tiff 文件格式采用的 LZW 无损失压缩相比，它的压缩比例更大。但它使用的有损失压缩会丢失部分数据(图 1-18)。用户可以在存储前选择图像的最后质量，这能控制数据的损失程度。jpg 格式具有以下特点：

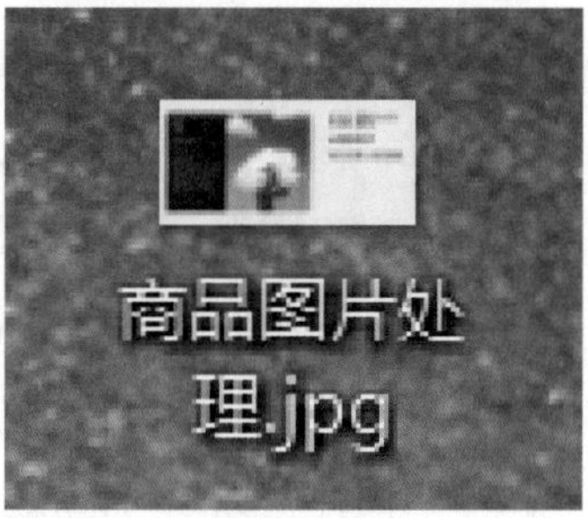

图 1-18　jpg 格式图片

(1) 高压缩比：jpg 格式可以实现较高的压缩比，从而使文件变小，节省存储空间。

(2) 适合存储照片：由于 jpg 格式对颜色和细节的损失较小，非常适合存储照片。

(3) 不支持透明度：jpg 格式不支持图像的透明度，只能呈现不透明的图像。

(4) 不支持动画：jpg 格式只能存储静态图像，不支持动画效果。

(5) 不支持无损压缩：jpg 格式采用有损压缩算法，无法实现无损压缩。

3. png 格式

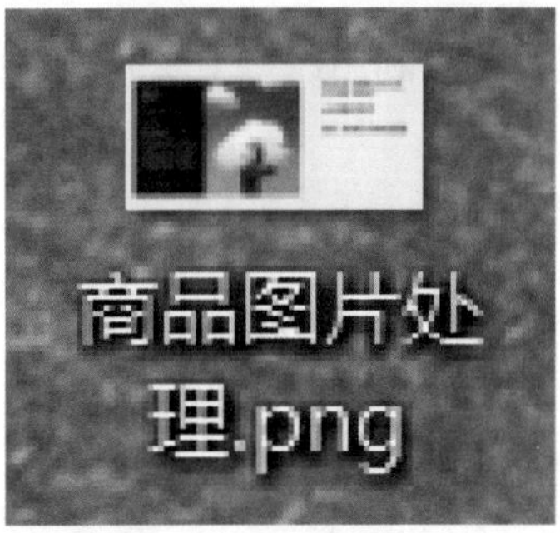

图 1-19　png 格式图片

图像文件存储格式，其目的是试图替代 gif 和 tiff 文件格式，流式网络图形格式(Portable Network Graphic Format，png)名称来源于非官方的“png's Not gif”，是一种位图文件(bitmap file)存储格式，读成“ping”。png 格式图像的特点是背景透明，这种格式的图片对于图像处理和网店美工非常友好，方便将图片放入其他场景中进行修改编辑和合成(图 1-19)。

4. 几种常见的文件存储格式比较

psd 格式是 PS 软件提供的源文件存储格式，它可以保留图像的图层、通道等原始信息，方便对制作的图片进行随心所欲的修改，作图第一步就是要存储一份 psd 格式的源文件；jpg 格式是最常用的图像存储格式，日常传输文件和电子显示终端看到的图片大都是 jpg 格式；png 图片格式的特点是背景透明，方便对图片进行制作，存储 png 格式图片有两个前提：一是存储的时候背景必须是透明的，二是要选择正确的存储格式。

5. 在图像格式之间转换

通常可以将任何图像格式转换为其他图像格式。例如，在 Mac 上，您可以使用“预览”打开图像，然后导出为多种不同格式。但是，在此过程中，重要的信息可能会丢失。例如，将矢量图像保存为位图格式后，例如 pdf 文件转换为 jpg 格式，作为矢量图像的关键特征的分辨率独立性已丢失。相反，将 jpg 图像保存为 pdf 文件并不能神奇地将图像转换为矢量图像。该图像将仍然是位图图像，仅存储在 pdf 文件中。同样，将 jpg 文件转换为 png 文件不会删除 jpg 压缩算法可能引入的任何伪像。

因此，保存图片的经验法则是始终以保持最大分辨率、准确性和灵活性的格式存储原始图像。对于数据可视化，要么将图形储存为 pdf 格式，然后在必要时将其转换为 png 或 jpg 格式，或者将其存储为高分辨率 png 格式。如果仅可作为位图使用的图像(如数码照片)，请不使用有损压缩的格式进行存储，如果无法做到无损压缩，则将其压缩程度尽可能减少。同样，以尽可能高的分辨率存储图像，并在需要时缩小图像。

【任务实施】

根据班级人数将学生分成若干实训活动小组，每组设组长一名，负责安排、协调、督促小组完成实训任务，同时做好实训活动记录。

活动一　总结三种常见色彩模式特点和用途

根据【知识准备】中第三部分的相关资料，分析常见色彩模式特点和用途。

步骤一：学习常见色彩模式的特点

序号	色彩模式	特　点
1	CMYK 模式	CMYK 代表了印刷上用的 4 种油墨颜色：C 代表青色，M 代表洋红色，Y 代表黄色，K 代表黑色
2	RGB 模式	一幅 24bit 的 RGB 图像有 3 个色彩信息的通道：红色(R)、绿色(G)和蓝色(B)
3	灰度模式	灰度图又叫 8bit 深度图。每个像素用 8 个二进制位表示，能产生 2^8(256)级灰色调

步骤二：分析不同色彩模式的用途

RGB 模式：适用于显示器、投影仪、扫描仪、数码相机等。如果图像只在电脑上显示，就用 RGB 模式，这样可以得到较广的色域。

CMYK 模式：适用于打印机、印刷机等。如果图像需要打印或印刷，则必须使用 CMYK 模式，才可确保印刷品颜色与设计时一致。

灰度模式：灰度模式下，色彩只有纯粹的黑白灰阶，不包含任何其他色彩，因此灰度模式常用于获得纯正的黑白图片，在其他模式下，使用去色去除图像饱和度后，依然会包含一部分色彩信息。比如要把海报放到报纸上面，报纸都是黑白灰的，而把图片调成灰度，就能够修改那些太亮和太暗的地方，从而与报纸相融合。

步骤三：新建画布选择不同的色彩模式的区别

1. 调出新建画布对话框

◆ 打开 Photoshop 软件。

◆ 点击菜单栏中的“文件”选项。

◆ 在弹出的下拉菜单中，选择“新建”选项。

◆ 在新建文档的对话框中，输入需要新建画布的宽度、高度和分辨率等参数。

◆ 点击“确定”，即可新建一个画布。

此外，还可以使用快捷键“Ctrl+N”来快速新建画布。

2. 新建三块画布，选择不同的色彩模式

◆ 新建画布的尺寸选择 800px×800px。

◆ 新建画布的分辨率全部选择 72 像素/英寸。

◆ 第一块画布选择 RGB 颜色模式。

◆ 第二块画布选择 CMYK 颜色模式。

◆ 第三块画布选择灰度模式。

3. 画相同的矩形色块

◆ 选择矩形工具。

◆ 分别在三块画布上画矩形。

◆ 矩形填充相同的颜色。

4. 观察不同色彩模式下颜色的区别

◆ RGB 颜色模式下颜色比较鲜亮。

◆ CMYK 颜色模式下颜色比较暗淡。

◆ 灰度模式下任何颜色都显示为灰色。

5. 修改色彩模式观察颜色变化

◆ 选择 RGB 颜色模式的画布。

◆ 点击菜单栏“图像”标签，选择“模式”选项。

◆ 将 RGB 颜色模式修改为 CMYK 颜色模式。

◆ 观察矩形填充颜色的变化。

步骤四：学生讲解任务完成情况

组长抽取序号，并选出一名代表讲解本组的任务完成情况。

步骤五：师生点评

每个小组选出一名评委，对任务完成情况进行打分，小组间互评，最后由教师进行点评。

小资料卡片

任何网络图片都会以 RGB 模式显示图片，大部分工具和滤镜只能在 RGB 模式下使用；RGB 模式和 CMYK 模式不能实现无损转换。CMYK 模式与 RGB 模式处理图片颜色的方法完全不一样。CMYK 模式更像是对色彩的削弱。比如使用油漆工具，在 CMYK 模式下，多种颜色的混合会有变得暗淡的效果，而在 RGB 模式下变得明亮。

活动二　存储不同格式的图像

根据实训作业案例的具体要求，分析完成实训任务的操作步骤和知识要点。

步骤一：分析图片不同存储格式的用途和区别

psd 格式是 PS 软件提供的源文件存储格式，它可以保留图像的图层、通道等原始信息，方便对制作的图片进行随心所欲的修改，作图第一步就是要存储一份 psd 格式的源文件；jpg 格式是最常用的图像存储格式，日常传输文件和电子显示终端看到的图片大都是 jpg 格式；png 图片格式的特点是背景透明，方便对图片进行制作。

步骤二：整理存储文件的方法

1. 启用“存储”命令，有以下两种方法

选择菜单“文件>存储”命令。

按 Ctrl+S 组合键。

2. 启用“存储为”命令，有以下两种方法：

选择菜单“文件>存储为”命令。

按 Ctrl+Shift+S 组合键。

步骤三：项目实训操作

（1）打开给定素材的 psd 格式。

（2）按 Ctrl+Shift+S 组合键另存文件。

（3）存储 psd 格式源文件。

（4）存储 jpg 格式文件。

（5）存储 png 格式文件。

◆ 背景透明存储 png 格式图片。

◆ 背景不透明存储 jpg 格式图片。

◆ 查看并分析以上操作结果。

（6）存储 png 格式图片有两个前提：一是存储的时候背景必须是透明的；二是要选择正确的存储格式。

步骤四：学生讲解任务完成情况

组长抽取序号，并选出一名代表讲解本组的作业任务完成情况。

步骤五：师生点评

每个小组选出一名评委，对任务完成情况进行打分，小组间互评，最后由教师进行点评。

【任务书】

任 务 书

任务内容	不同格式图像的存储方法
实训过程	

续表

任务内容	不同格式图像的存储方法
理论知识梳理	
实训过程总结	

教师记录、点评：

【巩固提高】

一、选择题

1. jpg 格式是 Photoshop 支持的一种文件格式，以下不是它的特点的是(　　)。

A. 支持透明度　　B. 不支持动画　　C. 适合存储照片　　D. 高压缩比

2. 商品图片处理课程通过学习(　　)软件，为网店美工、网店设计、网店运营等岗位培养具备核心专业能力的从业人员。

A. Word　　B. Photoshop　　C. CAD　　D. C4D

3. Adobe Photoshop，简称 PS，是由 Adobe Systems 开发和发行的(　　)软件。

A. 图像处理　　B. 信息处理　　C. 数据分析　　D. 矢量图

4. Photoshop 主要处理由像素构成的数字图像。使用其众多的编修与绘图工具，可以有效地进行(　　)工作。

A. 信息沟通　　B. 图片编辑　　C. 数据分析　　D. 视频制作

5. 例如图书封面、招贴、海报、喷绘等这些具有丰富图像的平面印刷品，基本上都需要(　　)软件对图像进行处理甚至印刷。

A. Photoshop　　B. Excel　　C. CAD　　D. C4D

6. 当设计者使用其他软件设计广告时，用到的无背景图片也需经过 PS(　　)，再调入其他软件。

A. 设计　　B. 修图　　C. 美化　　D. 抠图

7. Photoshop 具有强大的修图、(　　)功能，利用这些功能，可以快速修复照片，也可以修复人脸上的斑点等缺陷，快速调色。

A. 调色　　B. 印刷　　C. 数据分析　　D. 制作动画

8. (　　)是 Photoshop 的常用处理方式，通过 Photoshop 的处理可以将原本毫不相关的图像组合在一起，也可以使用“狸猫换太子”的手段使图像发生巨大的变化。

A. 调色　　B. 纯画　　C. 调亮　　D. 创意合成

9. PS 设计的图标的确非常精美，样式多样，很多人使用 PS 设计(　　)或图标以及 App 小图标。

A. 视频　　B. logo　　C. 动画　　D. 矢量图

10. 就目前来说，界面设计是一个新兴的领域，已经受到越来越多的软件企业及开发者的重视，是一个全新的职业，在界面设计行业，绝大多数设计者使用(　　)。

A. Word　　B. Photoshop　　C. CAD　　D. C4D

二、填空题

1. 在网页设计中，(　　　　)是必不可少的软件，承担着网页代码设计之前所有的网页设计的任务。

2. 在图像处理中对于尚未制作完成的图像，在保存时一般存储成(　　　　)格式。

3. 在网页设计中，除了图片之外，还需要用到(　　　　)和(　　　　)。

4. 位图图像是基于(　　　　)的，适用于连续色调图像。

5. 位图图像也叫(　　　　)，它是由许多单独的小方块组成的。

6. 位图小方块又称为(　　　　)，每个像素点都有特定的位置和颜色值。

7. 位图像素点越多，图像的分辨率越高，相应地，图像的文件大小也会随之(　　　　)。

8. 位图使用放大工具放大后，可以清晰地看到像素的小方块形状与(　　　　)。

9. 矢量图也叫(　　　　)，它是一种基于图形的几何特性来描述的图像。

10. 矢量图中的各种图形元素称为对象，每一个对象都是独立的个体，都具有大小、颜色、形状、(　　　　)等属性。

三、判断题

1. 矢量图与分辨率无关，可以将它设置为任意大小，其清晰度不变，也不会出现锯齿状的边缘。(　　)

2. 图像中每单位长度上的像素数目，称为图像的分辨率，其单位为像素/英寸或像素/厘米，在相同尺寸的两幅图像中，高分辨率图像包含的像素比低分辨率图像包含的像素多。(　　)

3. 屏幕分辨率是指纵横向上的像素点数，单位是 px。(　　)

4. 屏幕分辨率确定计算机屏幕上显示多少信息的设置，以水平和垂直像素来衡量。

就相同大小的屏幕而言，当屏幕分辨率低时(如 640px×480px)，在屏幕上显示的像素少，单个像素尺寸比较小。(　　)

5. 输出分辨率又称打印机分辨率，是指在打印输出时横向和纵向两个方向上每英寸最多能够打印的点数，通常以“点/英寸”即 dpi(dot per inch)表示。(　　)

6. 平时所说的打印机分辨率一般指打印机的最大分辨率，一般激光打印机的分辨率均在 600dpi 以上。(　　)

7. CMYK 模式是减法混合原理，即减色色彩模式。CMYK 代表了印刷上用的 4 种油墨颜色：C 代表青色，M 代表洋红色，Y 代表黄色，K 代表黑色。(　　)

8. RGB 模式是一种加色模式，它通过红、绿、蓝 3 种色光相叠加而形成更多的颜色。(　　)

9. RGB 是色光的彩色模式，一幅 24bit 的 RGB 图像有 3 个色彩信息的通道：红色(B)、绿色(G)和蓝色(R)。(　　)

10. 灰度模式，灰度图又叫 8bit 深度图。每个像素用 8 个二进制位表示，能产生 2^8(256)级灰色调。(　　)

项目二

PS软件工作界面的介绍

【项目简介】

本章首先对 Photoshop CC 2017 工作界面进行介绍，工作界面主要由标题栏、菜单栏、属性栏、工具栏、控制面板和状态栏组成。学习各种面板的作用和使用方法，包括文件的基本操作，图像不同的显示效果如何设置，以便更好地修改或处理图像。通过本章学习，同学们可以对 Photoshop CC 2017 的多种功用有一个深入的、全方位的了解，有助于在制作图像的过程中快速地定位，应用相应的知识点顺利完成图像的制作任务。

【学习目标】

知识目标

了解 Photoshop CC 2017 的工作界面；

理解 Photoshop CC 2017 文件的基本操作。

能力目标

掌握调整不同图像显示效果的方法；

掌握 Photoshop 文件基本操作的方法。

素养目标

感受面板设置在图像处理中的强大功能，提高学习的效率；

在图片制作过程中培养保存 psd 格式源文件的意识。

【知识框图】

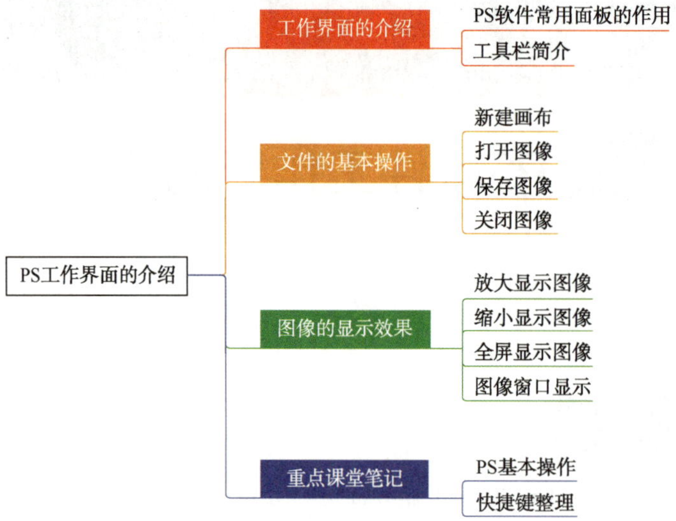

图 2-1　PS 工作界面的介绍

【任务描述】

Photoshop 主要处理由像素构成的数字图像，为了更好地学习和使用 PS 软件，我们必须了解 PS 工作界面如何设置，文件基本操作都有哪些，并能利用 PS 软件对素材进行放大缩小显示设置，以便更精确地对素材进行处理，同时在制作图像的一开始要存储 psd 格式的源文件，无论是存储时间还是存储格式都要正确，否则万一软件异常关闭或断电，都会给我们的图片制作过程造成不必要的麻烦。

案例一：PS 软件缩放图像显示的方式有几种？各自有什么特点？

1. 情景设计

校园美工小达人彬彬和子博接到 XW 美工设计公司图片设计任务，要求对发送过来的产品图像进行精修处理，两人接到任务即刻分工协作，马不停蹄地打开 PS 软件开始图片制作工作。子博在处理图像过程中需要不断调整图像的大小，他用缩放工具不断地对图片进行点击处理，来回切换工具的叹气声引起了彬彬的关注，看到手忙脚乱的子博，彬彬即刻喊停，说磨刀不误砍柴工，先要跟子博探讨一下图像缩放的最佳方法，如何才能快速缩放且不影响图像处理的速度？

2. 任务描述

根据上课学习内容，彬彬和子博开始梳理图像缩放显示的方法，第一次接触到的是利用缩放工具进行图像缩放显示，Ctrl 键配合“+”“-”组合键可逐次放大或缩小图像，按住 Alt 键配合滚动滑轮，往上滚动放大图像，往下滚动缩小图像。经过对以上三种方式进行尝试，两个人逐渐总结出使用不同缩放显示方式的不同。

3. 任务分解

◆ 缩放工具：每单击一次鼠标，图像就会放大一倍。当要放大一个指定的区域时，选择放大工具，按住鼠标不放，在图像上框选出一个矩形区域，松开鼠标，选中的区域会放大显示并填满图像窗口。

◆ Ctrl 键配合“+”“-”组合键，可逐次放大或缩小图像。此种方法缩放比率固定，有时无法一次性调整到自己想要的图像大小，需要反复调整。

◆ 按住 Alt 键配合滚动滑轮：按住 Alt 键滚动滑轮，往上滚动放大图像，往下滚动缩小图像。此种方法比较容易控制缩放图像的大小。

案例二：PS 软件制作图片第一步，为什么首先要存储一份 psd 格式的源文件？为什么执行进行自由变换操作时素材会变形？

1. 情景设计

图片处理课堂小顾接到老师发放的制作草地人物和星空图片的任务，因为他已经利用业余时间预习过相关内容，因此信心满满地打开软件开始制作，暗下决心一定要第一个高标准、严要求地完成任务。只见他坐在座位上腰杆挺得笔直，左手放在键盘上不断使用快捷键配合右手鼠标操作，在噼里啪啦的鼠标键盘声中举起右手报告老师图片制作完成，同时提醒同桌笑泽素材有些变形，告诉他没有配合使用等比缩放，结果情绪稍显激动的小顾不小心碰到了关闭软件的按钮，等老师过来查看时桌面上已经空空如也，小顾猛然一拍大腿，懊恼地自我反思，为什么自己制作图片第一步忘了保存 psd 格式的源文件。

2. 任务描述

根据上课学习内容，小顾和笑泽开始总结并反思图片制作过程中保存图片的时间节点和方法，同时提醒自己在制作的过程中要不断地按 Ctrl+S 组合键保存图像，此时制作过程步骤会保存在已经存储的 psd 格式的源文件中。同时回顾 PS 操作软件各个面板的调出和关闭方法，以及 PS 软件的基础操作，再次梳理制作草地人物和星空图片任务的基本步骤，争取做到图片制作过程中，素材位置和大小正确，图层位置放置正确，最后自己要有一份 psd 格式的源文件，提交给老师一份 jpg 格式的作业。

3. 任务分解

步骤一：背景导入并保存源文件

直接把背景图片拖入打开的 PS 软件中导入素材。

点击菜单栏“文件”，选择“保存”命令存储 psd 格式的源文件。

步骤二：置入素材并调整大小位置

将草地素材导入，按 Ctrl+T 组合键执行自由变换，调整到合适的大小并放置样图，注意自由变换时按 Shift 键可以实现等比例缩放。

步骤三：保存图像并提交作业

在制作的过程中不断地按 Ctrl+S 组合键保存图像，此时制作过程会保存在已经存储的 psd 格式的源文件中。

图片制作完成按 Ctrl+Shift+S 组合键另存一份 jpg 格式的图片提交作业。

请结合案例一、二所给资料，预习课件内容，分析并讲述 PS 操作界面都有哪些面板，如何随心所欲地对图像显示效果进行缩放处理，PS 软件基础操作包括文件的打开、保存和关闭都有几种方法，同时说明什么时间节点需要保存 psd 格式的源文件，保存源文件有什么用处。

【知识准备】

打开 PS 软件首先映入眼帘的就是 PS 工作界面，我们在作图的过程中也需要用软件工作界面的各个面板互相配合才能制作出符合要求的图片，因此我们在正式学习软件的使用之前，首先要对 PS 软件工作界面有一个清晰的认识，并了解各个面板的调整方法。

一、工作界面的介绍

1. PS 软件工作界面简介

Photoshop 软件的操作界面主要包括菜单栏、选项栏、工具栏、状态栏、文档窗口和面板区等几个部分，以下将分别进行介绍(图 2-2、图 2-3)。

2. PS 软件常用面板的作用

(1) 菜单栏：位于界面顶端，涵盖了文件操作、图像调整、滤镜应用等众多功能分类，通过点击相应菜单可以找到各种具体命令。

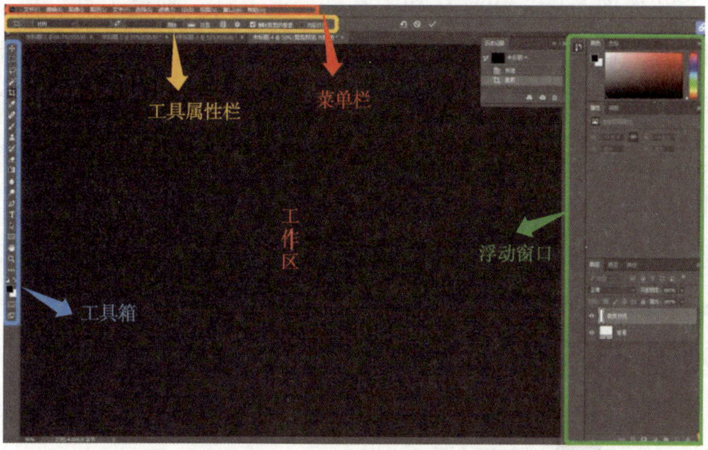

图 2-2 PS 软件工作界面

图 2-3 熟悉 PS 软件的工作界面

小资料卡片

Adobe Photoshop 是目前最流行的平面设计软件之一。可以说，只要你接触平面设计，那么无论早晚，你总要和它打交道。因此熟悉 PS 工作界面是我们使用软件的基础和前提，同学们务必认真地学习本章内容，为后续课程的学习打下坚实的基础。

（2）选项栏：紧挨着菜单栏下方，它会根据当前所选择的工具动态显示相关的参数设置和选项，方便对工具的行为进行精确调整。

（3）工具栏：在界面左侧，包含移动工具、套索工具、画笔工具、橡皮擦工具、文字工具等多种实用工具，通过点击或使用快捷键切换不同工具来执行不同的编辑任务。

（4）文档窗口：用于展示正在处理的图像，可同时打开多个文档进行编辑和对比。

（5）面板区：一般位于界面右侧，包括图层、通道、路径、颜色等面板。图层面板用于管理图像的图层结构；通道面板可查看和编辑图像的颜色通道等。

（6）状态栏：位于界面底部，显示当前图像的一些信息，如文档大小、缩放比例等。

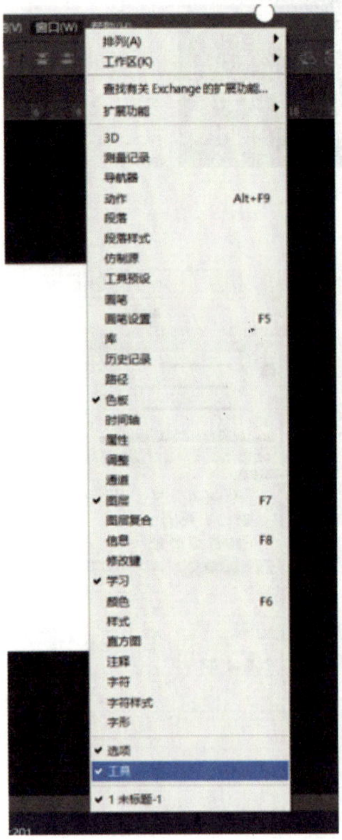

图 2-4　工具栏显示和隐藏

3. 面板的显示或隐藏

（1）调出或关闭面板。

通过点击菜单栏>窗口>工具，可以调出或关闭工具栏面板(图 2-4)。

（2）显示或隐藏面板。

◆ 点击 Tab 键可以控制属性栏、工具栏和调整面板的显示或隐藏。

◆ 执行“窗口>选项”命令：通过这种方式可以显示或隐藏工具栏。

◆ 按 Tab 键：按下 Tab 键可以隐藏左侧的工具栏，同时右侧打开的控制面板也会被隐藏；再次按 Tab 键可以显示隐藏的所有控制面板。

此外，还可以通过拖动工具栏最左侧的图标来移动其位置，或将其拖出固定位置变成悬浮状态。

4. 工具栏简介

Photoshop CC 的工具栏包括选择工具、绘图工具、填充工具、编辑工具、颜色选择工具、屏幕视图工具、快速蒙版工具、3D 工具等(图 2-5)，下面将对各个工具进行简单介绍。将光标放在某工具上停留片刻会出现工具名称，其中带括号的字母便是该工具的快捷键。若在同一工具组中包含多个工具，可以连续按 Shift+工具快捷键以选择其他工具。

（1）移动工具：可以移动选区、图层和参考线。

（2）画板工具：可以创建多个作图面板。

（3）选框工具：包括矩形选框工具、椭圆选框工具、单行选框工具和单列选框工具，用于创建相应的选区。

（4）套索工具：包括普通套索工具、多边形套索工具和磁性套索工具，用于手动或自动创建选区。

(5) 快速选择工具：可以快速选择图片中的某个部分。

(6) 魔棒工具：可以基于颜色选择相似的区域。

(7) 裁剪工具和透视裁剪工具：用于裁切图像。

(8) 切片工具和切片选择工具：用于创建切片。

(9) 吸管工具和 3D 材质吸管工具：用于吸取图像内的颜色或 3D 效果中的材质样式。

(10) 颜色取样器工具：用于显示颜色的具体参数并对多个点进行标记。

(11) 标尺工具：用于测量距离、位置和角度。

(12) 注释工具：可以在图像上添加注释。

(13) 计数工具：用于对图像中的对象计数。

(14) 污点修复画笔工具和修复画笔工具：用于修复图像中的不理想部分。

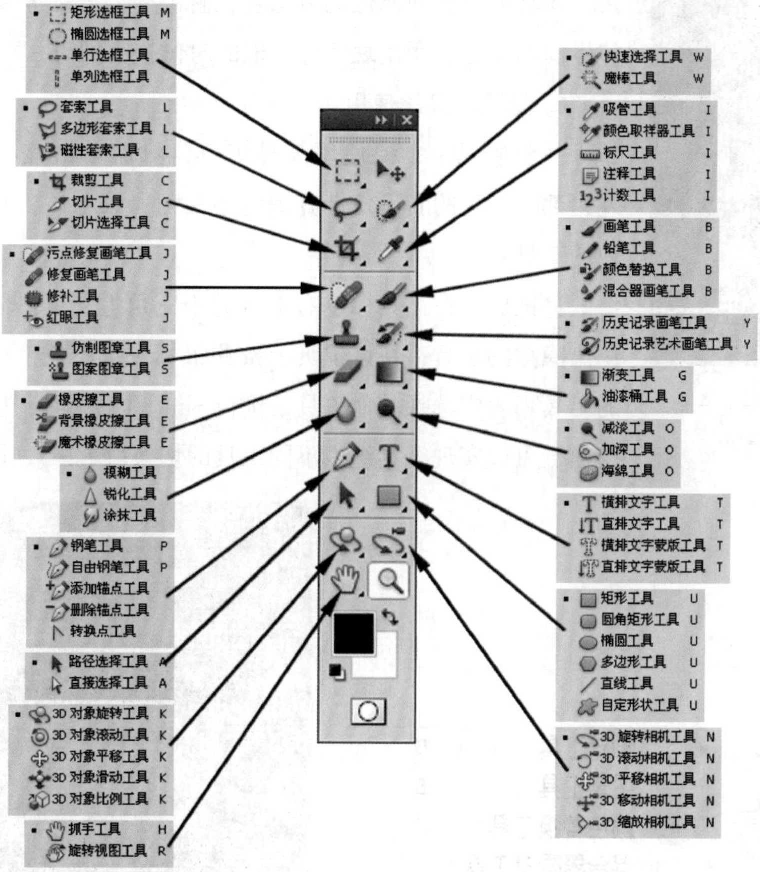

图 2-5　工具栏简介

5. 工具栏显示设置

(1) 工具栏的单双排显示。

通过点击工具栏上面的两个小箭头，能实现工具栏单排和双排的切换，可根据自己的使用习惯进行调整。

单排显示：所有工具紧凑地排列在一列，优点是节省屏幕空间，能让图像编辑区域有更多的可视范围，对于习惯简洁界面或屏幕空间有限的用户较为合适。

双排显示：工具被分为两列，好处是可以更清晰地展示所有工具，方便快速找到所需工具，尤其当工具数量较多时，双排显示能减少查找工具的时间，提高操作效率(图 2-6)。

(2) 工具栏的浮动显示。

鼠标左键点击工具栏上方不松手进行拖动，可以将工具栏设置为浮动窗口。

浮动窗口放回原位的方法：鼠标左键点击不松手，拖动到工作界面的左侧，当出现蓝色边框的时候松手即可。

6. 隐藏工具的使用

一般情况下，要使用某种工具，只需单击该工具即可。另外，部分工具的右下角带有黑色小三角，表示该工具中隐藏着其他的工具。

将鼠标放在工具标签右下方的小三角上，单击鼠标右键就会调出隐藏的工具，在该工具上按住鼠标左键不放，也可以在弹出的工具列表中选择其他工具，按住 Shift 键的同时，按工具对应的快捷键可以实现工具组内不同工具的切换(图 2-7、图 2-8)。

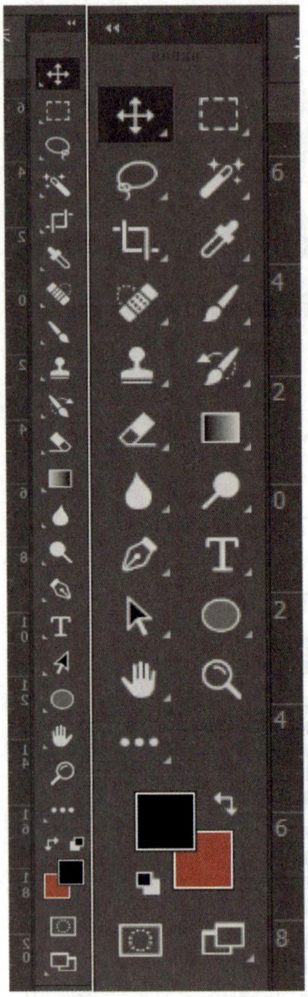

图 2-6 工具栏单排和双排显示

图 2-7 画笔工具的隐藏工具组

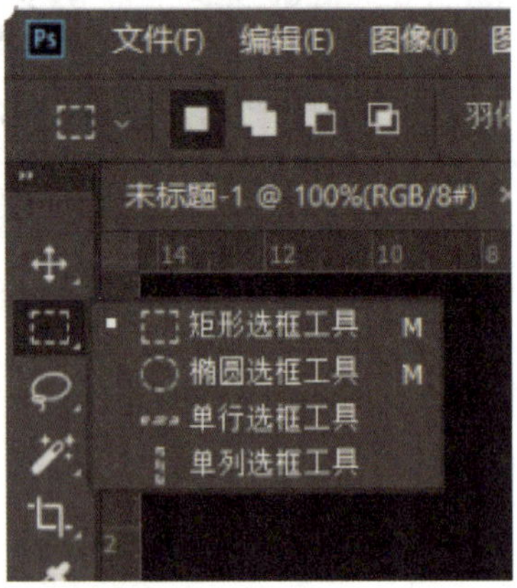

图 2-8 选框工具的隐藏工具组

7. 属性栏的作用

当选择某个工具后，会出现相应的工具属性栏，可以通过属性栏对工具进行进一步的设置。在 Photoshop 软件中，属性栏会根据所选择的工具显示相应的设置和操作选项。

例如，当选择魔棒工具时，工作界面的上方会出现相应的魔棒工具属性栏，可以应用属性栏中的各个命令对工具做进一步的设置(图 2-9)。

图 2-9　魔棒工具属性栏

又如，当选择画笔工具时，属性栏会显示画笔的大小、硬度、流量等参数，用于精确调整画笔的特性；选择裁剪工具时，会有裁剪的比例、旋转等设置；选择文字工具时，会有字体、字号、颜色等与文字相关的属性设置。

属性栏提供了针对当前工具的各种详细控制，方便用户实时调整和定制工具，以满足不同的创作需求和效果要求。通过属性栏，用户可以快速、直观地对工具进行个性化配置，从而更高效地完成图像编辑工作。

8. 状态栏及作用

打开一幅图像时，图像的下方会出现该图像的状态栏。状态栏的左侧显示当前图像缩放的百分数。在显示区的文本框中输入数值可改变图像窗口的显示比例。在状态栏的中间部分显示当前图像的文件信息，单击三角形图标，在弹出的菜单中单击“显示”菜单，在弹出的子菜单中可以选择当前图像的相关信息。状态栏会显示当前图像的一些关键数据和状态，通过状态栏，用户可以随时了解图像的基本信息和相关状态，以便更好地掌控编辑过程和进行相应的操作调整，它主要包括以下内容：

(1) 文档信息：如文档的名称。

(2) 缩放比例：显示当前图像的缩放级别，让你了解图像被放大或缩小的程度。

(3) 图像的尺寸：以像素等单位显示图像的宽度和高度。

(4) 当前工具的提示信息：可能会提供关于当前所选工具的一些简要说明或操作提示。

(5) 暂存盘的使用情况：显示暂存盘的空间占用情况等(图 2-10)。

图 2-10　状态栏显示信息及作用

二、文件的基本操作

1. 新建画布

打开 Photoshop 软件，点击左上角的“文件”菜单，从下拉菜单中选择“新建”选项，或者直接按快捷键 Ctrl+N(Windows)或 Command+N(Mac)，在弹出的“新建文档”对话框中设置新画布的名称、宽度、高度以及分辨率等参数，还可以通过点击预设尺寸来选择常见的画布大小。设置好参数后，点击“确定”按钮，Photoshop 就会根据设置新建一个画布（图 2-11）。

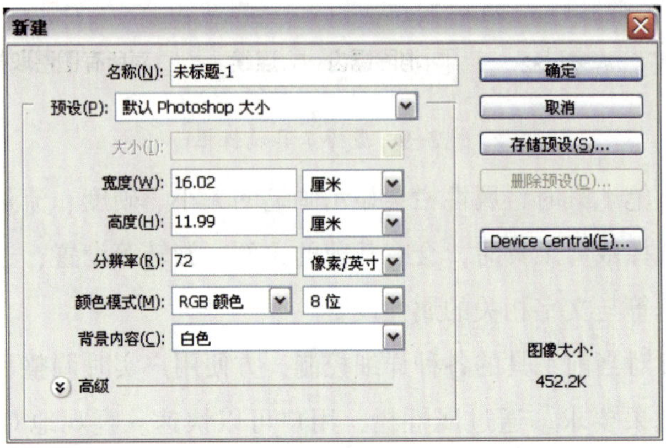

图 2-11　新建画布对话框

此外，还可以通过点击工具栏中的“新建图层”按钮来添加新的画布层。在“图层”面板中，可以对每个图层进行编辑和调整，从而实现更丰富的视觉效果。

2. 打开图像

方法一：通过文件菜单打开 Photoshop 文件，点击顶部菜单栏中的“文件”，从下拉菜单中选择“打开”，在弹出的对话框中选择你需要打开的图像文件，点击“打开”（图 2-12）。

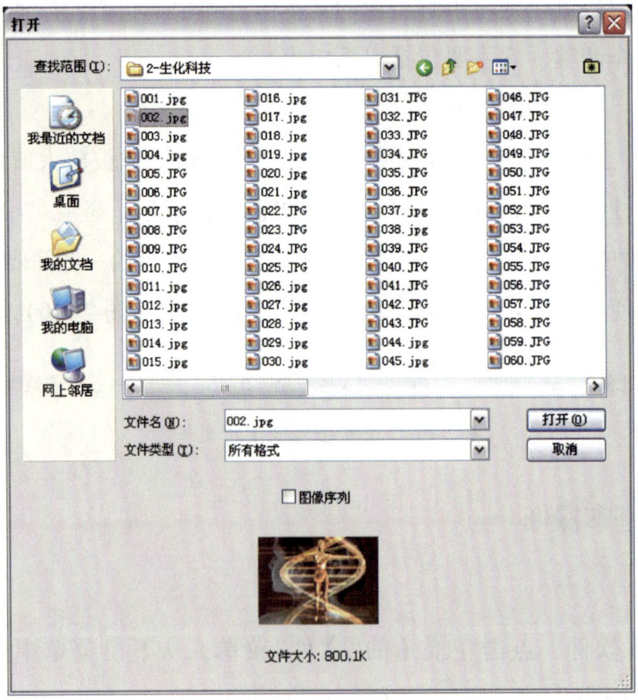

图 2-12　弹出打开图像对话框

方法二：通过拖拽打开，将图像文件直接拖拽到 Photoshop 窗口中即可打开。

方法三：直接使用快捷键 Ctrl+O，在弹出的对话框中选择你需要打开的图像文件，点击“打开”。

需要注意的是，如果想同时打开多张图像，可以选择多张图像文件，然后点击“打开”，或者将它们一起拖拽到 Photoshop 窗口中，此外，Photoshop 还支持打开一些特殊的文件格式，如 PDF 文件和 3D 文件等。

3. 保存图像

方法一：可以通过点击“文件”菜单下的“存储”来保存图像。“存储”命令通常会按照原有的格式和路径保存图像，如果是首次保存则会弹出设置保存参数的对话框，包括选择保存的格式（如 psd、jpg、png 等）、设置文件名、选择保存位置等。

方法二：可以通过点击“文件”菜单下的“存储为”命令来保存图像，“存储为”可以更灵活地选择保存的格式和其他参数，并且可以将图像保存到不同的位置和保存成不同的文件名（图 2-13）。

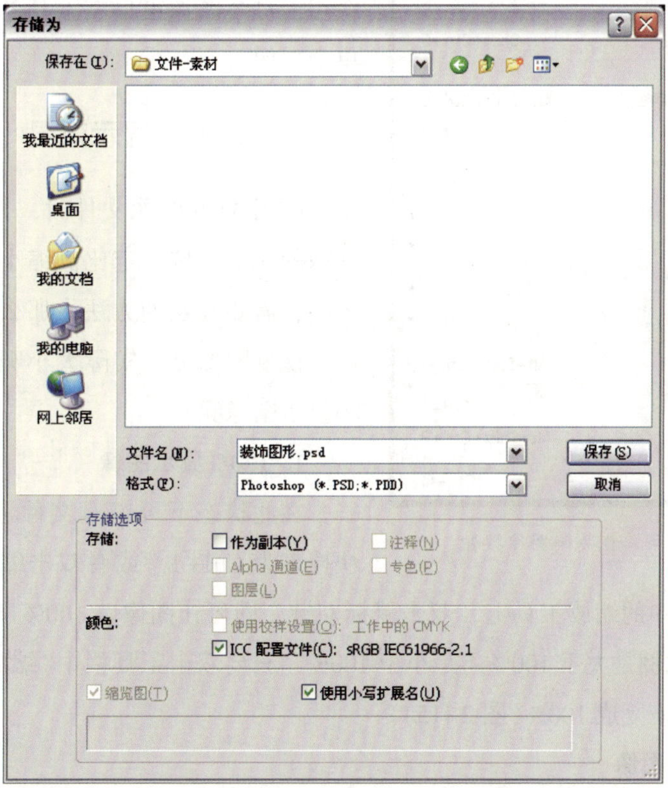

图 2-13 保存图像存储为对话框

方法三：使用 Ctrl+S 快捷键来保存图像，“Ctrl+S”命令与点击“文件”菜单下的“存储”保存图像的结果相同。

方法四：使用 Ctrl+Shift+S 快捷键来保存图像，“Ctrl+Shift+S”与点击“文件”菜单下的“存储为”命令来保存图像的结果相同。

不同的保存格式有不同的特点，比如 psd 格式可以保留所有的图层、通道等信息，方便后续继续编辑；jpg 格式是一种常用的有损压缩格式，适合保存用于网络展示等的图片；png 格式支持透明背景。在保存时需要根据具体的需求和用途来选择合适的格式和参数，以确保图像的质量和使用效果。

图 2-14　菜单栏关闭图像按钮

4. 关闭图像

在屏幕顶部的菜单栏中选择“文件”，从下拉菜单中选择“关闭”选项，或者可以直接使用快捷键 Ctrl+W（Windows 系统）或 Command+W（Mac 系统）来关闭当前的图像窗口（图 2-14）。

如果想关闭所有打开的图像，可以在菜单栏中选择“文件>关闭全部”。此外，还可以直接点击每个图像窗口右上角的“×”按钮来关闭单个图像。

三、图像的显示效果

PS 中打开图像文件时，当图像文件过大，图像的显示会按一定比例缩小，想要恢复实际大小，需要一定的方法，那么，有哪几种方法可以恢复图像显示实际大小呢？又如何放大缩小显示图像呢？

1. 100%显示图像

在此状态下可以对文件进行精确的编辑，快捷键为 Ctrl+1。或者双击缩放工具，将鼠标指针移至工具栏中的缩放工具上，双击鼠标左键，即可让图像以 100%显示。注意：无论 PS 中图片显示比例是大于 100%还是小于 100%，只要双击工具栏中“缩放工具”，均可以让图片显示比例恢复成 100%（图 2-15）。

2. 放大显示图像

选择缩放工具，在图像中光标变为放大图标，每单击一次鼠标，图像就会放大一倍。当要放大一个指定的区域时，选择放大工具，按住鼠标不放，在图像上框选出一个矩形区域。松开鼠标，选中的区域会放大显示并填满图像窗口（图 2-16）。

图 2-15　100%显示图像

图 2-16　放大显示图像

3. 缩小显示图像

选择缩放工具，在图像中光标变为放大工具图标，按住 Alt 键不放，光标变为缩小工具图标。每单击一次鼠标，图像将缩小显示一级。按 Ctrl 配合“+”“-”组合键，可逐次放大或缩小图像(图 2-17)。

图 2-17　缩小显示图像

4. 全屏显示图像

要将图像的窗口放大填满整个屏幕，可以在缩放工具的属性栏中单击“适合屏幕”按钮，再勾选“调整窗口大小以满屏显示”选项，在放大图像时，窗口就会和屏幕的尺寸相适应(图 2-18)。单击“实际像素”按钮，图像将以实际像素比例显示，单击“打印尺寸”按钮，图像将以打印分辨率显示。

图 2-18　全屏显示图像

要全屏显示图像，可以通过以下两种方式：

(1) 按“F”键可以在标准屏幕模式、带有菜单栏的全屏模式和全屏模式之间切换。

(2) 在“视图”菜单中选择“全屏模式”相关选项。

5. 图像窗口显示

同时打开多幅图像，选择菜单“窗口>排列>层叠”命令，图像层叠排列。选择菜单“窗口>排列>平铺”命令，图像平铺排列(图 2-19)。

图 2-19　图像窗口显示

6. 观察放大图像

选择“抓手”工具，在图像中光标变为抓手，用鼠标拖拽图像，可以观察图像的每个部分。直接用鼠标拖拽图像周围的垂直和水平滚动条，也可观察图像的每个部分。如果正在使用其他的工具进行工作，按住空格键，可以快速切换到“抓手”工具(图 2-20)。

图 2-20　观察放大图像

7. 图像显示快捷键汇总

放大显示：Ctrl++。

缩小显示：Ctrl+-。

百分百显示：Ctrl+1。

全屏显示：Ctrl+0。

不同视图方式观察图像的细节不同，相同的精细化修改过程，用不同的观察角度和视图方式制作一张更精美的图片。

四、重点课堂笔记

1. 认识软件

◆ 软件简介：由美国 Adobe 公司开发，中文为奥多比，PS 为位图的处理软件。

◆ 位图：图片缩小放大之后图像会失真，色彩表现力好，文件大。

◆ PS 的使用方向：摄影后期、效果图的后期处理、图像合成、电影海报、电商设计、网页设计、UI 设计……

◆ Ai：矢量图的处理软件，图片缩小放大之后图像不会失真，色彩表现不如 PS 细腻，层次感不强，文件小。

◆ Ai 的使用方向：印刷(名片)、包装盒的设计制作、企业 VI(企业形象识别系统)手册设计、logo 设计等。

◆ ID：专业书籍排版软件，使用方向有杂志设计、广告设计、目录设计和报纸出版方案设计等。

2. PS 基本操作

◆ 新建画布：快捷键 CTRL+N。

◆ 分辨率：打印时用 300dpi 分辨率；显示时用 72dpi 分辨率(数值越大图像越清晰)。

◆ 颜色模式：显示时用 RGB，RGB 代表红、绿、蓝；打印时用 CMYK，CMYK 代表青、洋红、黄、黑。

◆ 打开文件：文件——打开(快捷键 Ctrl+O)；拖拽打开：在计算机里选中需要打开的文件点击并拖拽至 PS 图标上，然后移动到菜单栏或属性栏；双击打开：双击空白工作区可以打开文件。

◆ 置入：拖拽到画布中，需确定置入命令，可直接按回车键(Enter)确定。

◆ 保存(快捷键 Ctrl+S)：psd 格式留给设计师自己的源文件可再次修改，jpg 图片格式不可修改，png 格式透底图背景透明。

3. 快捷键整理

◆ 新建画布：Ctrl+N。

◆ 打开：Ctrl+O。

◆ 保存：Ctrl+S。

◆ 另存为：Ctrl+Shift+S。

◆ 存储为 Web 所用格式：Ctrl+Shift+Alt+S。

【任务实施】

根据班级人数将学生分成若干实训活动小组，每组设组长一名，负责安排、协调、督促小组完成实训任务，同时做好实训活动记录。

活动一　总结缩放图像的几种方式

根据【知识准备】中的相关资料，总结缩放图像的方法和各自的优缺点。

步骤一：总结缩放图像的几种方式

序号	工　具	使用方法
1	缩放工具	选择缩放工具，在图像中光标变为放大工具图标，按住 Alt 键不放，光标变为缩小工具图标

续表

序号	工　具	使用方法
2	【Ctrl】+【+】 【Ctrl】+【-】	按住 Ctrl 键配合“+”“-”组合键，可逐次放大或缩小图像
3	按住 Alt 键配合滚动滑轮	按住 Alt 键滚动滑轮，往上滚动放大图像，往下滚动缩小图像

步骤二：分析几种方式的使用方法

(1) 缩放工具：每单击一次鼠标，图像就会放大一倍。当要放大一个指定的区域时，选择放大工具，按住鼠标不放，在图像上框选出一个矩形区域，松开鼠标，选中的区域会放大显示并填满图像窗口；按住 Alt 键不放，光标变为缩小工具图标。每单击一次鼠标，图像将缩小显示一级。

(2)【Ctrl】+【+】或【-】：按 Ctrl 配合“+”“-”组合键，可逐次放大或缩小图像。此种方法缩放比率固定，有时无法一次性调整到自己想要的图像大小，需要反复调整。

(3) 按住 Alt 键配合滚动滑轮：按住 Alt 键滚动滑轮，往上滚动放大图像，往下滚动缩小图像。此种方法比较容易控制缩放图像的大小，每一次滚动所见即所得，能够非常轻松地调整图像至目标大小。

步骤三：归纳最常用的图像缩放工具

经过反复测试可以得出结论，按住 Alt 键配合滚动滑轮是缩放图像最常用最便捷的一种方式，按住 Alt 键滚动滑轮放大图像后，按住空格键可以临时切换为抓手工具，可以方便地定位到图像的目标位置。

步骤四：学生讲解任务完成情况

组长抽取序号，并选出一名代表讲解本组的任务完成情况。

步骤五：师生点评

每个小组选出一名评委，对任务完成情况进行打分，小组间互评，最后由教师进行点评。

活动二　流星草地人物图片制作

根据实训作业案例的具体要求，分析完成实训任务的操作步骤和知识要点。

步骤一：背景导入并保存源文件

(1) 直接把背景图片拖入打开的 PS 软件中，导入素材(图 2-21)；点击菜单栏“文件”，选择“导入”命令导入素材；使用快捷键“Ctrl+O”调出导入对话框导入素材。

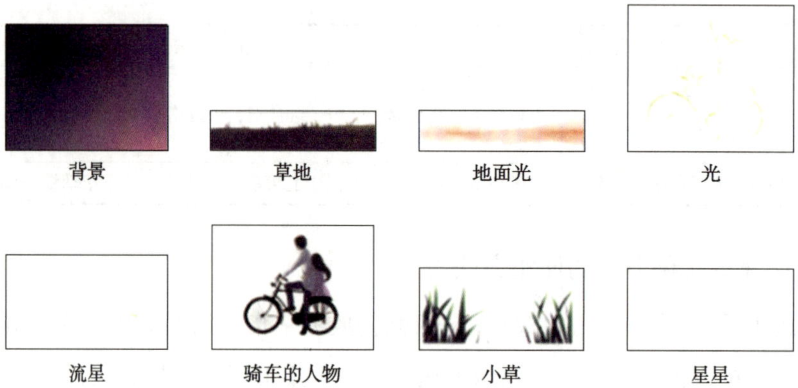

图 2-21　流星草地人物图片制作素材

（2）点击菜单栏“文件”，选择“保存”命令存储一份名字为“流星草地人物图片”psd 格式的源文件。

步骤二：置入素材并调整大小位置

（1）首先将草地素材导入，按 Ctrl+T 键执行自由变换调整到合适的大小并放置样图，注意自由变换时按 Shift 键可以实现等比例缩放。

（2）将地面光素材导入，拖到草地图层的上方，按 Ctrl+T 键执行自由变换调整到合适的大小并放置样图，调整图层位置使之覆盖在草地上面。

（3）将流星素材导入，按 Ctrl+T 键执行自由变换调整到合适的大小并放置样图，使流星图层在草地和地面光图层的上方。

（4）将星星素材导入，按 Ctrl+T 键执行自由变换调整到合适的大小并放置样图，注意星星图层在流星、地面光、草地的上面。

（5）将骑车的人物和光素材导入，按 Ctrl+T 键执行自由变换调整到合适的大小并放置样图，不断调整素材大小使光素材完全包裹在人物素材的边缘。

（6）将小草素材导入，按 Ctrl+T 键执行自由变换调整到合适的大小并放置样图，注意小草素材在图层面板的最上方。

步骤三：保存图像并提交作业

（1）在制作的过程中不断按 Ctrl+S 键保存图像，此时制作过程会保存在已经存储的 psd 格式的源文件中。

（2）图片制作完成后按 Ctrl+Shift+S 键另存一份 jpg 格式的图片提交作业(图 2-22)。

步骤四：学生讲解任务完成情况

组长抽取序号，并选出一名代表讲解本组的任务完成情况。

图 2-22　流星草地人物图片制作效果图

步骤五：师生点评

每个小组选出一名评委，对任务完成情况进行打分，小组间互评，最后由教师进行点评。

【任务书】

任　务　书

任务内容	流星草地人物图片制作
实训过程	
理论知识梳理	

续表

任务内容	流星草地人物图片制作
实训过程总结	

教师记录、点评：

【巩固提高】

一、选择题

1. Photoshop 的工作界面主要由标题栏、菜单栏、属性栏、控制面板和(　　)组成。

A. 状态栏　　B. 形态栏　　C. 形状栏　　D. 工具栏

2. 一般情况下，要使用某种工具，只需(　　)该工具即可。

A. 双击　　B. 单击　　C. 拖出　　D. 拖拽

3. 部分工具的右下角带有黑色小三角，表示该工具中(　　)着其他的工具。

A. 显示　　B. 收藏　　C. 隐藏　　D. 不确定

4. Photoshop 的工具栏包括(　　)、绘图工具、填充工具、编辑工具、颜色选择工具、屏幕视图工具、快速蒙版工具、3D 工具等。

A. 选择工具　　B. 宣传工具　　C. 数据分析工具　　D. 视频工具

5. Photoshop 的工具栏工具种类非常多，每个工具都有不同的用途，但最终都是为(　　)，实际工作中都有自己的责任。

A. 图像处理服务　　B. 数据筛选　　C. 数据分析　　D. 不确定

6. 选择缩放工具，在图像中光标变为放大工具图标，按住(　　)键不放，光标变为缩小工具图标。

A. Shift　　B. Ctrl　　C. Alt　　D. Enter

7. 新建画布的快捷键是(　　)。

A. Ctrl+O　　B. Ctrl+S　　C. Ctrl+N　　D. Ctrl+Shift+S

8. 保存图像的方法有(　　)。

A. 二种　　B. 三种　　C. 四种　　D. 五种

9. 当选择某个工具后，会出现相应的(　　)，可以通过属性栏对工具进行进一步的设置。

A. 工具属性栏　　B. 使用方法　　C. 提示　　D. 不确定

10. 当选择(　　)工具时，工作界面的上方会出现相应的魔棒工具属性栏，可以应用属性栏中的各个命令对工具做进一步的设置。

A. 选择　　B. 橡皮擦　　C. 魔棒　　D. 选框

二、填空题

1. 打开一幅图像时，图像的下方会出现该图像的状态栏。状态栏的左侧显示当前图像缩放的(　　　)。

2. 在状态栏的中间部分显示当前图像的文件信息，(　　　)，在弹出的菜单中单击“显示”菜单，在弹出的子菜单中可以选择当前图像的相关信息。

3. 将光标放在某工具上停留片刻会出现工具名称，其中带括号的字母便是该工具的(　　　)。

4. 若在同一工具组中包含多个工具，可以连续按(　　　)以选择其他工具。

5. Photoshop 为每个工具都设置了快捷键，要选择某个工具，也可以在(　　　)输入法状态下按一下相应的快捷键。

6. 启用“新建”命令有以下两种方法：选择菜单“文件>(　　　)”命令或按(　　　)组合键。

7. 启用“打开”命令有以下两种方法：选择菜单“文件>打开”命令或按(　　　)组合键。

8. 启用“存储”命令有以下两种方法：选择菜单“文件>存储”命令或按(　　　)组合键。

9. 启用“存储为”命令有以下两种方法：选择菜单“文件>存储为”命令或按(　　　)组合键。

10. 关闭图像有以下两种方法：选择菜单“文件>关闭”命令或按(　　　)组合键。

三、判断题

1. 使用“关闭全部”命令有以下两种方法，选择菜单“文件>关闭全部”命令或按 Alt+Ctrl+W 组合键。(　　)

2. 100%显示图像，在此状态下可以对文件进行精确的编辑。(　　)

3. 选择缩放工具，在图像中光标变为放大图标，每单击一次鼠标，图像就会放大一倍。(　　)

4. 当要放大一个指定的区域时，选择放大工具，按住鼠标不放，在图像上框选出一

个矩形区域。松开鼠标，选中的区域会放大显示并填满图像窗口。（　　）

5. 选择缩放工具，在图像中光标变为放大工具图标，按住 Ctrl 键不放，光标变为缩小工具图标。（　　）

6. 要将图像的窗口放大填满整个屏幕，可以在缩放工具的属性栏中单击“适合屏幕”按钮，再勾选“调整窗口大小以满屏显示”选项。（　　）

7. 在放大图像时，窗口就会和屏幕的尺寸相适应。单击“实际像素”按钮，图像将以实际像素比例显示。单击“打印尺寸”按钮，图像将以打印分辨率显示。（　　）

8. 同时打开多幅图像，选择菜单“窗口>排列>层叠”命令，图像层叠排列。（　　）

9. 选择菜单“窗口>排列>平铺”命令，图像平铺排列。（　　）

10. 选择“抓手”工具，在图像中光标变为抓手，用鼠标拖拽图像，可以观察图像的每个部分。（　　）

项目三

图像和画布尺寸的调整

【项目简介】

本章首先介绍Photoshop CC 2017标尺和参考线的设置，标尺可以与参考线一起使用，用于定位图像或元素，以便对图像进行精细化定量的排列和制作。其次介绍图像画面尺寸的调整和绘图颜色的设置，以及设置前景色、背景色和色板的方法，前景色通常用于绘制、填充选区或描边操作，背景色用于设置图像的底色或处理图像时作为参考的颜色，用户在编辑图像时，其操作结果与当前设置的前景色和背景色有着非常密切的联系。最后针对图层各个基础操作，包括对图层的链接和合并等进行详细的讲解。

【学习目标】

知识目标

了解标尺、参考线和网格线的作用；

理解图层的意义和图层的各种基本操作方法。

能力目标

掌握图像和画布尺寸调整的方法；

掌握设置绘图颜色和新建、删除图层的方法。

素养目标

感受图像和画布尺寸调整的强大功能，提升图片处理能力；

深刻感受标尺和参考线对图像进行精细化制作的作用，树立精益求精的理念。

【知识框图】

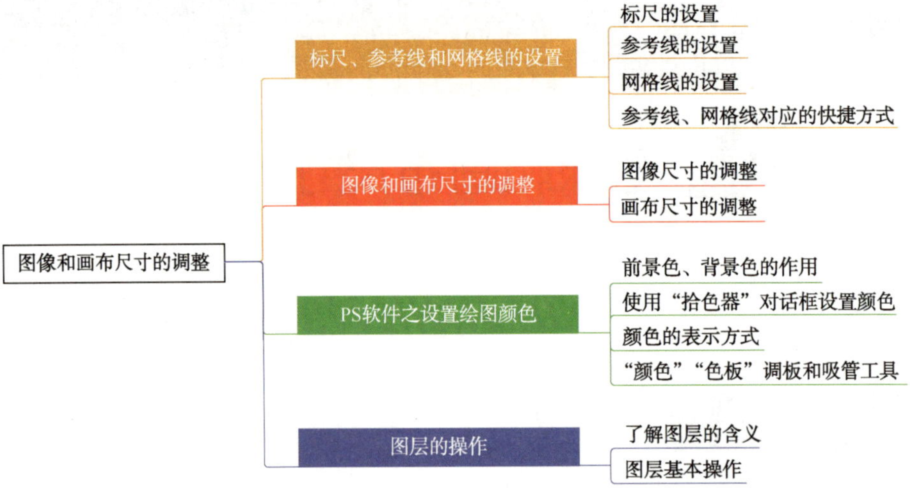

图 3-1　图像和画布尺寸的调整

【任务描述】

在 Photoshop 中有时图层太多影响使用，我们需要将图层合并为组以便更为直观，将图层合并为组还是直接合并，不同情况下有不同的选择，到底什么时候直接合并什么时候合并为组，通过本章课程的学习我们会得到更准确的答案；图片制作过程中利用参考线查看原图素材放置位置，并将素材位置数据应用到图像制作中，为了避免不小心移动已经处理好的图像，需要对已经完成的部分进行锁定处理。那么，图层面板都能实现哪些基本操作，PS 操作过程中不小心素材位置移动了怎么处理？我们通过本章的课程进行详细的了解。

案例一：图层合并后能否再撤回？与图层合并相关的其他图层操作都有哪些？

1. 情景设计

校园美工小达人彬彬和子博正在利用业余时间帮助 XW 美工设计公司制作 banner 图片，两个师弟找上门来寻求帮助，原来小顾在上机作业时不小心将两个无关的图层合并，现在想对其单独进行操作却无法实现，彬彬耐心地听小顾叙述完问题后，打开他们带来的源文件进行查看，俗话说“授人以鱼不如授人以渔”，热心的小师哥准备在解决当前问题的同时帮助他们梳理巩固一下图层相关操作。

2. 任务描述

首先需要明确图层合并之后除非马上撤回，在计算机能够记录的最高步数之内可以撤回，否则不能再恢复原始图层的状态。对于没有重合的素材可以用图层分离的方式进行拆分，使用快捷键 Ctrl+Shift+J 可以实现图层分离。其次要对图层进行基础操作，使用不同的方法新建图层，看什么方式效率最高；使用不同的方法复制图层，分析不同场景下使用什么方法能最快达成目标；使用不同的方式合并图层，并梳理合并图层和图层打组的区别，以及不同场景图层合并的最佳方式。

3. 任务分解

新建图层：单击图层面板右上方的图标，选择“新建图层”命令或单击图层面板下方的“创建新图层”按钮新建图层。

复制图层：单击图层面板右上方的图标，在弹出的菜单中选择“复制图层”命令或将需要复制的图层拖拽到图层面板下方的“创建新的图层”按钮上。

合并图层：单击图层面板右上方的图标，在弹出的菜单中选择“向下合并”命令或选择需要合并的图层，按 Ctrl+E 组合键执行图层合并。

图层打组：选择需要打组的图层，在弹出的菜单中选择“打组”命令或按 Ctrl+G 组合键执行图层打组。

案例二：PS 操作过程中不小心碰到了素材，位置移动了怎么处理？如何使用参考线？

1. 情景设计

已经通过面试的彬彬和子博每天利用业余时间为 XW 美工设计公司作图，这天收到一个有关卡通动物园图片制作的任务，因为素材数量较多，收到任务后两人马上热火朝天地进入工作状态，经过多半天的努力终于将所有的图片处理完成。彬彬在负责检查上交的过程中，发现子博的部分图片还存在素材位置不对的问题，赶紧找到子博询问原因，子博一脸无辜地说我已经都调完了，为什么存储的图片还会错位呢？

2. 任务描述

彬彬和子博对过程进行检查并没发现问题，再查看历史记录终于找到“罪魁祸首”，原来子博蹭到了触摸板，将部分放好的图层图片移动了，导致已经放对位置的素材移动了。彬彬赶紧询问素材文件的历史步骤是否还在，子博自信地说步骤都在，两人找到原图打开，撤销了移动步骤，锁定了图层，并利用参考线完成素材位置的调整，三五分钟便完成任务并在公司规定的时间内发送到指定邮箱。经过一番折腾，彬彬和子博都感慨，幸亏这次作图任务过程中按照课上老师的要求对素材进行了处理。让我们跟随彬彬和子博的思路，一起学习 PS 图层相关操作的具体方法，以便更好地制作卡通动物园图片吧。

3. 任务分解

步骤一：背景导入并保存源文件

直接把背景图片拖入打开的 PS 软件中导入素材。

点击菜单栏“文件”，选择“保存”命令存储 psd 格式的源文件。

步骤二：置入素材并调整大小位置

(1) 将背景图层锁定，观察样图中各个素材的位置和图层放置的顺序，以便按顺序导入素材。

(2) 按方便放置的顺序导入素材，按 Ctrl+T 键执行自由变换调整到合适的大小并放置样图，注意自由变换时按 Shift 键可以实现等比例缩放。

(3) 处理小树素材多余的部分，利用选框工具框选多余素材，栅格化图层后删除。

(4) 为了避免不小心移动已经处理好的图像，对于已经完成的部分可以打组锁定。

(5) 利用参考线查看原图素材放置位置，并将数据应用到图片制作中。

步骤三：保存图像并提交作业

在制作的过程中不断地按 Ctrl+S 键保存图像，此时制作过程会保存在已经存储的 psd 格式的源文件中。

图片制作完成后按 Ctrl+Shift+S 键另存一份 jpg 格式的图片提交作业。

请结合案例一、二所给资料，预习课件内容，分析并讲述 PS 软件图层基本操作都有哪些，PS 软件参考线和网格线各自有什么作用，理解并学会设置标尺，以便精确地编辑和处理图像。

【知识准备】

Photoshop 中的参考线和网格可以帮助用户精确地定位图像或元素，参考线显示为浮动在图像上的非打印线，可以移动或移除。标尺可以与参考线一起使用，用于定位图像或元素，用户可以使用画笔工具在一条路径上绘画，并在绘制的时候将其作为一个参考线，参考线不仅能对齐到左、右、顶部及底部的活动图层或选中区域的边缘，还能对当前图层或选中区域的垂直与水平中央进行对齐，为了更精准地制作图片，我们必须学习并掌握参考线相关知识。

一、标尺、参考线和网格线的设置

1. 标尺的设置

设置标尺可以精确地编辑和处理图像。选择菜单“编辑>首选项>单位与标尺”命令，弹出相应的对话框，可以设置标尺，标尺显示和隐藏的快捷键：Ctrl+R，可以通过鼠标左键单击更改单位（图 3-2）。

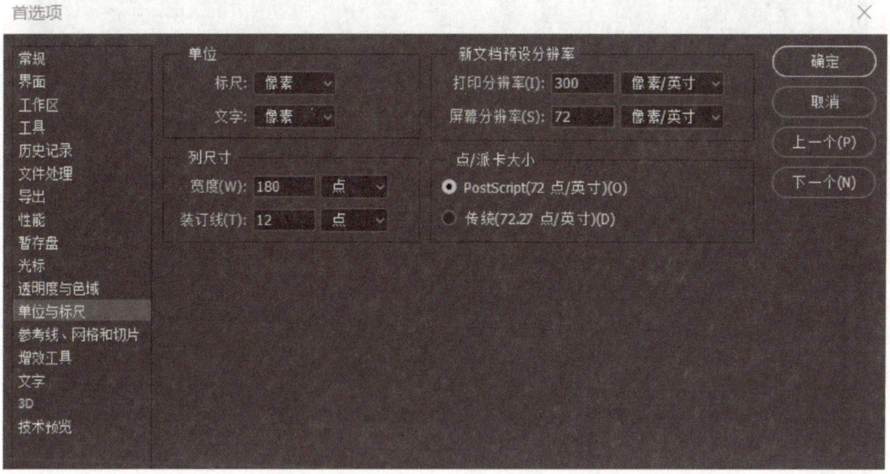

图 3-2　首选项标尺的参数设置

小资料 卡片

要更改标尺的零原点，请将指针放到窗口左上角的标尺相交线上，并沿对角线方向向下拖动到图像上。此时会看到一组十字线，它们标出了标尺上的新原点，释放鼠标按钮后，新的零原点就会被设置。

2. 参考线的设置

选择菜单“视图>显示>参考线”命令，按 Ctrl+; 可以显示或隐藏参考线，使用参考线可以使编辑图像的位置更精确。选择菜单“视图>新建参考线”命令，弹出“新建参考线”对话框，设定后单击“确定”按钮，图像中出现新建的参考线（图 3-3）。

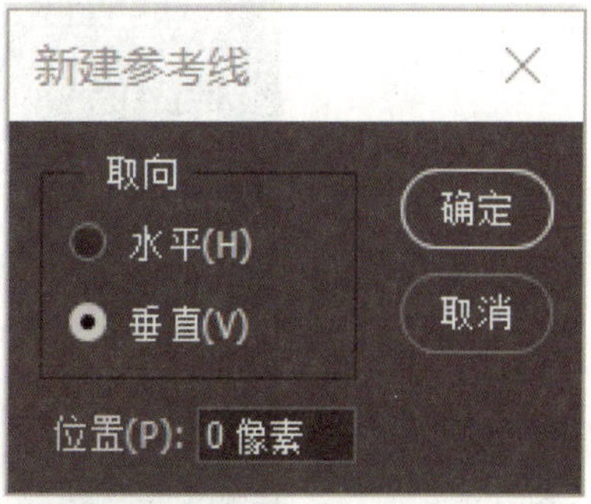

图 3-3　“新建参考线”对话框

3. 网格线的设置

选择菜单“视图>显示>网格”命令，按 Ctrl+′组合键，可以显示或隐藏网格，使用网格可以将图像处理得更精准。选择菜单“编辑>首选项>参考线、网格和切片”命令，弹出相应的对话框，可以设置网格线(图 3-4)。

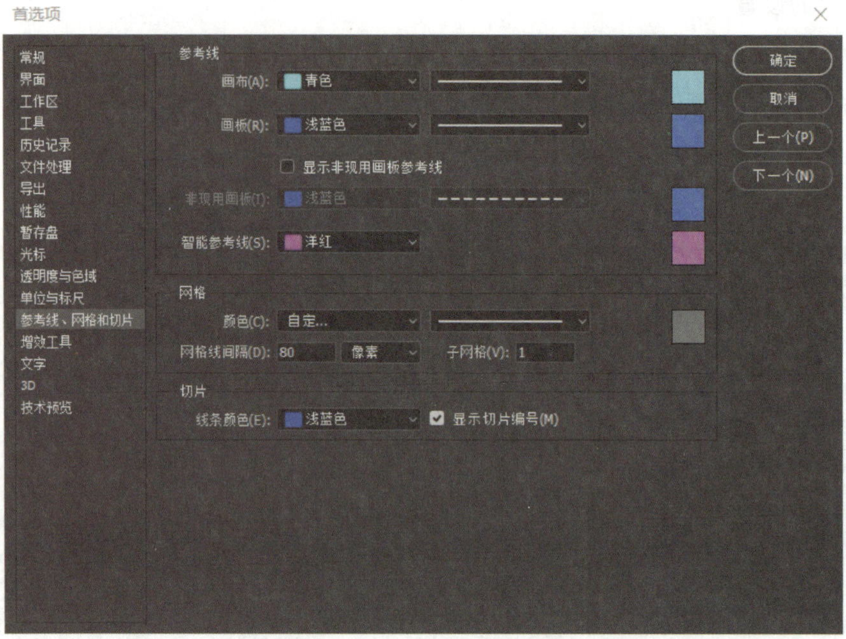

图 3-4　网格线的参数设置

4. 参考线、网格线对应的快捷方式

- Ctrl+'：只显示/隐藏网格。
- Ctrl+;：只显示/隐藏参考线。
- Ctrl+H：显示/隐藏网格、参考线。
- Ctrl+R：显示/隐藏标尺。

图片制作中参考线的作用如图 3-5 所示。

图 3-5　图片制作中参考线的作用

二、图像和画布尺寸的调整

1. 图像尺寸的调整

选择菜单“图像>图像大小”命令，弹出“图像大小”对话框，在弹出的对话框中，你可以修改图像的宽度、高度以及分辨率(图 3-6)。如果需要保持图像比例，可以勾选“约束比例”选项。

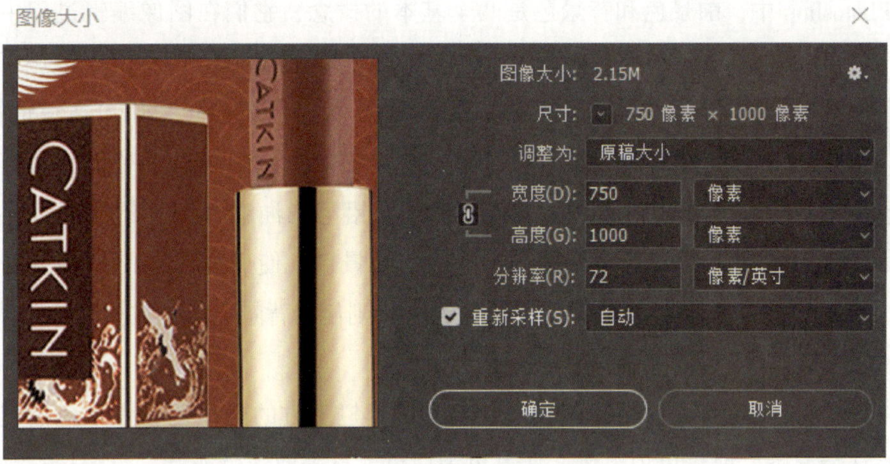

图 3-6　图像尺寸调整对话框

2. 画布尺寸的调整

在 Photoshop 中，画布大小功能允许用户调整工作区域的尺寸，画布尺寸的大小是指当前图像周围工作空间的大小。选择菜单“图像>画布大小”命令，弹出“画布大小”对话框，在其中可以输入新的宽度和高度值来调整画布的大小(图 3-7)。

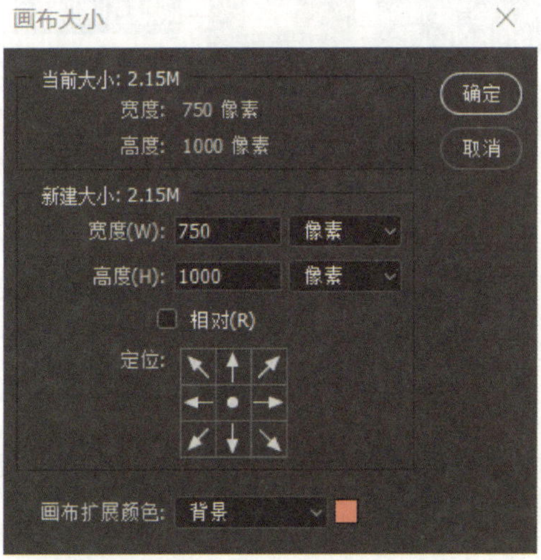

图 3-7　画布尺寸调整对话框

调整画布大小时，应确保不会影响到图像的质量或内容。如果图像已经被缩放，重新调整画布大小可能会导致图像失真。此外，建议在进行大幅度修改前备份原始文件，以防数据丢失。

三、PS 软件之设置绘图颜色

1. 前景色、背景色的作用

在 Photoshop 中，前景色和背景色是两个基本的概念，它们在图像编辑过程中扮演着重要的角色(图 3-8)。前景色通常用于绘制、填充选区或描边操作，而背景色用于设置图像的底色或处理图像时作为参考的颜色，用户在编辑图像时，其操作结果与当前设置的前景色和背景色有着非常密切的联系。例如：使用画笔、铅笔和油漆桶等工具在图像窗口中进行绘画时，使用的是前景色；使用橡皮擦工具擦除图像窗口背景图层中的内容时，则使用背景色填充被擦除的区域。

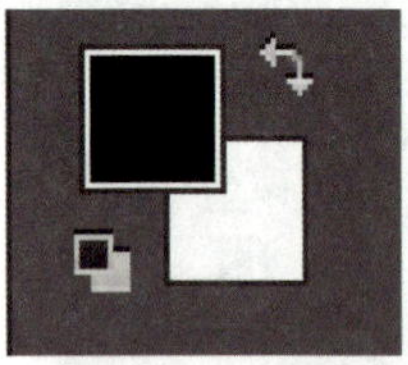

图 3-8　前景色与背景色按钮

2. 使用“拾色器”对话框设置颜色

在 Photoshop 的操作界面中，可以通过点击工具栏下方的前景色和背景色按钮来选择颜色。默认情况下，前景色为黑色，背景色为白色，点击前景色或背景色图标会弹出拾色器窗口，用户可以在其中选择想要的颜色(图 3-9)。这种方法允许用户从更广泛的色彩范围内选择前景色和背景色。

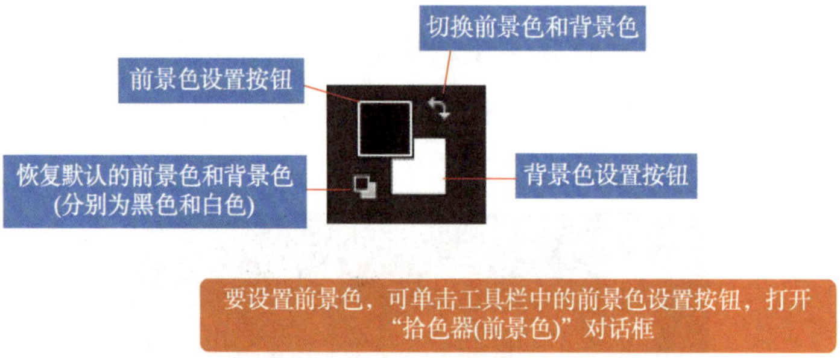

图 3-9　前景色、背景色参数设置

在工具栏中单击前景色图标，可以打开拾色器。在竖直的渐变条上单击，可以定义颜色范围。此外，还可以调整颜色的饱和度(图 3-10)。

3. 颜色的表示方式

HSB 色彩模式：HSB，即色度、饱和度、亮度模式，是一种基于人类对颜色感觉的色彩表示方式。它通过色相(Hue)、饱和度(Saturation)和亮度(Brightness)三个维度来描述颜色，其中色相以角度(0°~360°)表示，饱和度和亮度则以百分比值(0%~100%)表示。

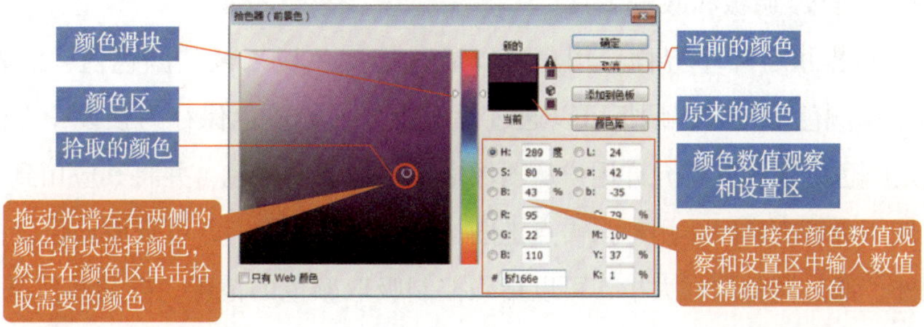

图 3-10 拾色器面板参数设置

HSB 模式适用于需要精确控制颜色的场景，如配色设计和摄影后期调色。

RGB 色彩模式：RGB，即红绿蓝模式，是工业界广泛使用的一种颜色标准。它通过调整红色(R)、绿色(G)和蓝色(B)三个颜色通道的强度及其相互之间的叠加来产生各种颜色。RGB 模式适用于屏幕显示，因为它能够提供广泛的色彩表现范围，几乎包含了人类视力所能感知的所有颜色。

Lab 色彩模式：Lab，即标准色模式，是一种综合考虑发光色和反光色的色彩模式。旨在尽可能全面地集合人眼所能看到的颜色。Lab 模式在色彩管理和图像处理中非常有用，尤其是在需要准确匹配颜色或进行高质量图像编辑时。

CMYK 色彩模式：CMYK，即四色印刷模式，是一种用于打印的色彩模式。它包括青色(Cyan)、洋红色(Magenta)、黄色(Yellow)和黑色(Black)四种基本颜色。通过这四种颜色的不同组合，可以得到几乎所有的颜色。CMYK 模式适用于印刷领域，因为它能够使打印输出的颜色与设计稿尽可能一致。

总的来说，HSB 模式适合需要精确控制颜色的创意工作；RGB 模式适合屏幕显示和数字媒体；Lab 模式适用于需要高精度色彩管理和图像编辑的场景；CMYK 模式专为印刷领域设计，以确保印刷品的颜色准确性。每种模式都有其独特的应用场景和优势。

在颜色数值观察和设置区提供了 HSB、RGB、Lab 和 CMYK 四种颜色模型，我们可根据需要在任一模型中输入数值设置颜色(图 3-11)。

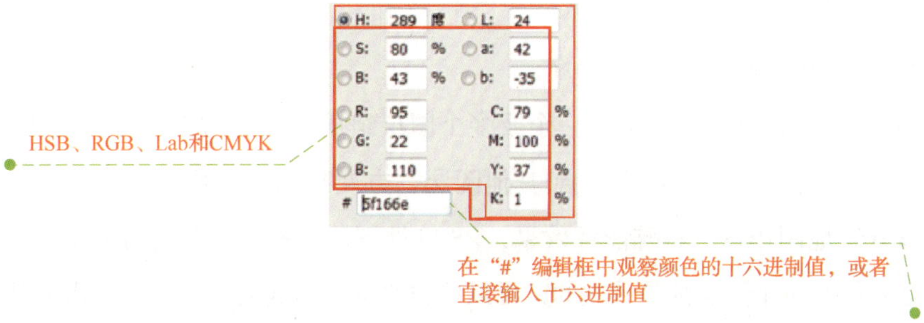

图 3-11 HSB、RGB、Lab 和 CMYK 参数设置

4. “颜色”“色板”调板和吸管工具

“颜色”调板提供了一个界面，用户可以通过拖动色块来调整颜色值，或者直接输入 RGB 值来自定义颜色。“色板”调板可以通过设置将当前前景色保存为预设，方便在其他项目中重复使用颜色。吸管工具允许用户从图像中选取特定的颜色，并将其应用到前景色或填充选区中。使用吸管工具时，用户只需点击图像中的任意位置，即可吸取该位置的颜色作为前景色。此外，通过调整取样大小，可以精确控制吸取颜色的范围。在某些情况下，当使用画笔工具、渐变工具或形状工具时，按住 Alt 键可以临时调出吸管工具，以便快速选取颜色。

用“颜色”“色板”调板和吸管工具也可设置前景色或背景色(图 3-12)。

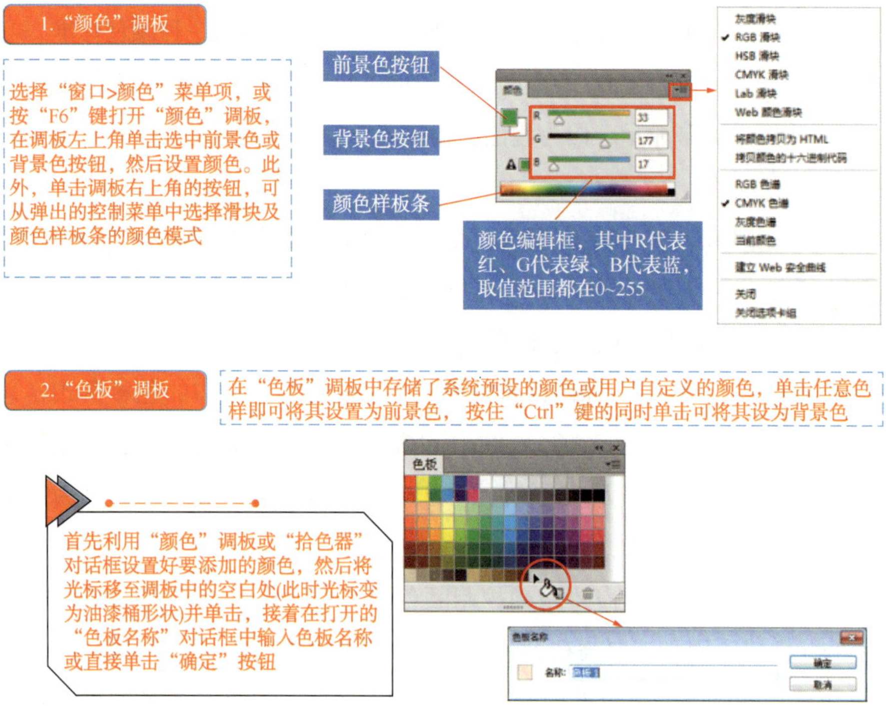

图 3-12 “颜色”“色板”调板和吸管工具

四、图层的操作

1. 了解图层的含义

在 Photoshop 中，每个图像都由一个或多个图层组成，图层与图层之间是相互独立的，当对某一图层进行操作时，不会影响到其他图层，方便我们对图像进行处理。此外，利用图层还可以方便地制作各种特殊图像效果，PS 软件图层具有以下功能和特点。

(1) 独立性：每个图层都是独立的，可以单独移动、缩放或隐藏，而不影响其他图层。

(2) 透明性：上层图层可以通过设置透明度来显示下层图层的内容，这使复杂的图像编辑变得更加灵活。

(3) 嵌套和组合：图层可以嵌套(一个图层内包含另一个图层)，也可以通过图层组来组织和管理多个图层，以便更好地控制和查找这些图层。

(4) 编辑和应用效果：图层是应用滤镜、调整色彩、添加文本等效果的基础。用户可以对特定图层应用各种编辑工具和效果，这些操作不会影响其他图层。

2. 图层基本操作

Photoshop 的图层面板是管理和编辑图像中所有图层的重要工具，我们可以将图层想象为透明的玻璃，每层玻璃上都有不同的画面，将多层玻璃叠加在一起就能构成一幅完整的图像，PS 软件提供了关于以下图层的基本操作(图 3-13、图 3-14)。

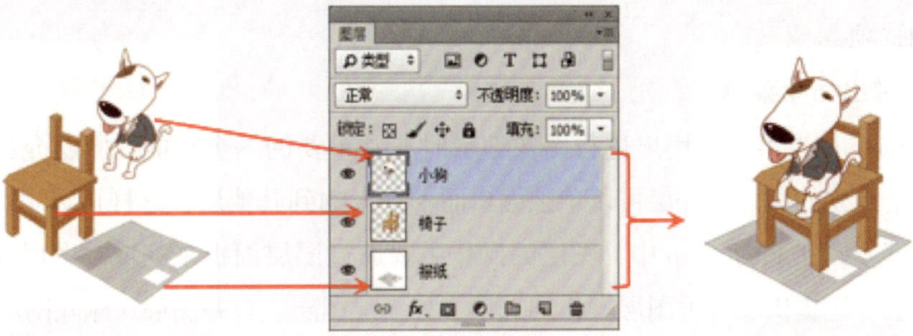

图 3-13 图层面板之一

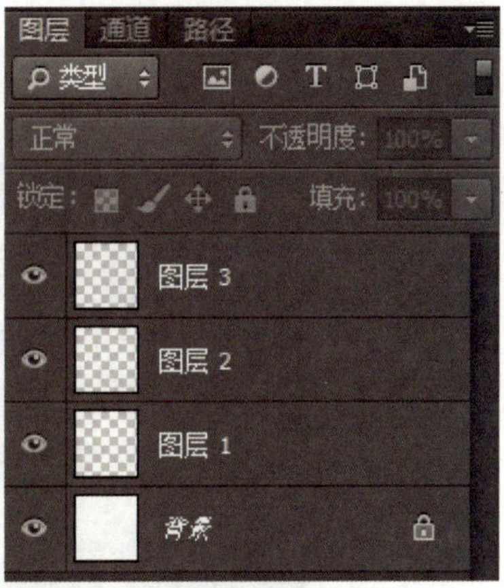

图 3-14 图层面板之二

(1) 创建和删除图层：用户可以在图层面板中创建新的图层，并向其中添加内容，如文本、图像或形状等。此外，也可以删除不再需要的图层。

(2) 显示和隐藏图层：图层面板允许用户显示或隐藏图层，这对于查看不同图层的内容非常有用。

(3) 复制和粘贴图层：用户可以复制一个图层，然后将其粘贴到另一个图层上，以此来进行更高级的图像编辑操作。

(4) 调整图层顺序：通过拖动图层，可以改变图层的显示顺序，从而控制最终图像的视觉效果。

(5) 应用图层模式：图层面板提供多种图层模式，如加法、减法、亮度/对比度/饱和度等，这些模式可以用来创造独特的视觉效果。

(6) 修改图层透明度：用户可以调整每个图层的透明度，以控制其在最终图像中的可见程度。

小资料 卡片

学习 PS 最基础的知识之一就是 PS 的图层，也是其他技巧学习的基础，关于 PS 的图层我们准备分两部分带大家去掌握：一部分是图层的基础操作，比如创建、复制等；另一部分则是图层的混合模式，混合模式将在后续的课程中讲解。

3. 图层面板

Photoshop 的图层面板是用户界面中的重要组成部分，它提供了多种功能来管理和编辑图层。图层面板列出了图像中的所有图层、组和图层效果(图 3-15)。可以使用图层面板来显示和隐藏图层、创建新图层及处理图层组，还可以在图层面板的弹出式菜单中设置其他命令和选项。

4. 图层弹出命令菜单

Photoshop 的图层菜单是用户进行图像编辑时非常重要的一个功能。图层允许用户将图像分割成多个独立的层，每一层可以单独编辑而不会影响到其他层，这样可以更灵活地控制图像的各个部分，在 Photoshop 中，图层的操作主要通过图层面板来完成。图层面板不仅显示了所有图层，还提供了各种图层操作的选项，如新建图层、合并图层、删除图层等。

单击图层面板右上方的图标，弹出命令菜单，可设置需要的选项(图 3-16)。

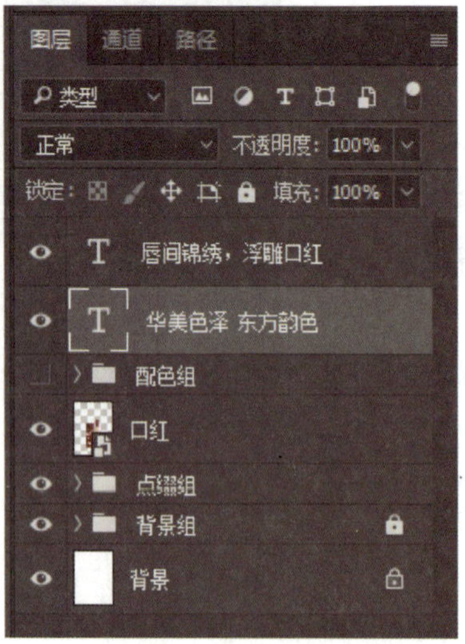

图 3-15　图层面板之三

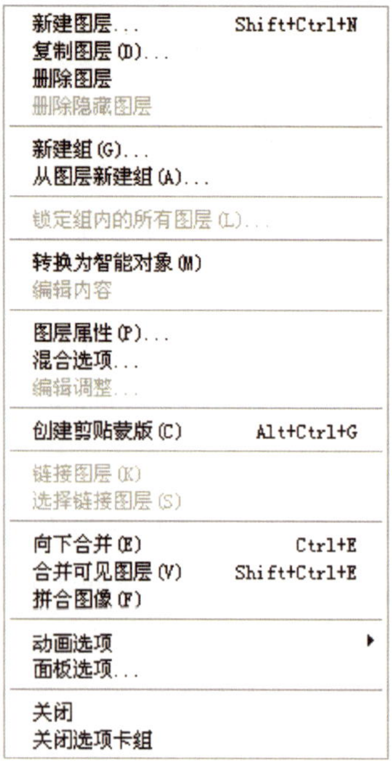

图 3-16　图层弹出命令菜单

5. 新建图层的几种方法

（1）单击图层面板右上方的图标，弹出命令菜单，选择“新建图层”命令，可弹出“新建图层”对话框，新建图层。

（2）单击图层面板下方的“创建新图层”按钮，可以创建一个新图层。按住 Alt 键的同时，单击“创建新图层”按钮，将弹出“新建图层”对话框，新建图层。

（3）选择菜单“图层>新建>图层”命令，弹出“新建图层”对话框。按 Shift+Ctrl+N 组合键，也可以弹出“新建图层”对话框，新建图层。

6. 复制图层的几种方法

（1）单击图层面板右上方的图标，从弹出的菜单中选择“复制图层”命令，弹出“复制图层”对话框，单击“确定”按钮，可以复制图层。

（2）将需要复制的图层拖拽到图层面板下方的“创建新的图层”按钮上，可以将该图层复制。

（3）选择菜单“图层>复制图层”命令，弹出“复制图层”对话框，单击“确定”按钮，可以复制图层。

7. 删除图层的几种方法

（1）单击图层面板右上方的图标，弹出命令菜单，选择“删除图层”命令，弹出提示对话框，单击“是(Y)”按钮，即可删除图层。

（2）选中要删除的图层，单击图层面板下方的“删除图层”按钮，即可删除图层。或将需要删除的图层直接拖拽到“删除图层”按钮上进行删除。

（3）选择菜单“图层>删除>图层”命令，即可删除图层。

（4）选中图层直接按 Delete 键，也可以删除图层。

8. 图层的显示和隐藏

单击图层面板中任意图层左侧的眼睛图标，可以隐藏或显示这个图层(图 3-17)。

按住 Alt 键的同时，单击图层面板中的任意图层左侧的眼睛图标，此时，图层面板中将只显示这个图层，其他图层被隐藏。

图 3-17　图层的显示和隐藏

9. 图层的选择、链接和排列

选择图层：选择移动工具，用鼠标右键单击窗口中的图像，弹出一组供选择的图层选项菜单，选择所需要的图层即可。

链接图层：选中要链接的图层，单击图层面板下方的“链接图层”按钮，选中的图层被链接。再次单击“链接图层”按钮，可取消链接。

排列图层：单击图层面板中的任意图层并按住鼠标不放，拖拽鼠标可将其调整到其他图层的上方或下方。选择菜单“图层>排列”命令，弹出“排列”命令的子菜单，选择其中的排列方式即可。

10. 合并图层的方法

（1）“向下合并”命令用于向下合并图层。单击图层面板右上方的图标，在弹出式菜单中选择“向下合并”命令，或按 Ctrl+E 组合键。

（2）“合并可见图层”命令用于合并所有可见层。单击图层面板右上方的图标，在弹出式菜单中选择“合并可见图层”命令，或按 Shift+Ctrl+E 组合键。

（3）“拼合图像”命令用于合并所有的图层。单击图层面板右上方的图标，在弹出式菜单中选择“拼合图像”命令。

【任务实施】

根据班级人数将学生分成若干实训活动小组，每组设组长一名，负责安排、协调、督促小组完成实训任务，同时做好实训活动记录。

活动一　图层基本操作技巧大比拼

根据【知识准备】中的相关资料，分析图层的相关操作。

步骤一：学习常用的图层相关操作

根据已经学过的基础知识，对在图片制作处理过程中使用频率较高的新建图层、复制图层和合并图层的相关操作进行回顾练习，提升 PS 软件基础操作的熟练度，为后续课程的学习打下坚实的基础。

序号	考核操作	作　用
1	新建图层	建立多个图层就可以做出有丰富层次感的图像。图层之间操作时可以互不影响，方便独立地对单个图层进行操作
2	复制图层	复制图层可以将原有的素材拷贝一份，以便进行相关操作，复制图层包括原位复制和自由复制两种
3	合并图层	合并图层是因为有的图层做的图形完成之后，不需修改就可以把图层合并，这样整个图片中图层数量减少，方便查看和操作
4	图层打组	图层打组有助于组织项目并保持图层面板整洁有序，保持图层之间的独立性，打组后既可以对组进行整体操作，又可以针对图层单独操作

步骤二：分析各种操作的实现方法

1. 新建图层

- 单击图层面板右上方的图标，选择“新建图层”命令。
- 单击图层面板下方的“创建新图层”按钮新建图层。
- 按住 Alt 键的同时，单击“创建新图层”按钮，将弹出“新建图层”对话框。
- 选择菜单“图层>新建>图层”命令，弹出“新建图层”对话框。
- 按 Shift+Ctrl+N 组合键，也可以弹出“新建图层”对话框。

2. 复制图层

- 单击图层面板右上方的图标，从弹出的菜单中选择“复制图层”命令。
- 将需要复制的图层拖拽到图层面板下方的“创建新的图层”按钮上。
- 选择菜单“图层>复制图层”命令可以复制图层。
- 原位复制：利用快捷键 Ctrl+J 进行原位复制。
- 自由复制：移动工具下按着 Alt 键对需要复制的素材进行拖拽。

3. 合并图层

单击图层面板右上方的图标，在弹出式菜单中选择“向下合并”命令。

选择需要合并的图层，按 Ctrl+E 组合键执行图层合并。

单击图层面板右上方的图标，在弹出式菜单中选择“合并可见图层”命令。

合并可见图层快捷键：Shift+Ctrl+E。

4. 图层打组

- 选择要打组的图层。
- 按快捷键 Ctrl+G 或在菜单栏中选择“图层>新建>组”来创建组。
- 将选择的图层拖动到新建的组中，或在组上单击鼠标右键，选择“添加到组”。
- 双击组名称，输入新的名称即可。
- 可以按住 Shift 键或 Ctrl 键来选择多个图层。

步骤三：上机演练选定最快速的方法

- 用学到的各种方式练习新建图层，并找到自己操作快的方法，多次练习巩固。
- 用学到的各种方式练习复制图层，并找到自己操作快的方法，多次练习巩固。
- 用学到的各种方式练习合并图层，并找到自己操作快的方法，多次练习巩固。
- 用学到的各种方式练习图层打组，并找到自己操作快的方法，多次练习巩固。

步骤四：学生讲解任务完成情况

组长抽取序号，并选出一名代表讲解本组任务完成情况。

步骤五：师生点评

每个小组选出一名评委，对任务完成情况进行打分，小组间互评，最后由教师进行点评。

活动二　卡通动物园图片制作

根据实训作业案例的具体要求，分析完成实训任务的操作步骤和知识要点。卡通动物园图片制作素材如图 3-18 所示。

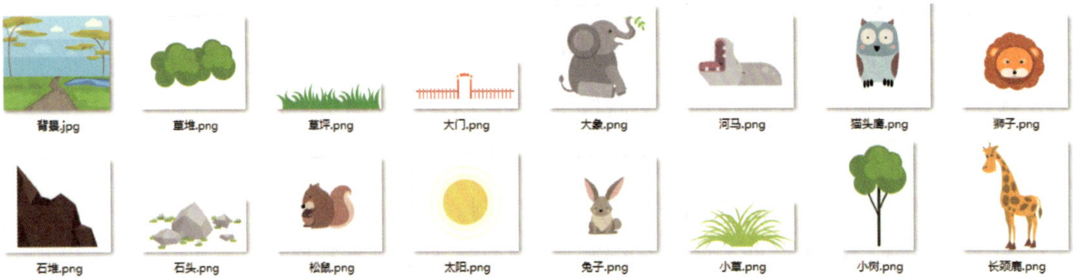

图 3-18　卡通动物园图片制作素材

步骤一：背景导入并保存源文件

（1）直接把背景图片拖入打开的 PS 软件中导入素材。或者点击菜单栏“文件”，选择“导入”命令导入素材。或者使用快捷键“Ctrl+O”调出导入对话框导入素材。

（2）点击菜单栏“文件”，选择“保存”命令存储一份名称为“卡通动物园图片”的 psd 格式的源文件。

步骤二：置入素材并调整大小位置

（1）将背景的图片文件置入 PS。

- 使用 Ctrl+O 选择需要置入的文件。
- 使用 Ctrl+T 自由变换调整图像大小。
- 使用移动工具(快捷键 V)调整到合适的位置。

（2）将小树和小草的图片文件置入 PS。

- 使用 Ctrl+O 选择需要置入的文件。
- 使用 Ctrl+T 自由变换调整图像大小。
- 使用移动工具(快捷键 V)调整到合适的位置。

（3）将石堆的图片文件置入 PS。

- 使用 Ctrl+O 选择需要置入的文件。

◆ 使用 Ctrl+T 自由变换调整图像大小。
◆ 使用移动工具(快捷键 V)调整到合适的位置。
◆ 调整图层顺序，使其盖住小树图层。
(4) 将狮子的图片文件置入 PS。
◆ 使用 Ctrl+O 选择需要置入的文件。
◆ 使用 Ctrl+T 自由变换调整图像大小。
◆ 使用移动工具(快捷键 V)调整到合适的位置。
◆ 调整图层顺序，使狮子在小草的后面。
(5) 将河马的图片文件置入 PS。
◆ 使用 Ctrl+O 选择需要置入的文件。
◆ 使用 Ctrl+T 自由变换调整图像大小。
◆ 使用移动工具(快捷键 V)调整到合适的位置。
◆ 调整图层顺序，使河马在小草的前面。
(6) 将猫头鹰的图片文件置入 PS。
◆ 使用 Ctrl+O 选择需要置入的文件。
◆ 使用 Ctrl+T 自由变换调整图像大小。
◆ 使用移动工具(快捷键 V)调整到合适的位置。
(7) 将大象的图片文件置入 PS。
◆ 使用 Ctrl+O 选择需要置入的文件。
◆ 使用 Ctrl+T 自由变换调整图像大小。
◆ 使用移动工具(快捷键 V)调整到合适的位置。
◆ 调整图层顺序，使大象在石堆的前面。
(8) 将长颈鹿的图片文件置入 PS。
◆ 使用 Ctrl+O 选择需要置入的文件。
◆ 使用 Ctrl+T 自由变换调整图像大小。
◆ 使用移动工具(快捷键 V)调整到合适的位置。
◆ 调整图层顺序，使长颈鹿在石堆的前面、在大象的右边。
(9) 将大门的图片文件置入 PS。
◆ 使用 Ctrl+O 选择需要置入的文件。
◆ 使用 Ctrl+T 自由变换调整图像大小。
◆ 使用移动工具(快捷键 V)调整到合适的位置。
◆ 调整图层顺序，让大门在以上图层的前面。

(10) 将石头、兔子、松鼠等图片文件置入 PS。

◆ 使用 Ctrl+O 选择需要置入的文件。

◆ 使用 Ctrl+T 自由变换调整图像大小。

◆ 使用移动工具(快捷键 V)调整到合适的位置。

◆ 调整图层顺序，使其在大门的前面。

(11) 调整各个素材位置要注意大小和图层顺序，必要的时候使用方向键对位置进行微调。

(12) 小树素材需要去掉一部分根部以符合效果图要求，可使用选框工具框选裁切，栅格化图层后按 Delete 键删除。

(13) 为了避免不小心移动已经处理好的图像，对于已经完成的部分可以打组锁定。

步骤三：保存图像并提交作业

(1) 在制作的过程中不断地按 Ctrl+S 键保存图像，此时制作过程会保存在已经存储的 psd 格式的源文件中。

(2) 图片制作完成后按 Ctrl+Shift+S 键另存一份 jpg 格式的图片提交作业(图 3-19)。

图 3-19　卡通动物园图片制作效果图

步骤四：学生讲解任务完成情况

组长抽取序号，并选出一名代表讲解本组的作业完成情况。

步骤五：师生点评

每个小组选出一名评委，对任务完成情况进行打分，小组间互评，最后由教师进行点评。

小资料卡片

卡通动物园图片制作过程中，小树素材有点高，直接放到背景中调整不能达到效果图的要求，需要同学们对素材进行裁切，具体方法为：使用选框工具框选需要去掉的树根部分，然后按 Delete 键删除框选部分。注意：如果小树素材为智能对象，则不能直接删除，须先将智能对象栅格化才能进行处理。

【任务书】

任 务 书

任务内容	卡通动物园图片制作
实训过程	
理论知识梳理	
实训过程总结	
教师记录、点评：	

【巩固提高】

一、选择题

1. 设置标尺可以(　　)，选择菜单“编辑>首选项>单位与标尺”命令，弹出相应的对话框，可以设置标尺。

A. 精确地编辑和处理图像　　B. 清楚地看到图层

C. 更好地处理色彩　　D. 更好地新建画布

2. 选择菜单“视图>显示>参考线”命令，按(　　)可以显示或隐藏参考线。

A. Ctrl+S　　B. Ctrl+;　　C. Ctrl+D　　D. Ctrl+R

3. 选择菜单“视图>新建参考线”命令，弹出(　　)对话框，设定后单击“确定”按钮，图像中出现新建的参考线。

A. 清除参考线　　B. 显示参考线　　C. 新建参考线　　D. 隐藏参考线

4. 显示或隐藏标尺的快捷键是(　　)。

A. Ctrl+S　　B. Ctrl+;　　C. Ctrl+D　　D. Ctrl+R

5. 显示或隐藏网格的快捷键是(　　)。

A. Ctrl+S　　B. Ctrl+′　　C. Ctrl+D　　D. Ctrl+H

6. 选择菜单“图像>图像大小”命令，弹出“图像大小”对话框，在其中可以设置图像的(　　)。

A. 大小　　B. 画质　　C. 尺寸　　D. 不确定

7. 用户在编辑图像时，其操作结果与当前设置的前景色和(　　)有着非常密切的联系。

A. 色条　　B. 色带　　C. 色板　　D. 背景色

8. 画布尺寸的大小是指当前图像周围工作空间的大小。选择菜单“图像>画布大小”命令，弹出“画布大小”对话框，在其中可以设置(　　)的大小。

A. 图像　　B. 声音　　C. 画布　　D. 不确定

9. 使用画笔、铅笔和油漆桶等工具在图像窗口中进行绘画时，使用的是(　　)。

A. 色带　　B. 前景色　　C. 色板　　D. 背景色

10. 使用橡皮擦工具擦除图像窗口背景图层中的内容时，则使用(　　)填充被擦除的区域。

A. 色带　　B. 前景色　　C. 色板　　D. 背景色

二、填空题

1. 要设置前景色，可单击工具栏中的前景色设置按钮，打开(　　　　)对话框。

2. 拖动光谱左右两侧的颜色滑块选择颜色，然后在颜色区(　　　　)拾取需要的颜色。

3. 可直接在颜色数值观察和设置区中输入(数值)来精确设置颜色，在“#”编辑框中观察颜色的十六进制值，或者直接输入(　　　　)值。

4. 用“颜色”“色板”调板和吸管工具也可设置(　　　　)。

5. 选择“窗口>颜色”菜单项，或按(　　　　)键打开“颜色”调板，在调板左上角单击选中前景色或背景色按钮，然后设置颜色。

6. 单击调板右上角的按钮，可从弹出的(　　　　)中选择滑块及颜色样板条的颜色模式。

7. 颜色编辑框，其中R代表红、G代表绿、B代表蓝，取值范围都在(　　　　)。

8. 在“色板”调板中存储了系统预设的颜色或用户自定义的颜色，单击任意色样即可将其设置为前景色，按住(　　　　)键的同时单击可将其设为背景色。

9. 在Photoshop中，每个图像都由一个或多个图层组成，图层与图层之间是(　　　　)相的。

10. 当对某一图层进行操作时，不会影响到其他图层，方便我们对图像进行处理。此外，利用图层还可以方便地制作各种(　　　　)。

三、判断题

1. 在Photoshop中，选择“窗口>Q图层”菜单项，或按F7键可打开“图层”调板。(　　)

2. 自由变换工具快捷键为Ctrl+T。(　　)

3. Ctrl+R为隐藏参考线的快捷键。(　　)

4. 图层面板列出了图像中的所有图层、组和图层效果。(　　)

5. 可以使用图层面板来显示和隐藏图层、创建新图层以及处图层组。不可以在图层面板的弹出式菜单中设置其他命令和选项。(　　)

6. 双击图层面板右上方的图标，弹出命令菜单，可设置需要的选项。(　　)

7. 单击图层面板右上方的图标，弹出命令菜单，选择“新建图层”命令，可弹出“新建图层”对话框，新建图层。(　　)

8. 单击图层面板右上方的图标，从弹出的菜单中选择“复制图层”命令，会弹出“复制图层”对话框，单击“确定”按钮，可以复制图层。(　　)

9. 单击图层面板右上方的图标，弹出命令菜单，选择“删除图层”命令，弹出提示对话框，单击“是(Y)”按钮，即可删除图层。(　　)

10. 按住Alt键的同时，单击图层面板中的任意图层左侧的眼睛图标，此时，图层面板中将只显示这个图层，其他图层被隐藏。(　　)

项目四

揭开PS的“神秘面纱”

【项目简介】

本章首先对 Photoshop 的首选项进行设置，通过设置 PS 首选项，更好地适应自己的工作习惯和需求，从而提高工作效率和创作质量；其次讲解浮动窗口的调整与恢复，PS 提供丰富的可视化浮动窗口，可以任意地调整和恢复，极大地方便了图片处理工作；最后介绍自定义工作界面和文件的基本操作，以及新建画布的参数设置。通过本章的学习，可掌握图层的含义以及文件的各项基本操作，彻底揭开 PS 的“神秘面纱”，为后续课程的学习打下坚实的基础。

【学习目标】

知识目标

了解 PS 首选项的作用和设置方法；

了解不同浮动窗口的功能以及调整和恢复的方法。

能力目标

掌握 PS 自定义工作界面的设置方法；

掌握图层的含义以及 PS 文件的各项基本操作。

素养目标

感受浮动窗口和自定义面板的便捷，培养学习的兴趣；

培养使用快捷键制作图片的习惯，为提升作图速度打下基础。

【知识框图】

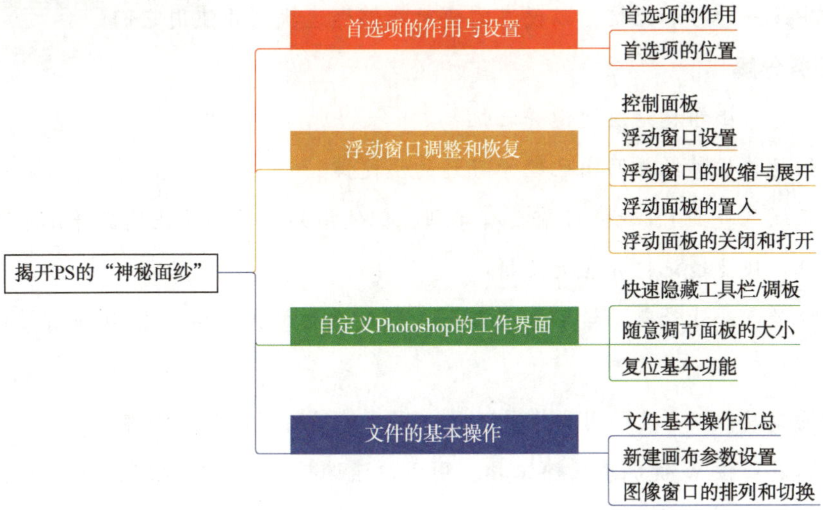

图 4-1 揭开 PS 的“神秘面纱”

【任务描述】

学会设置首选项操作很大程度上提高了作图的便捷性，然而部分同学在作图速度方面有待提升，对自由变换的使用还不是很熟练，为此在按部就班学习 PS 软件操作技术的同时，我们适时地开展 PS 常用快捷键使用大比拼任务，同时深入了解自由变换操作在图片处理中的作用，顺利完成西餐厅美食海报制作任务。

案例一：PS 软件常用的快捷键有哪些？快捷键能帮助我们做什么？

1. 情景设计

校园美工小达人彬彬和子博收到 XW 美工设计公司下发的设计图片，两人根据任务要求按尺寸新建画布并制作图片，经过一段时间，彬彬已经制作好了图片并通过邮箱发给了公司，但子博还在制作图片，由于两人的技术水平相当，但速度却大不相同，两人开始核对并分析出现问题的原因，经过反复检查得出结论，是因为子博在作图的时候，没有使用快捷键。

2. 任务描述

两人经过入职考核才发现使用快捷键的重要性，这促使两人利用课余时间再次回顾并复习 PS 工具快捷键的相关知识点，避免以后再出现相同的问题。同学们，让我们与彬彬和子博一起，认真学习 PS 的工具快捷键，这些快捷键覆盖了 PS 中大部分的基本操作，熟练掌握它们可以大大提高工作效率，每个快捷键都有其特定的用途，建议在实际操作中逐一学习和记忆，以便在需要时能够迅速找到并使用它们。

3. 任务分解

步骤一：分小组总结快捷键并记忆

以小组为单位总结并写出已经学习到的快捷键。

通过互联网查询 PS 软件目前没有学到，但使用频率较高的快捷键并记录下来。

步骤二：快捷键记忆分组大比拼

切换前景色和背景色：按 D 键切换到默认的黑白模式，按 X 键互换前景色与背景色的位置。

取样器工具：按 I 键调用取样器工具，用于选择特定颜色的像素。

魔棒工具：按 W 键调用魔棒工具，用于快速选择图像中的特定区域。

裁剪工具：按 C 键调用裁剪工具，用于调整图像的尺寸。

旋转视图工具：按 R 键调用旋转视图工具，用于调整图像的显示方向。

显示/隐藏网格和参考线：按 Ctrl+′(引号)键来显示或隐藏网格和参考线，这有助于进行精确的图像编辑。

自由变换：按 Ctrl+T 键调用自由变换工具，可以对图层进行旋转、缩放等变形调整。

复制图层：按 Ctrl+J 键复制当前图层，便于进行多层次的编辑。

步骤三：快捷键使用分组大比拼

新建图层：按 Ctrl+Shift+N 键新建一个图层，用于分层处理不同的元素。

填充前景色：按 Alt+Delete 键填充当前选区的前景色。

内容识别填充：按 Shift+F5 键调用内容识别填充功能，自动填充选区的相似区域。

羽化边缘：按 Shift+F6 键调用羽化工具，模拟自然光线下的阴影效果。

撤回操作：按 Ctrl+Z 键撤销上一次的操作，适用于需要不断尝试和修改的情况。

移动工具：按 V 键调用移动工具，用于移动图像中的对象。

套索工具：按 L 键调用套索工具，用于选择不规则形状的区域。

切片工具：按 K 键调用切片工具，用于将图像分割成多个部分，便于单独编辑。

放大和缩小：使用鼠标滚轮或按 Ctrl 配合“+”“-”组合键来放大和缩小图像。

快速改变不透明度：通过按 0~9 阿拉伯数字来快速调整图层的不透明度。

显示彩色通道：按 Ctrl+~键显示彩色通道，有助于检查图像的颜色分布。

打开/关闭色域警告：按 Ctrl+Y 键打开或关闭色域警告，确保颜色匹配。

案例二：PS 软件的自由变换是什么？它可以做些什么？

1. 情景设计

已经通过面试的彬彬和子博每天利用业余时间为 XW 美工设计公司作图片，这天收到一批食物素材摆放的任务，因为素材数量较多，收到任务后两人马上热火朝天地进入工作状态，经过多半天的努力终于将所有的图片处理完成，彬彬在负责检查上交的过程中，发现子博部分图片大小不协调，赶紧找到子博询问原因，子博一脸无辜地说我已经按照原图摆放了，为什么出来的效果和原图不一样？

2. 任务描述

彬彬和子博经过对摆放过程进行检查并没有发现问题，再查看历史记录终于找到“罪魁祸首”，原来子博没有将素材用自由变换调整大小，导致素材大小与原图不协调。彬彬赶紧询问文件的原图是否已经存储，子博自信地说原图都在，两人找到原图打开，不需进行其余操作，用自由变换调整了大小，顺利完成任务并在公司规定的时间内发送到指定邮箱。

3. 任务分解

经过一番折腾，彬彬和子博都感慨，幸亏这次作图过程中听课上老师的要求，使用自由变换调整了图片大小。自由变换指的是什么？为什么有了它就可以调整图片素材大小？让我们跟随彬彬和子博的思路，一起揭开自由变换的“神秘面纱”。

Photoshop 中的自由变换是一个非常强大的功能，用于对图层、图层蒙版、选区、选区内容等进行各种变换操作。具体来说，自由变换可以实现以下功能：

缩放：通过拖动边角来调整图像的大小。

旋转：通过鼠标滚轮或输入角度值来旋转图像。

斜切：通过按住 Shift 键并拖动边角来创建斜面效果。

扭曲：通过按住 Ctrl 键并拖动边角来扭曲图像。

透视变换：通过按住 Alt 键并拖动边角来进行透视变换，以修正图像的畸变。

此外，自由变换还可以通过快捷键 Ctrl+T 来启动。在使用自由变换时，可以利用 Alt、Ctrl、Shift 三个辅助按键来控制不同的变换效果。

Ctrl 键：控制自由变换模式。

Shift 键：控制方向、角度和等比例放大缩小。

Alt 键：控制中心对称变换。

自由变换不仅适用于单个图层，还可以对多图层进行组合变换，极大地提高了图像处理的灵活性和效率。例如，在合成图像时，可以通过自由变换工具对不同图层进行精确的位置、大小和角度调整，从而实现复杂的视觉效果。

总之，自由变换是 Photoshop 中一个非常实用的功能，掌握其用法可以大大提升图像编辑的能力和效率。

请结合案例一、二所给资料，预习课件内容，分析并讲述 PS 软件常用的快捷键都有哪些，自由变换除了缩放还能实现什么效果，PS 软件首选项的作用是什么，都有哪些常用设置，以及如何实现 PS 软件个性化操作界面的设置。

【知识准备】

Photoshop 首选项可以帮助我们更好地使用软件，比如存储暂存盘的位置、存储步数设置、软件显示界面的颜色设置等。通过学习浮动窗口的调整与恢复，可以让我们顺利地打开进入 PS 软件世界的大门，对软件使用的陌生感大大降低，可以按照自己的需求对软件的界面进行设置，最大限度提高作图效率。

一、首选项的作用与设置

1. 首选项的作用

首选项可以对 PS 软件参数进行设置，是用户根据个人习惯和需求对软件进行个性化配置的过程。调整首选项可以提高工作效率，优化工作流程，通过合理配置 PS 的首选项，用户可以更好地适应自己的工作习惯和需求，从而提高工作效率和创作质量。虽然有些设置可以显著改善性能或用户体验，但并非所有设置都需要更改，有些默认设置已经足够好用。因此，在进行首选项设置时，建议先了解每个设置的具体作用，再根据个人实际情况做出调整。

小资料卡片

Photoshop 中的首选项是一个重要的设置界面，提供了广泛的设置选项，用于调整和优化软件的性能、外观和行为，帮助用户优化软件的性能和使用体验，以提高工作效率，每个人均可以根据自己的需求和习惯设置计算机的首选项。

2. 首选项的位置

选择菜单“编辑>首选项”，可以打开“首选项”对话框，或者使用快捷键 Ctrl+K，也可以打开“首选项”的对话框(图 4-2)。

3. 调整界面颜色

调整界面颜色：选择“编辑>首选项>界面”菜单项，打开“首选项”对话框，在“界面”分类的“外观”设置区中选择从黑到灰的四种颜色(图 4-3)。

调整界面颜色可以帮助用户提高工作效率，通过调整界面颜色，可以减少眼睛疲劳，提高长时间工作的舒适度。例如，使用较为鲜明或对比度高的颜色可以使图像和工具更加突出，从而更快地识别和操作。

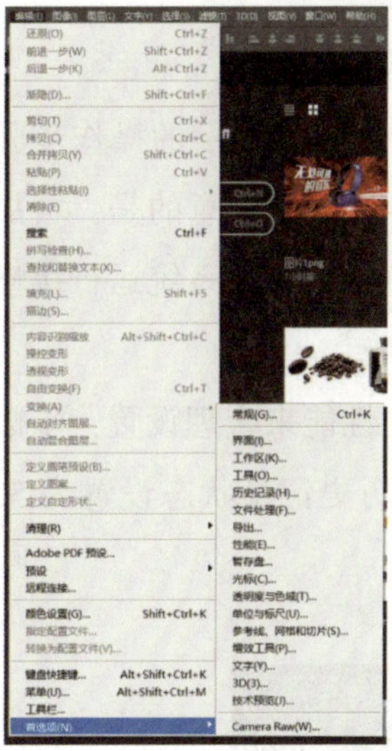

图 4-2　菜单栏“首选项”对话框位置

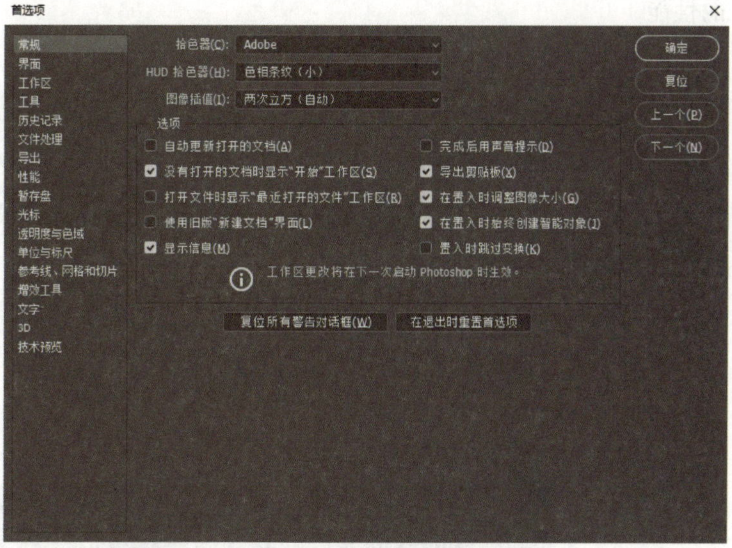

图 4-3　首选项调整界面颜色

4. 暂存盘的设置

Photoshop 的暂存盘设置是一个重要的功能，用于优化软件性能和管理系统资源。可以通过点击左上角的“编辑”菜单，然后选择“首选项”来访问设置界面(图 4-4)。默认情况下，Photoshop 将暂存盘设置在 C 盘，但这可能会导致 C 盘空间不足。因此，建议将暂存盘设置在其他较大的空闲磁盘上，以提高性能和避免系统盘过载。

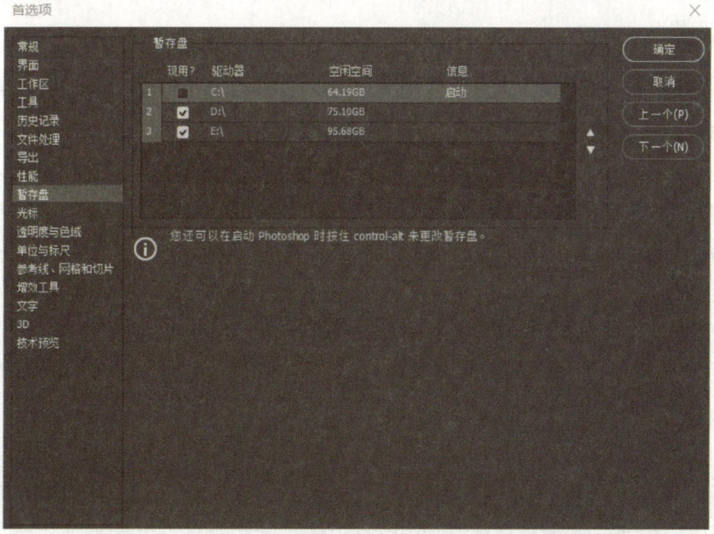

图 4-4　首选项暂存盘的设置

首选项暂存盘不勾选 C 盘，没有设置磁盘分区的计算机除外，勾选 C 盘会降低计算机的性能。

5. 历史记录状态的设置

Photoshop 的历史记录状态设置允许用户自定义历史记录面板中可以显示的操作步骤数量，用户可以根据需要调整这个数值，最多可以设置到 1000 步。需要注意的是，增加历史记录的步数会占用更多的内存资源，如果设置的步数过高，可能会导致系统运行缓慢或出现其他性能问题。

因此，在调整历史记录步数时，应根据自己的需求和计算机的性能来合理设置，步数太少影响撤回操作，步数太多影响软件运行速度，一般情况下，历史记录状态设置为 50 步左右即可(图 4-5)。

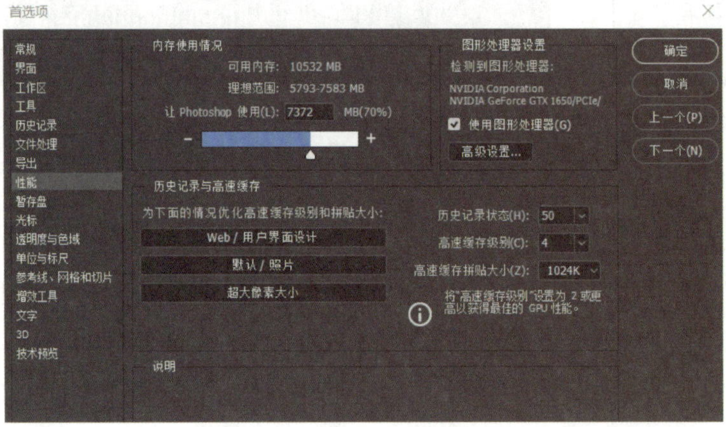

图 4-5　首选项性能历史记录状态设置

6. 导出的设置

需要特别注意的是，要想存储透明背景的图片，首选项导出设置中 png 图片必须勾选“透明度”，否则导出的透明背景的图片有问题(图 4-6)。

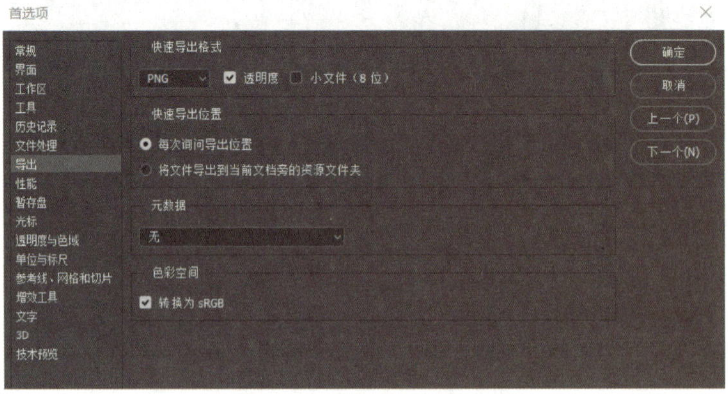

图 4-6　首选项导出设置

二、浮动窗口调整和恢复

1. 控制面板

控制面板是处理图像时另一个不可或缺的部分，Photoshop 界面为用户提供了 14 个左右的控制面板，这些控制面板通过设置，可以实现收缩与扩展、拆分与组合，控制面板的弹出式菜单可以实现很多的操作，并能对面板进行隐藏与显示控制。

收缩与扩展控制面板：点击控制面板右上角向左的小箭头，可以实现面板的收缩或扩展，图 4-7 左侧为历史记录面板收缩状态，右侧为历史记录面板扩展状态。

拆分控制面板：若需单独拆分出某个控制面板，可用鼠标选中该控制面板的选项卡并向工作区拖拽，选中的控制面板将被单独地拆分出来。

组合控制面板：可以根据需要将两个或多个控制面板组合到一个面板组中，点击面板名上方空白处往目标面板上拖拽，变成蓝色的时候松手即可完成面板的组合。

控制面板弹出式菜单：单击控制面板右上方的图标，可以弹出控制面板的相关命令菜单，应用这些菜单可以提高控制面板的功能性，如图 4-8 为图层面板的弹出式菜单。

图 4-7　历史记录面板收缩和展开状态

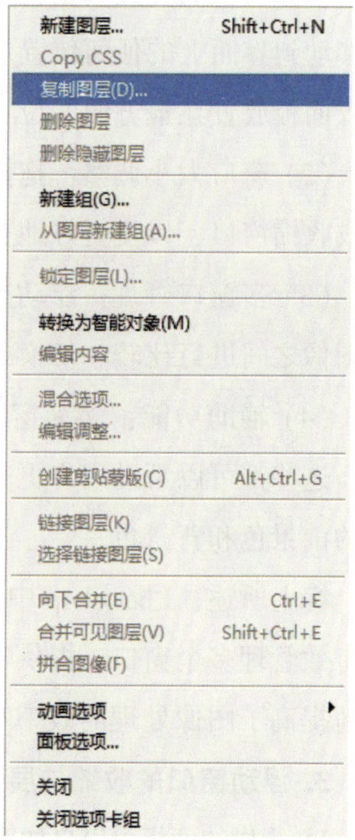

图 4-8　图层面板的弹出式菜单

2. 浮动窗口设置

Photoshop 中的浮动窗口是一种非常重要的辅助工具，它可以帮助用户更有效地进行图形和图像处理，我们可以了解浮动窗口的基本设置和功能。PS 提供丰富的可视化浮动窗口，可以任意地调整和放置，如图 4-9 为浮动状态的窗口，Photoshop 中的浮动窗口具有多种用途，主要包括以下几个方面。

图 4-9　色板面板浮动窗口状态

（1）灵活的位置调整：单击并拖出窗口标题栏，可以使窗口变成浮动状态，并可以任意移动到界面上的任何位置。这种灵活性使得用户可以根据自己的工作需求，将重要的工具或面板放置在最方便的位置。

（2）窗口大小调整：拖拽浮动窗口的一角可以调整窗口的大小，这样可以根据需要展开或收缩窗口，以便更好地查看和操作图像或文档。

（3）多窗口管理：浮动窗口允许用户同时查看和操作多个图像或文档。这对需要在不同图像之间进行比较、切换或编辑的场景非常有用。

（4）辅助功能：浮动窗口提供了各种辅助功能，如导航器、信息面板、颜色调色板等，这些都可以帮助用户更高效地完成图像处理任务。例如，颜色调色板可以用来改变图像的前景色和背景色。

综上所述，Photoshop 中的浮动窗口不仅提供了灵活的位置调整和大小调整功能，还能有效管理多个窗口，提供丰富的辅助功能，并且方便快速访问常用工具或面板，从而极大地提高了图像处理的效率和便捷性。

3. 浮动窗口的收缩与展开

PS 提供的面板可以自如地收缩或展开，如图 4-10 为收缩状态下和展开状态下的文字面板。

4. 浮动面板的置入

置入方法：浮动面板可以自由地置入，鼠标左键拖动收缩或打开的面板，在靠近面板时边框出现蓝色，松手即可（图 4-11）。

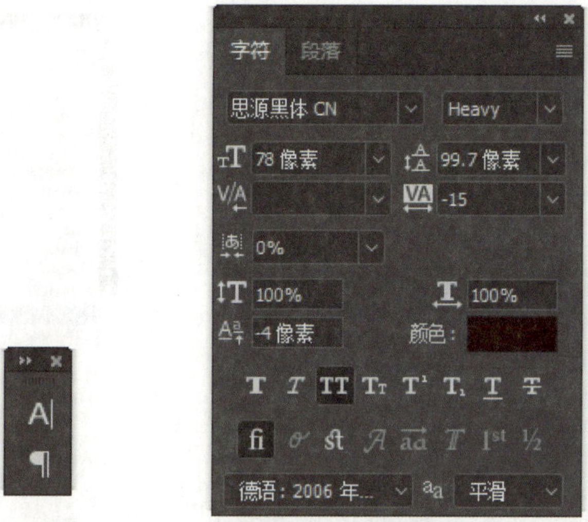

图 4-10 浮动窗口的收缩与展开

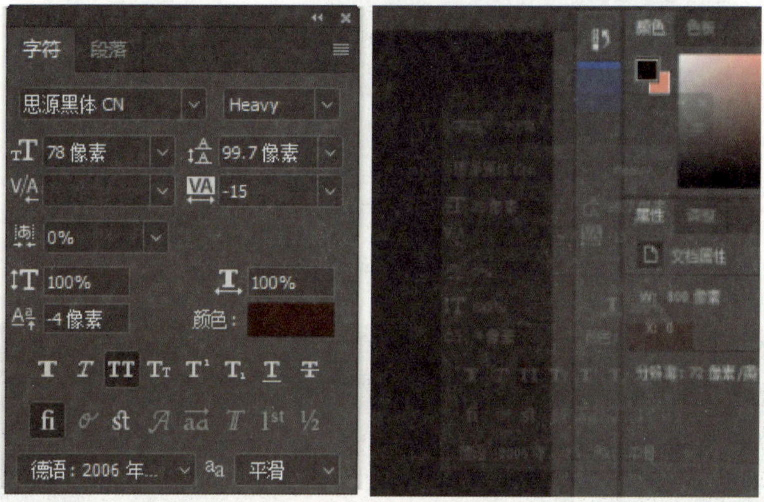

图 4-11 浮动面板的置入

5. 浮动面板的关闭和打开

PS 提供的浮动面板具有关闭和打开功能，点击面板右上角叉号即可关闭，点击菜单栏窗口，在相应的标签前打钩即可打开，如图 4-12 所示。

三、自定义 Photoshop 的工作界面

1. 快速隐藏工具栏/调板

按 Tab 键可以隐藏工具栏和所有调板(图 4-13)，再次按 Tab 键将重新显示工具栏和调板，按 Shift+Tab 组合键可以隐藏或显示当前活动的调板。

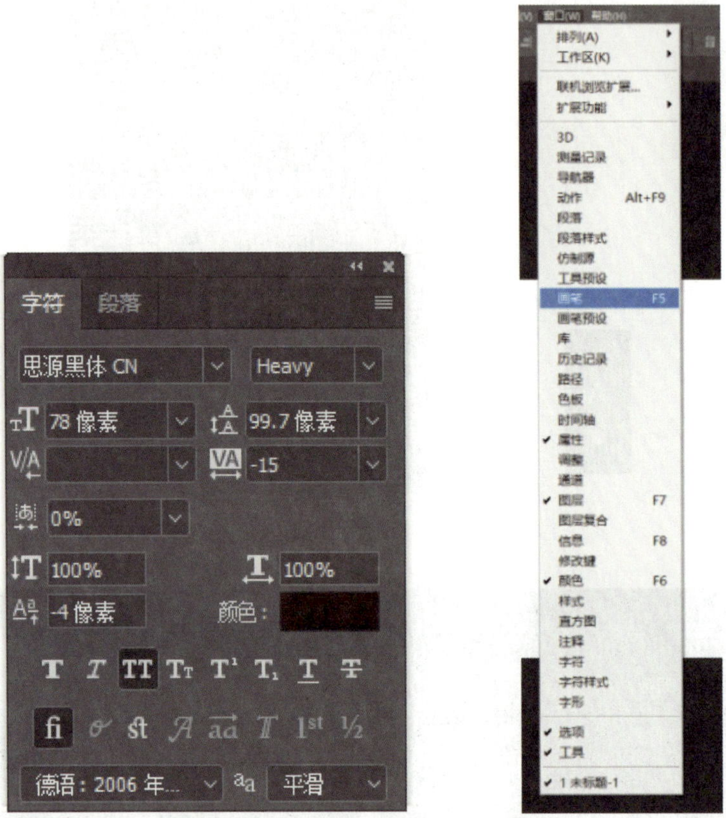

图 4-12　浮动面板的关闭和打开

图 4-13　按 Tab 键隐藏工具栏和调板界面

2. 随意调节面板的大小

PS 提供随意调节面板大小的功能，当鼠标的箭头位于两个面板中间位置时变成双箭头，此时单击鼠标左键可以随意调节面板的大小，调节面板的大小为我们提供了更加个性化的工作界面，为提高工作效率提供了极大的便捷(图 4-14)。

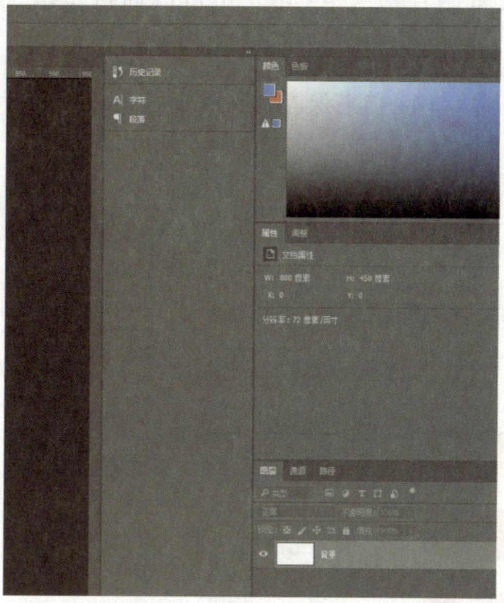

图 4-14　随意调节面板大小

3. 复位基本功能

PS 提供的浮动面板功能可以自由地调整关闭打开，并移动位置，但是一定要记得恢复默认设置的方法，步骤为点击菜单栏→窗口→工作区→复位基本功能(图 4-15)。

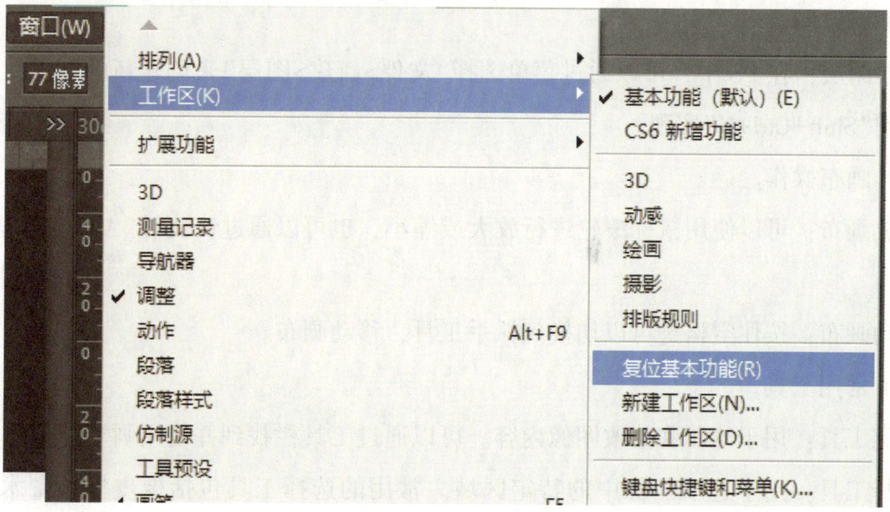

图 4-15　工作区复位基本功能

四、文件的基本操作

1. 文件基本操作汇总

(1) 打开和保存文件。

打开文件：可以直接将图片拖入 PS 中，也可以通过菜单选择“文件>打开”来打开图片。

保存文件：使用快捷键“Ctrl+S”来保存当前工作；也可以通过菜单选择“文件>保存”来保存文件(图 4-16)。

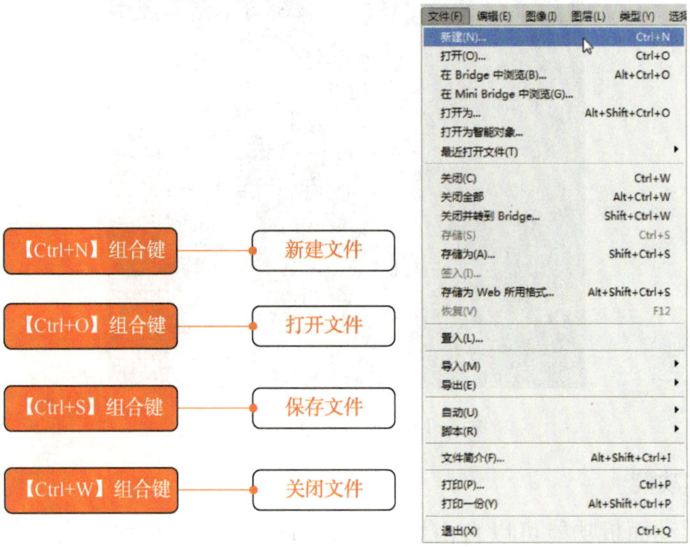

图 4-16 文件的基本操作

(2) 新建图层。

新建图层：在 PS 中，可以通过菜单选择“文件>新建>图层”来创建新的图层，或者使用快捷键“Shift+Ctrl+N”实现。

(3) 画布操作。

缩放画布：可以使用鼠标滚轮进行放大或缩小，也可以通过快捷键“Alt+鼠标滚轮”来实现。

移动画布：按住空格键可以切换到抓手工具，移动画布。

(4) 常用工具。

画笔工具：用于绘制和修改图像内容。可以通过工具栏找到并使用画笔工具。

选择工具：用于选取图像中的特定区域。常用的选择工具包括橡皮擦、魔术棒、套索等。

（5）图层管理。

图层的概念：图层是 PS 中组织和编辑图像的重要方式。每个图层代表图像的一个视图或修改状态。

2. 新建画布参数设置

按照图 4-17 所述方式进行新建画布参数设置。

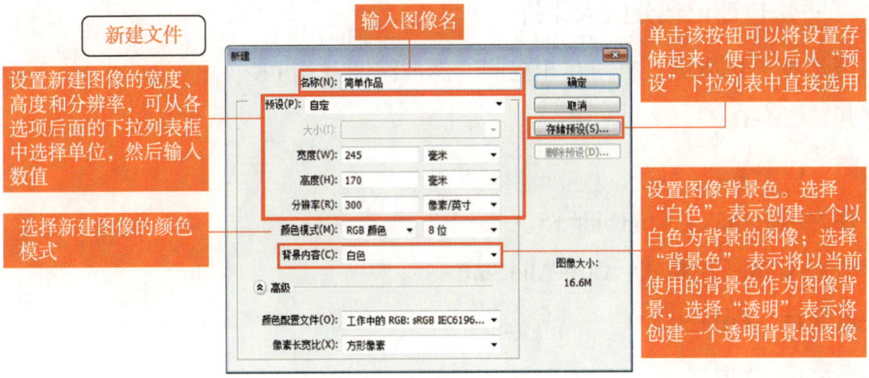

图 4-17　新建画布参数设置

3. 图像窗口的排列和切换

可以按照图 4-18 中所述方式自由地切换图像排列。

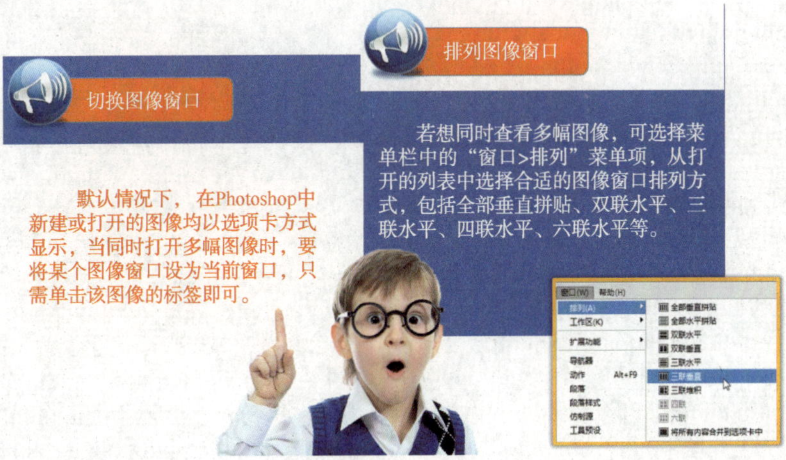

图 4-18　图像窗口的排列和切换

【任务实施】

根据班级人数将学生分成若干实训活动小组，每组设组长一名，负责安排、协调、督促小组完成实训任务，同时做好实训活动记录。

活动一　PS 常用快捷键使用大比拼

步骤一：分小组总结快捷键并记忆

以小组为单位总结并写出已经学习到的快捷键。

通过互联网查询 PS 软件目前没有学到，但使用频率较高的快捷键并记录下来。

步骤二：快捷键记忆分组大比拼

分组记忆相关快捷键，组内互相提问，然后组间互相 PK。

- 打开：Ctrl+O。
- 关闭：Ctrl+W。
- 另存为网页格式：Ctrl+Shift+S。
- 存储为 Web 所用格式：Ctrl+Alt+Shift+S。
- 快速保存：Ctrl+S。
- 快速变换：Ctrl+T。

步骤三：快捷键使用分组大比拼

给出项目案例要求使用快捷键完成，检查快捷键记忆和使用情况(图 4-19)。

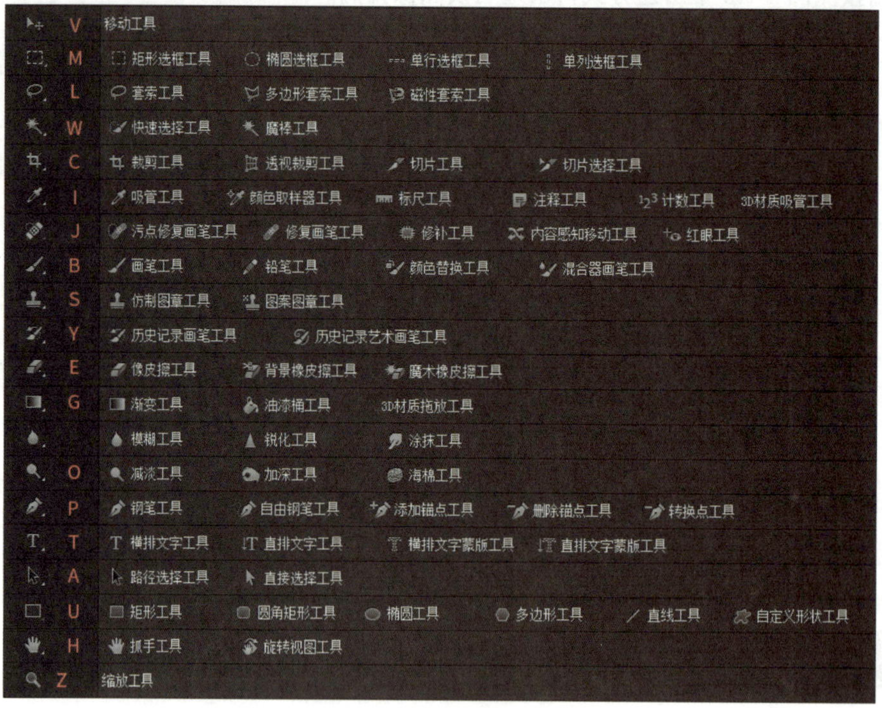

图 4-19　PS 常用快捷键

小资料卡片

PS 软件的快捷键是初学者必须了解的知识。熟练使用这些快捷键，可以显著提高在 PS 中的工作效率。例如，使用快捷键可以快速复制图层、选择工具、调整图像等，从而节省大量时间和精力，而不必用鼠标在菜单和工具栏里选择。

活动二　西餐厅美食海报制作

根据实训作业案例的具体要求，分析完成实训任务的操作步骤和知识要点。西餐厅美食海报图片素材如图 4-20 所示。

图 4-20　西餐厅美食海报图片素材

步骤一：背景导入并保存源文件

(1) 直接把背景图片拖入打开的 PS 软件中导入素材。

(2) 点击菜单栏"文件"，选择"保存"命令存储一份名称为"西餐厅美食海报"psd 格式的源文件。

(3) 将效果图打开，对效果图画布执行双联垂直操作。

(4) 把效果图和西餐厅美食海报缩放为同等比例，对照效果图制作。

步骤二：新建画布并按照所给出的素材制作图片

1. 置入牛排素材，并调整大小和位置

- 找到牛排文件所在的位置，拖入 PS。
- 按 CTRL+T 键进行自由变换，按住 Shift 键进行等比例调整大小，按 Enter 键确定。

◆ 将牛排素材放到合适的位置。

2. 置入红汤素材，并调整大小和位置

◆ 找到红汤文件所在的位置，拖入 PS。

◆ 按 CTRL+T 键进行自由变换，按住 Shift 键进行等比例调整大小，按 Enter 键确定。

◆ 将红汤素材放到合适的位置。

3. 置入果盘素材，并调整大小和位置

◆ 找到果盘文件所在的位置，拖入 PS。

◆ 按 CTRL+T 键进行自由变换，按住 Shift 键进行等比例调整大小，按 Enter 键确定。

◆ 将果盘素材放到合适的位置。

4. 置入辣椒素材，并调整大小和位置

◆ 找到辣椒文件所在的位置，拖入 PS。

◆ 按 CTRL+T 键进行自由变换，按住 Shift 等键进行比例调整大小，按 Enter 键确定。

◆ 将辣椒素材放到合适的位置。

5. 置入树枝素材，并调整大小和位置

◆ 找到树枝文件所在的位置，拖入 PS。

◆ 按 CTRL+T 键进行自由变换，按住 Shift 键进行等比例调整大小，按 Enter 键确定。

◆ 将树枝素材放到合适的位置。

图 4-21 西餐厅美食海报效果图

6. 根据效果图调整素材位置并添加阴影

◆ 对照效果图对制作图片的素材大小和位置进行调整。

◆ 利用 fx 给素材添加阴影，阴影的方向大小对比效果图制作。

步骤三：保存图像并提交作业

（1）在制作的过程中要不断地按 Ctrl+S 键保存图片，此时制作过程会保存在已经存储的 psd 格式的源文件中。

（2）图片制作完成后按 Ctrl+Shift+S 键另存一份 jpg 格式的图片提交作业（图 4-21）。

步骤四：学生讲解任务完成情况

组长抽取序号，并选出一名代表讲解本组的作业完成情况。

步骤五：师生点评

每个小组选出一名评委，对任务完成情况进行打分，小组间互评，最后由教师进行点评。

【任务书】

任 务 书

任务内容	西餐厅美食海报制作
实训过程	
理论知识梳理	
实训过程总结	
教师记录、点评：	

【巩固提高】

一、选择题

1. 选择菜单“编辑(　　)”，可以打开首选项。

A. 选择　　B. 首选项　　C. 修改　　D. 工具

2. 打开“首选项”对话框，在“界面”分类的“外观”设置区中选择从黑到灰的(　　)颜色。

A. 三种　　B. 四种　　C. 两种　　D. 无数种

3. 可以打开首选项的快捷键是(　　)。

A. Ctrl+T　　B. Ctrl+K　　C. Shift+Alt+S　　D. Ctrl+O

4. 产品精修技法中(　　)不工整，耗时比较长。

A. 纯修　　B. 纯画　　C. 修加画　　D. 不确定

5. 历史记录状态设置为(　　)步左右最合适。

A. 10　　B. 20　　C. 50　　D. 不确定

6. 控制面板是处理图像时另一个不可或缺的部分，Photoshop CC 2017 为用户提供了(　　)控制面板组。

A. 单个　　B. 两个　　C. 不确定　　D. 多个

7. 按(　　)键可以隐藏工具栏和控制面板；再次按可显示出隐藏的部分。

A. Ctrl　　B. Tab　　C. Shift　　D. 不确定

8. PS 提供的浮动面板可以(　　)，鼠标左键拖动收缩或打开的面板，在靠近面板时边框出现蓝色，松手即可。

A. 自由地显示　　B. 隐藏　　C. 自由地置入　　D. 不确定

9. 默认情况下，在 Photoshop 中新建或打开的图像均以(　　)方式显示。

A. 选项卡　　B. 置入　　C. 素材　　D. 画布

10. 在制作的过程中不断地按(　　)键保存图像，此时制作过程会保存在已经存储的 psd 格式的源文件中。

A. Ctrl　　B. Tab 键　　C. Shift　　D. Ctrl+S

二、填空题

1. 收缩与扩展控制面板，控制面板可以根据需要进行(　　　)。

2. 若需单独拆分出某个控制面板，可用鼠标选中该控制面板的选项卡并(　　　)，选中的控制面板将被单独地拆分出来。

3. 可以根据需要将两个或多个控制面板组合到(　　　)中。

4. 单击控制面板右上方的图标，可以弹出控制面板的相关命令菜单，应用这些菜单可以提高控制面板的(　　　)。

5. PS 提供丰富的可视化浮动窗口，可以任意地(　　　)。

6. PS 提供的面板可以自如地(　　　)。

7. PS 提供的浮动面板可以自由地置入，鼠标左键拖动收缩或打开的面板，在靠近面板时边框出现蓝色，(　　　)。

8. PS 提供的浮动面板可以关闭和打开，点击面板右上角叉号即可关闭，点击菜单栏窗口在相应的标签前(　　　　　)即可打开。

9. PS 中按(　　　　　)组合键可以隐藏或显示调板。

10. PS 中可以随意调节的面板大小，当鼠标的箭头位于(　　　　　　　　)时变成双箭头，此时单击鼠标左键可以随意调节面板的大小。

三、判断题

1. 调节面板的大小为我们提供了更加个性化的工作界面，为提高工作效率提供了极大的便捷。(　　)

2. PS 提供的浮动面板可以自由地调整关闭打开，并移动位置，但是一定要记得恢复默认设置的方法。(　　)

3. 复位基本功能的方法为：菜单栏>窗口>工作区>复位基本功能。(　　)

4. 首选项暂存盘应勾选 C 盘，勾选 C 盘会大幅提高计算机的运行性能。(　　)

5. 新建画布首先要输入宽度和高度，其次是名称和分辨率。(　　)

6. Ctrl+O 组合键是保存文件。(　　)

7. Ctrl+S 组合键是关闭文件。(　　)

8. Ctrl+N 组合键是新建文件。(　　)

9. 设置新建图像的宽度、高度和分辨率，可从各选项后面的下拉列表框中选择单位，然后输入数值。(　　)

10. 设置图像背景色。选择“白色”表示创建一个以白色为背景的图像；选择“背景色”表示将以当前使用的背景色作为图像背景；选择“透明”表示将创建一个透明背景的图像。(　　)

项目五

移动工具和图层面板

【项目简介】

本章对 Photoshop CC 2017 移动工具进行概述，讲解移动工具的属性设置，重点讲解自动选择组和图层的区别，以及对齐分布操作的作用，介绍图层面板的显示和隐藏、图层缩览图调整的原则和方法，以及画笔工具的入门知识。通过本章的学习，同学们可熟练地使用移动工具，并设置图层缩览图，并能使用画笔工具对图像进行修饰，从而实现高效制作图片的目的。

【学习目标】

知识目标

了解打开和置入的区别，以及自由变换的相关操作；

了解移动工具的作用和使用方法，以及相关属性设置。

能力目标

掌握图层面板的相关操作和缩览图的调整方法；

掌握画笔的基本操作以及画笔大小调整和其他属性设置。

素养目标

感受移动工具自动选择组和图层的区别，学会随机应变；

在小龙虾海报制作不断调整素材位置的过程中，体会精益求精的理念。

【知识框图】

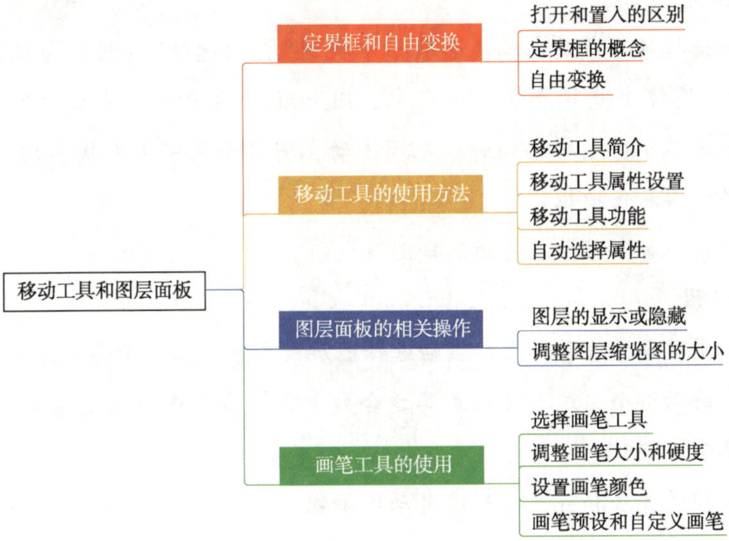

图 5-1　移动工具和图层面板

【任务描述】

Photoshop 软件安装好，自动选择是默认没有勾选的，一般情况下我们都会勾选自动选择方便操作，但是有时候往往不勾选它更方便，比如图层过多且被覆盖，想把一个被覆盖的图层拖出来。可以把自动选择勾掉然后在图层面板中选中那个图层，鼠标点击拖动就只会拖动想要选择的图层。分析自动选择组和自动选择图层，各自有什么作用和区别；移动工具属性栏中对齐分布操作的按钮有很多功能，怎么使用；如何利用对齐分布操作快速完成素材的排版。

案例一：移动工具自动选择到底要不要勾选？选择图层和组有什么区别？

1. 情景设计

经过对移动工具使用方法进行全面的预习，小顾同学在上课前就已经掌握了本工具的大部分操作步骤，想着在项目实训中大显身手，当他把这个小心思分享给笑泽同学时，笑泽同学笑而不语，心想：我也已经万事俱备，咱俩就准备在移动工具课程上一决雌雄吧。结果在课堂上对素材进行打组，需要对组整体进行操作时，小顾无论如何都不能选中组内全部内容，只能针对单个素材进行处理，眼看笑泽已经将项目图片导出提交，任务完成还没有一半的小顾忍不住请教，如何才能在选中全组和单个素材之间灵活切换？

2. 任务描述

启用自动选择的方式是在工具选项栏中找到“自动选择”并将其勾选。当开启“自动选择”时，在图像上直接点击某个对象，Photoshop会自动选中该对象所在的图层。这使得在处理有多个图层的文档时，无须手动在图层面板中去寻找和切换图层，极大地提高了操作效率和便捷性。

在这里可以根据实际情况灵活选择图层或组。

3. 任务分解

自动选择图层的方法和特点：自动选择图层模式下可以任意移动选中的图像图层，想移动哪个就移动哪个，这个功能尤其适合处理含有多个图层的复杂文件，可以大大提高编辑效率和准确性。

自动选择组的方法和特点：利用自动选择组功能，可以大幅减少寻找特定图层的时间，尤其是在图层数量庞大的复杂文件中。

案例二：PS图层面板都有哪些功能？图层面板都能干什么？

1. 情景设计

图片处理课堂中小顾接到老师制作小龙虾海报任务，因为他已经利用业余时间预习过相关内容，因此信心满满地打开软件开始制作，准备在项目实训大比拼中拔得头筹。只见他坐在座位上腰杆挺得笔直，左手放在键盘上不断使用快捷键配合右手鼠标操作，可是做着做着小顾的速度却渐渐地慢了下来，仔细一看小顾的画布三个小碗的大小和位置始终不能达到样图的效果，在这时笑泽举手说道：“报告老师，我做完了。”小顾看到笑泽的图片非常完美，连忙叫到他来帮自己看看怎么回事。

2. 任务描述

根据上课学习内容，笑泽帮着小顾对图片小碗素材的位置和大小进行调整，素材植入后首先要进行缩放，如果单个进行缩放最后大小就会不一样，所以需要对素材进行统一的缩放；三个碗需要在垂直方向上对齐，在大小一致的前提下左对齐、居中对齐和右对齐都可以；三个小碗在垂直方向上需要间隔相同，所以在垂直方向上需要执行居中分布操作。

3. 任务分解

步骤一：背景导入(并保存源文件)

将背景素材拖入PS，并锁定图层。

步骤二：置入素材并调整大小位置

（1）将所有素材导入，按 Ctrl+T 键执行自由变换操作，调整到合适的大小并放置样图，注意自由变换时按 Shift 键可以实现等比例缩放。

（2）选中三个碗图层，找到选择工具，在最上面找到水平居中对齐，点击使三个素材垂直居中。

（3）在垂直方向上调整三个碗之间的距离，全部选中后执行水平居中分布操作，使三个碗之间等距分布。

（4）对照样图对碗的大小、位置和分布距离反复调整，直到达到满意的效果。

（5）将边框素材导入，按 Ctrl+T 键执行自由变换操作，调整到合适的大小并放置样图，注意边框素材在图层面板的最上方。

步骤三：保存图像并提交作业

（1）在制作的过程中不断地按 Ctrl+S 键保存图像，此时制作过程会保存在已经存储的 psd 格式的源文件中。

（2）图片制作完成后按 Ctrl+Shift+S 键另存一份 jpg 格式的图片提交作业。

请结合案例一、二所给资料，预习课件内容，分析并讲述 PS 移动工具都有哪些功能，如何随心所欲地对组和图层进行选择操作，移动工具对齐分布操作按钮激活的前提是什么，怎样才能快速完成对齐分布操作。

【知识准备】

移动工具是 Photoshop 软件工具栏中使用频率非常高的工具之一，主要负责图层、选区等的移动、复制操作，主要的作用是在文档内移动选中的图层、图层组、选区内的图像或者路径等，移动工具是学习软件操作的基础。画笔工具是 Photoshop 中一个基础且强大的工具，它允许用户通过模拟真实绘画的过程来编辑图像；画笔工具的基本操作内容包括选择画笔、调整画笔大小、硬度、颜色等属性，以及利用不同的画笔模式和选项来创建各种绘画效果。

一、定界框和自由变换

1. 打开和置入的区别

打开操作是指通过菜单中的“文件→打开”命令，或者使用快捷键 Ctrl+O（Windows）/Command+O（Mac），来选取并加载一个图像文件到 Photoshop 中，使其成为一个独立的可编辑文档。可以打开的文件类型有多种，如 jpg、png、psd 等。打开后，就可以对该图像进行各种编辑操作，如绘制、调整颜色、添加滤镜等。

图 5-2 PS 软件应用——打开和置入的区别

置入则是将一个外部的图像文件嵌入当前正在编辑的文档中，执行“文件→置入嵌入的智能对象”命令，选择要置入的文件。置入的图像会以智能对象的形式出现在当前文档中，它具有一些特殊的属性，比如可以无损缩放、旋转等，且原始图像数据不会被破坏。置入后，还可以对置入的图像进行进一步的调整和处理，以满足整体设计或编辑的需求，置入操作常被用于将不同的元素组合到一个文档中进行综合创作(图 5-2)。

小资料卡片

利用拖拽的方式直接将素材拖进 PS 软件的时候，拖入后松手位置不同结果也是不一样的：将素材在工作区面板放手的方式结果是置入，此种方式被用于将不同的元素组合到一个文档中进行综合创作；将素材拖拽至标题栏空白处放手的方式是打开，使其成为一个独立的可编辑文档。

2. 定界框的概念

在 Photoshop 软件中，“定界框”是一个重要的概念。使用矩形选框工具创建了一个选区之后，选区周围会出现的一个边框就是定界框(图 5-3)。

定界框的主要作用是让你能够对选区内的对象进行更精确的操作，比如调整位置、缩放大小等。你可以通过点击并拖动定界框的边缘来改变选区的形状和大小，也可以通过点击并拖动定界框的中心点来平移整个选区。

此外，定界框还可以帮助你更好地理解和操作图层。例如，当你想要旋转一个图层的时候，你可以先选择要旋转的图层，然后将指针定位到定界框的控制点下方、上方或旁边，当指针变为弯曲的双向箭头时，再按住鼠标左键移动，就可以将定界框进行旋转了。

3. 自由变换

在 Photoshop 中，自由变换是一个强大的工具，允许用户对图像进行各种变换操作，如缩放、旋转、斜切、扭曲等。以下是关于自由变换的一些关键点和操作技巧，自由变换的快捷键是 Ctrl+T。按下这个快捷键后，图像周围会出现控制点，用户可以通过拖动这些控制点来对图像进行变换，取消变换可以通过按下 Esc 键或单击选项栏中的“取消”按钮来完成，旋转可以通过将指针移动到定界框的外侧并拖动来实现。将指针放置在定界框外侧时，指针会变成弯曲的双向箭头，提交变换可以通过在定界框内双击、单击“提交”按钮或按下 Enter 键来完成。要取消变换，则可以使用上述的取消方法(图 5-4)。

图 5-3　PS 软件应用——定界框的概念

图 5-4　PS 软件应用——自由变换

4. 自由变换右击菜单(图 5-5)

(1) 旋转固定角度：定界框内右击，水平或垂直翻转；斜切：同上；透视：同上；扭曲：同上；变形：同上。

(2) 调整图像大小和比例：可以随意拉伸或缩放图像，改变其整体尺寸和长宽比例。

(3) 旋转图像：能以任意角度旋转图像，以达到特定的构图效果。

(4) 斜切和扭曲：对图像进行倾斜变形或一些特殊的扭曲操作，创造独特的视觉效果。

(5) 对图层内容进行变换：方便对图层中的图形、文字等进行灵活调整，以适应设计需要。

(6) 精确对位：通过自由变换可以精确地将元素移动到特定位置，与其他元素准确组合。

图 5-5　PS 软件应用——自由变换右击菜单

(7) 模拟透视效果：帮助实现一些具有透视感的变换，使图像更具立体感和空间感。

5. 沿中心点和等比自由变换

等比例缩放可以通过在拖动角手柄时按下 Shift 键或在选项栏中选择“约束比例”来实

现。这样，图像的宽度和高度将按相同的比例缩放。

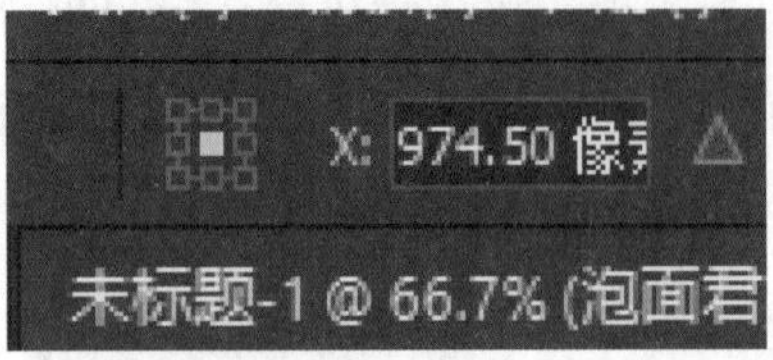

图 5-6 PS 软件应用——中心点自由变换

如果要围绕中心点进行变换，可以在变换框内按住 Alt 键拖动鼠标进行拖拽，这样图像将围绕中心点进行自由变换(图 5-6)。

如果需要围绕中心点等比例的缩放，可以通过在拖动角手柄时按下 Shift 键同时按住 Alt 键进行拖拽。

二、移动工具的使用方法

1. 移动工具简介

移动工具(图 5-7)是 Photoshop 软件工具栏中使用频率非常高的工具之一，快捷键是 V，主要负责图层、选区等的移动、复制操作，主要的作用是在文档内移动选中的图层、图层组、选区内的图像或路径等。通过移动工具，可以轻松地将一个图层中的图像元素移动到文档中的不同位置，以调整构图或进行元素的重新排列。当选择移动工具后，在图像上点击并拖动即可实现移动操作，在处理多个图层或复杂的图像布局时，移动工具发挥着重要作用，能快速、直观地调整图像中各个元素的位置关系。

图 5-7 PS 软件应用——移动工具

2. 移动工具属性设置

在选择移动工具后，Photoshop 会弹出移动工具属性栏，可供使用者对移动工具的功能进行细微设置与调节，移动工具属性栏设置包括工具预设面板、自动选择、显示变换控件、对齐和分布方式等设置。

工具预设面板：可以把常用的工具参数保存下来，方便调取使用。

自动选择：勾选后会比较智能地选择图层对象，不用专门切换图层。在移动工具状态下按住 Ctrl 键即自动进入自动选择状态。

选项：图层可以编组，实现多图层同样操作。

显示变换控件：勾选该选项后，图层会出现可编辑的变换控件，实现图像的各种编辑变换操作。

对齐和分布方式：主要是对于多图层进行排布，包括顶对齐、垂直居中对齐、底对齐、左对齐、水平居中对齐、右对齐、按顶分布、垂直居中分布、按底分布、按左分布、水平居中分布、按右分布(图 5-8)。

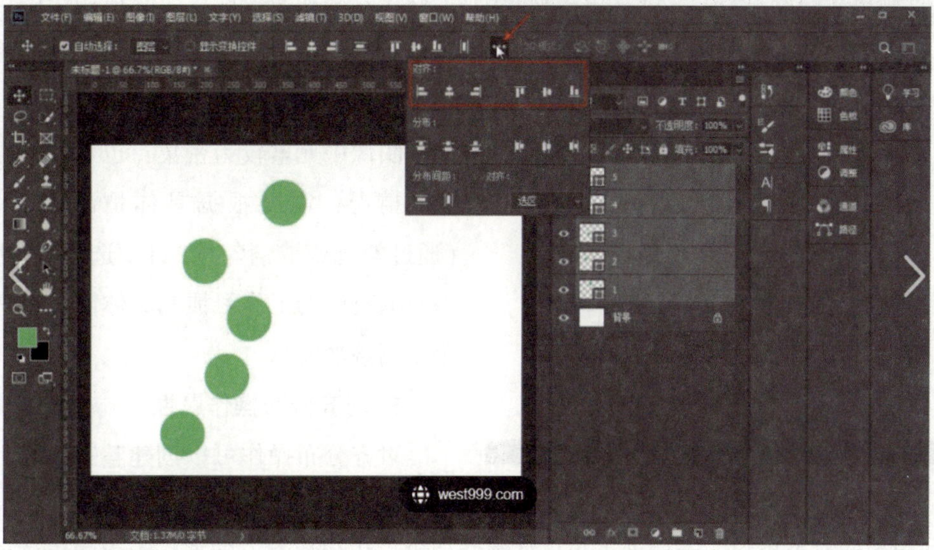

图 5-8　移动工具对齐分布操作按钮位置

3. 移动工具功能

（1）跨文件移动。

使用方法：选择移动工具，在图层面板中选中所移动的图层，用鼠标拖拽到所添加的文件标签上，在没有松手的情况下，鼠标形成一个小加号“+”，松手即可将图层移动并复制到另一个图层上。

小技巧：在两个图像大小相同的情况下，在将图层拖拽到添加文件上后按住 Shift 键后再松开鼠标可以保持图像的位置不变。若是两个图像图层大小不同，在将图层拖拽到添加文件上后按住 Shift 键后再松开鼠标会导致移动的图层跑到被添加图层的正中央；如果移动到选区中，则会移动到选区的正中央。

（2）文件内移动。

使用方法：在移动工具状态下，选择图层按住 Alt 键，会移动并复制一个新的图层，移动工具状态下，选择图层按住 Shift 键，会约束角度。移动方向只能沿着水平、垂直、45°角移动。键盘上的方向键↑↓←→也可以移动图层，即键盘微调移动，每次移动幅度非常小。按住 Shift 键的同时，再按方向键↑↓←→移动幅度会大幅增加。键盘微调移动同样可以与 Alt、Shift 键进行组合实现特殊效果，组合效果与鼠标移动结合这类键相同。

4. 自动选择属性

启用自动选择的方式是在工具选项栏中找到“自动选择”并将其勾选。当开启“自动选择”时，在图像上直接点击某个对象，Photoshop 会自动选中该对象所在的图层（图 5-9）。这使得在处理有多个图层的文档时，无须手动在图层面板中寻找和切换图层，极大地提高

图 5-9　PS 软件应用——自动选择

了操作效率和便捷性。尤其适用于图层较多且分布较为复杂的情况，可以快速准确地定位到想要操作的元素及其所属图层。不过，如果图像中元素较为密集，也可能会出现误选的情况，需要根据具体情况灵活使用。(通过勾选或取消勾选“自动选择”，用户可以根据自己的工作习惯和具体需求来选择是否使用该功能)

5. 对齐分布操作属性

对齐分布操作可以创建整齐布局，在多元素场景中轻松定位，当有大量元素时，能迅速让它们按要求排列，方便进一步地处理和编辑。比如将多个图形、文字图层等按照特定方向即水平或垂直整齐排列，让画面看起来更有序。

对齐操作使用前提是同时选中两个或两个以上的图层，否则对齐属性不能激活，分布操作使用前提是同时选中三个或三个以上的图层，否则分布属性不能激活。左三按钮：按顶分布、垂直居中分布、按底分布，右三按钮：按左分布、水平居中分布、按右分布。

提高设计效率：快速准确地实现元素的定位和排列，避免手动逐个调整的烦琐。

实现对称效果：有助于创建左右或上下对称的构图，增强视觉平衡感。

规范元素间距：通过对齐可以更好地控制元素之间的距离，保持一致的间隔。

便于组合元素：方便将相关元素整齐地组合在一起，形成一个整体。

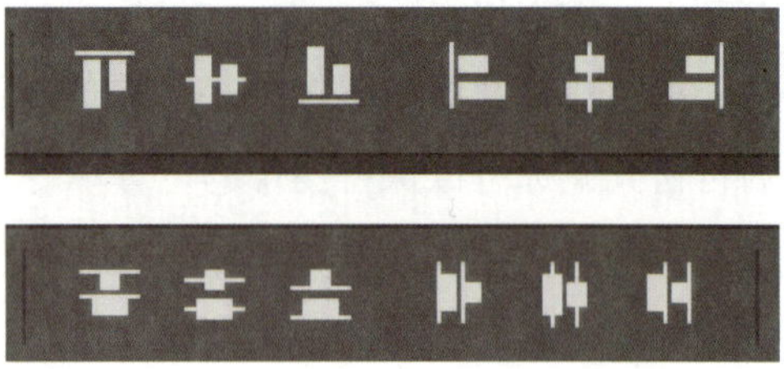

图 5-10　对齐分布操作按钮分布操作

三、图层面板的相关操作

1. 图层的显示或隐藏

每个图层都可以单独设置为显示或隐藏状态，通过在图层面板中点击图层前面的眼睛图标，来切换该图层的显示或隐藏，当图层处于显示状态时，其包含的图像内容会在文档中可见，可以进行编辑和处理；而当图层被隐藏时，相应的图像内容就暂时不会在画面中显示出来，这种显示或隐藏的设置有很多用途。比如在处理复杂图像时，可以先隐藏一些暂时不需要关注的图层，以便更专注地处理当前可见的图层，在进行不同效果的尝试时，也可以通过隐藏或显示特定图层来对比不同的方案。另外，对于一些辅助性的图层，在完成特定阶段的工作后可以将其隐藏，使画面更简洁清晰，通过灵活运用图层的显示或隐藏功能，可以更高效地进行图像编辑和创作(图 5-11)。

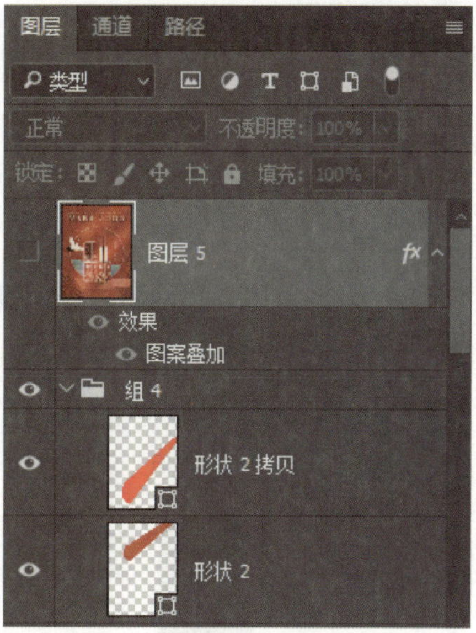

图 5-11　图层的显示或隐藏

2. 调整图层缩览图的大小

如果选择无缩览图或小缩览图，图层面板中能显示更多的素材，方便对多个素材进行操作，但是不太能看清图层中素材的样子；如果选择中缩览图或大缩览图，虽然图层面板中显示的图层数量比较少，但能看到每个图层是什么素材，方便对素材进行选择，我们可以根据使用习惯和实际需要来设置缩览图的大小，设置方法如下：

(1) 鼠标右击缩览图可以弹出菜单，能选择无缩览图、小缩览图、中缩览图和大缩览图显示效果(图 5-12)。

(2) 先点击图层面板上方的四横线图标，接着在下拉列表中找到面板选项并单击进入，进入后可以点击设置自己想要的缩览图的大小，设置成功后点击确定即可(图 5-13)。

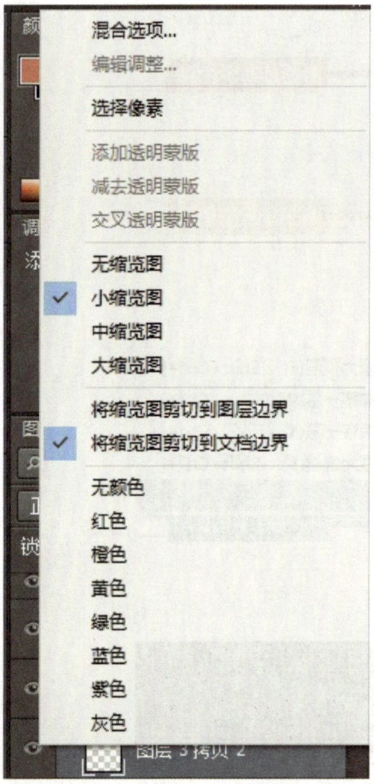

图 5-12　调整图层缩览图的大小

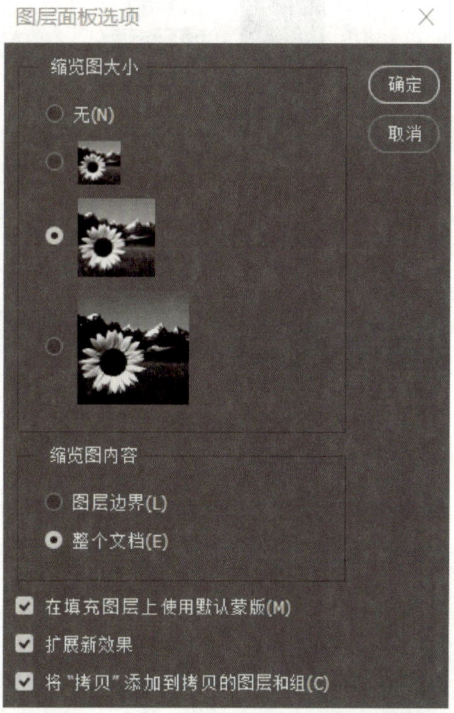

图 5-13　图层面板调整缩览图的大小

3. 调整图层顺序

调整图层顺序是图形编辑中常见的操作，图层顺序对于实现特定的视觉效果至关重要，以下是几种调整图层顺序的方法，掌握这些方法，可以高效地在 Photoshop 图形编辑软件中调整图层的顺序，实现所需的视觉效果。

（1）直接拖动：在图层面板中，选择要调整的图层，然后按住鼠标左键向下或向上拖动，松开鼠标后即可完成图层顺序的调整。这种方法适用于少量图层的调整。

（2）使用快捷键。置底命令：选中图层后，按下键盘的 Shift+Ctrl+[，选中的图层会放到图层面板的最下方；置顶命令：同样选中图层后，按下键盘的 Shift+Ctrl+]，选中的图层会放到图层面板的最上方(图 5-14)。

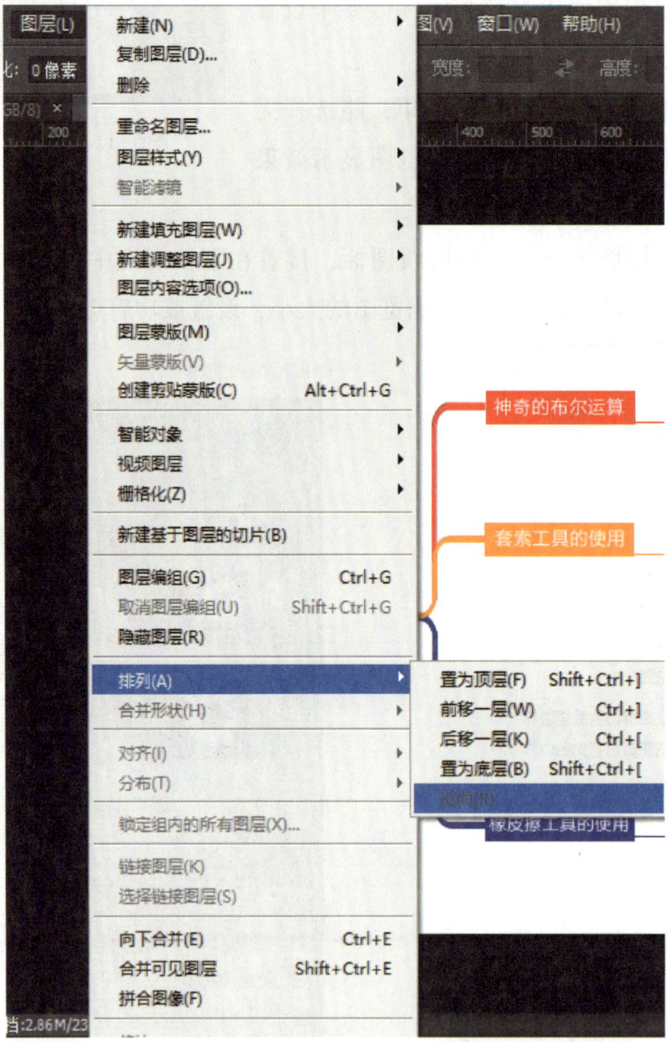

图 5-14 菜单命令调整图层位置

（3）反向排序：如果需要快速反向排列图层，可以选择要处理的图层，使用 Shift 键多选或按下 Ctrl 键后鼠标左键单击多选，然后依次单击上面的菜单—图层—排列—反向，选择的图层就会反向排列。

（4）通过菜单命令：在 Photoshop 中，还可以通过“图层”菜单中的“排列”选项来调整图层的顺序，如“前移一层”“后移一层”“置于顶层”“置于底层”。

四、画笔工具的使用

画笔工具是 Photoshop 中一个基础且强大的工具，它允许用户通过模拟真实绘画的过程来编辑图像。画笔工具的基本操作包括选择画笔工具、调整画笔大小和硬度、设置画笔颜色等属性，以及利用不同的画笔模式和选项来创建各种绘画效果。

1. 选择画笔工具

在 Photoshop 的工具栏中，按下 B 键可以选择画笔工具。如果当前选中的是铅笔工具，可以通过按下 Shift+B 来切换到画笔工具(图 5–15)。

2. 调整画笔大小和硬度

画笔的大小和硬度可以通过在选项栏中调整相应的滑块或使用快捷键来改变。大小可以通过“[”和“]”键来逐步调节，硬度则通过“Shift+[”和“Shift+]”键来调节(图 5–16)。

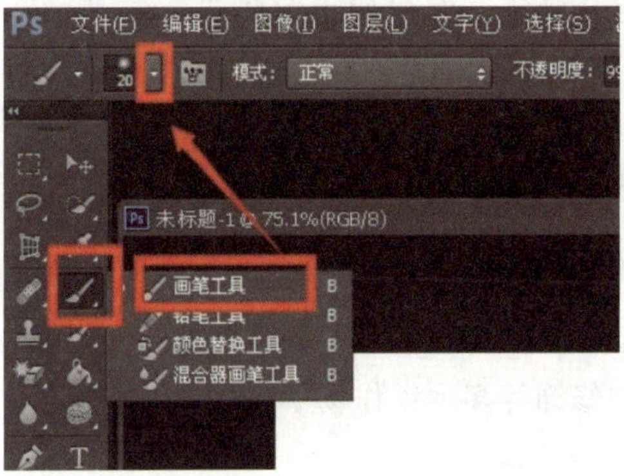

图 5–15　PS 软件画笔工具组

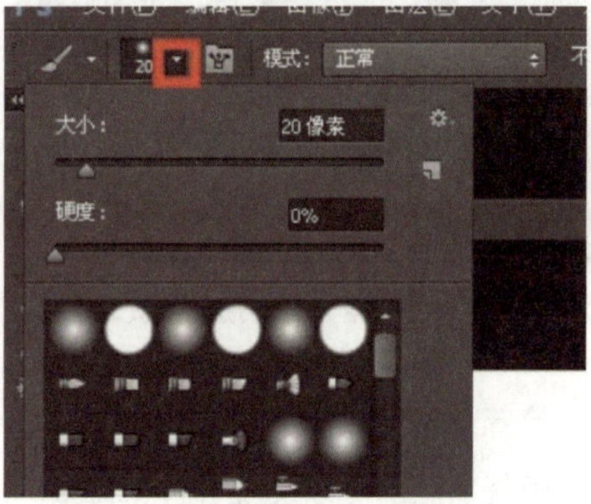

图 5–16　画笔大小和硬度设置

3. 设置画笔颜色

画笔的颜色可以通过点击工具栏上的颜色区域或使用快捷键 X 来交换前景色和背景色。默认情况下，前景色为黑色，背景色为白色。

4. 画笔工具的属性

画笔工具具有多种属性，如不透明度、流量、压力控制等，这些属性可以通过选项栏中的滑块或快捷键来调整。不透明度和流量的调整可以影响画笔的色彩深浅和轻重，压力控制则允许用户通过压感笔的压力来控制画笔的不透明度和流量(图 5-17)。

图 5-17　画笔不透明度和流量

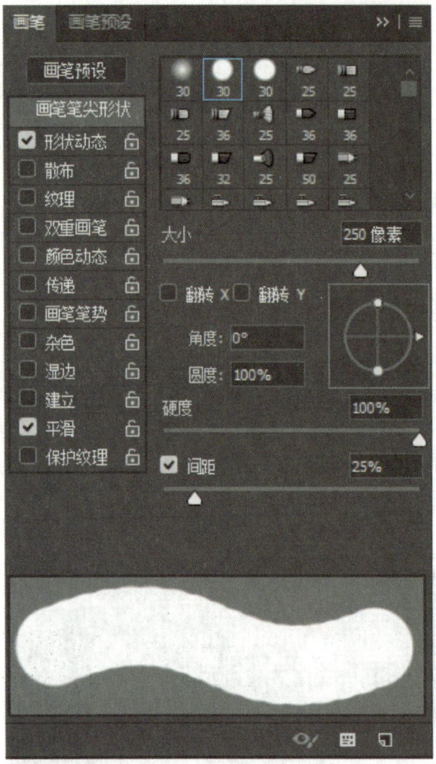

图 5-18　画笔预设面板

硬度指的是画笔边缘的柔和程度和羽化程度。在 Photoshop 中，可以通过以下步骤调整笔刷硬度。打开画笔工具，在工具栏中找到硬度选项，单击并拖动滑块或输入数值来调整笔刷的硬度，还可以点击画笔工具的下拉箭头，打开笔刷面板，在面板中选择需要调整的笔刷，然后在硬度选项中进行调整。通过调整笔刷的硬度，可以使绘画效果更加自然，丰富画面层次感。

5. 画笔预设和自定义画笔

Photoshop 提供了丰富的画笔预设工具，用户可以根据需要选择合适的预设工具。此外，用户还可以创建自定义画笔，保存特定的样式、纹理和效果，方便以后快速应用(图 5-18)。

通过掌握画笔工具的基本操作和属性设置，用户可以充分发挥自己的创意才华，创作出丰富多彩的数字艺术作品。Photoshop 还提供了丰富的预设画笔库，包括各种类型的画笔，如油画笔、水彩笔、铅笔等，还可以用于创意合成、文字设计、修复与修饰等多种创作场景，通过结合图层、蒙版等功能，可以实现各种创意效果。

【任务实施】

根据班级人数将学生分成若干实训活动小组，每组设组长一名，负责安排、协调、督促小组完成实训任务，同时做好实训活动记录。

活动一　总结自动选择组和图层的区别

根据【知识准备】中相关资料，分析自动选择属性的设置方法。

步骤一：学习自动选择的设置方法

序号	属性设置	作　用
1	设置位置	在 Photoshop 中，移动工具状态下，上方的工具栏只有自动选择功能，用于移动图像自动选择下有图层、组两个选项
2	两者区别	在 Photoshop 中，自动选择功能是通过图层面板实现的。这个功能可以让用户快速且准确地选取特定的组或组内的图层，从而提高编辑效率

步骤二：分析自动选择图层的方法和特点

（1）使用移动工具：确保选择了“移动工具”选项。

（2）启用自动选择：在工具选项栏中找到“自动选择”并将其勾选。这样，当在画布上点击任意对象时，系统会自动切换到点击的图层。

（3）自动选择图层：在“自动选择”选项旁边，设置选择“图层”，要选择的素材无论是否位于不同的组内，都可以选择“图层”模式。

（4）使用快捷键：如果习惯使用键盘快捷方式，可以按住键盘上的 Alt 键，然后鼠标左键点击目标图层，就可以自动切换到想要选择的图层。

（5）操作优势：自动选择图层模式下可以任意移动选中的图像图层，想移动哪个就移动哪个，这个功能尤其适合处理含有多个图层的复杂文件，可以大大提高编辑效率和准确性。

步骤三：分析自动选择组的方法和特点

（1）理解组的概念：组是一种管理图层的方式，可以将多个图层放入一个组内，形成一个文件夹，这样可以更容易地管理和操作这些图层。

（2）创建组：当项目中有大量图层时，可以通过创建组来组织它们，在图层面板中，点击右下角的文件夹图标即可创建新的组。

（3）自动选择——组模式：在“自动选择”选项旁边，设置选择“组”，只要点击画布上的某个组，系统会自动选中该组内的所有图层。

（4）操作简便：使用自动选择组功能，无须手动寻找和点击每个单独的图层，只需点击组，就可以轻松地选择和操作组内所有元素。

（5）提升效率：利用自动选择组功能，可以大幅减少寻找特定图层的时间，尤其是在图层数量庞大的复杂文件中。

步骤四：学生讲解任务完成情况

组长抽取序号，并选出一名代表讲解本组的任务完成情况。

步骤五：师生点评

每个小组选出一名评委，对分析讨论情况进行打分，小组间互评，最后由教师进行点评。

小资料卡片

PS 的图层区域中放着多个图层，数量少的时候还能轻松找到想要的图层，一旦图层数量多了起来(画过画的应该都知道一幅画每个部件都可以是图层，数量相当庞大)，就很难找到想要的图层了，此时就需要分组功能了。将图层分组之后想再次对素材进行操作，就要先分清楚到底要修改单个图层还是修改整体的组，然后在属性栏自动选择处进行图层和组的设定，进而提高工作效率。

活动二　小龙虾海报制作

根据实训作业案例的具体要求，分析完成实训任务的操作步骤和知识要点。小龙虾海报制作素材如图 5-19 所示。

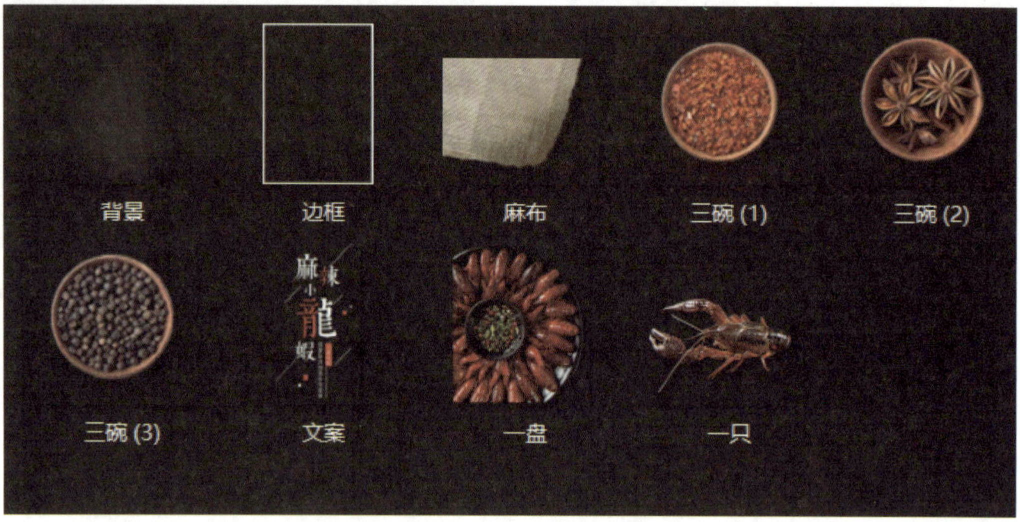

图 5-19　小龙虾海报制作素材

步骤一：背景导入(并保存源文件)

将背景素材拖入 PS(长按背景素材图标拖入已打开的 PS 中)。或者点击菜单栏“文件”，选择“导入”命令，存储一份名称为“小龙虾海报”psd 格式的源文件。

步骤二：置入素材并调整大小位置

(1) 将麻布素材导入，按 Ctrl+T 键执行自由变换操作，调整到合适的大小并放置样图，注意自由变换时按 Shift 键可以实现等比例缩放。

(2) 将一只素材导入，按 Ctrl+T 键执行自由变换操作，调整到合适的大小并放置样图，调整图层面板位置使之覆盖在麻布上面。

(3) 将一盘素材导入，按 Ctrl+T 键执行自由变换操作，调整到合适的大小并放置样图。

(4) 将三碗素材全部导入，按 Ctrl+T 键执行自由变换操作，调整到合适的大小并放置样图。

(5) 选中三碗(1)、三碗(2)、三碗(3)图层，找到选择工具，在最上面找到水平居中对齐，点击使三个素材在同垂直线居中。

(6) 在垂直方向上调整三个碗之间的距离，全部选中后执行水平居中分布，使三个碗之间等距分布。

(7)对照样图对碗的大小、位置和分布距离反复调整，直至达到满意的效果。

(8) 将文案素材导入，按 Ctrl+T 键执行自由变换操作，调整到合适的大小并放置样图。

(9) 将边框素材导入，按 Ctrl+T 键执行自由变换操作，调整到合适的大小并放置样图，注意边框素材在图层面板的最上方。

步骤三：保存图像并提交作业

(1) 在制作的过程中不断地按 Ctrl+S 键保存图像，此时制作过程会保存在已经存储的 psd 格式的源文件中。

(2) 图片制作完成后按 Ctrl+Shift+S 键另存一份 jpg 格式的图片提交作业(图 5-20)。

图 5-20　小龙虾海报制作效果图

步骤四：学生讲解任务完成情况

组长抽取序号，并选出一名代表讲解本组小龙虾图片作业完成情况。

步骤五：师生点评

每个小组选出一名评委，对任务完成情况进行打分，小组间互评，最后由教师进行点评。

【任务书】

任 务 书

任务内容	小龙虾海报制作
实训过程	
理论知识梳理	
实训过程总结	
教师记录、点评：	

【巩固提高】

一、选择题

1. 制作图片第一步，执行 Ctrl+S 保存(　　)格式。

A. psd 源文件　　B. jpg 文件　　C. png 文件　　D. 不确定

2. 压缩文件(　　)使用 PS 打开。

A. 偶尔可以　　B. 不确定　　C. 可以　　D. 无法

3. 选中一张图放入没有任何文件的 PS 中是(　　)。

A. 关闭　　B. 打开　　C. 置入　　D. 不确定

4. 置入一张图片自带定界框，必须按(　　)取消定界框，才算置入完成。

A. Shift 键　　B. Tab 键　　C. 空格键　　D. 回车键

5. 自由变换的快捷键是(　　)。

A. Ctrl+A　　B. Ctrl+D　　C. Ctrl+T　　D. 不确定

6. 等比例放大缩小需要按住(　　)键拖拽。

A. Ctrl　　B. Alt　　C. Shift　　D. 不确定

7. 沿着中心点缩放可按住(　　)键进行。

A. Ctrl　　B. Alt　　C. Shift　　D. 不确定

8. 一般沿着中心点等比缩放可按住(　　)键进行。

A. Ctrl　　B. Alt　　C. Shift　　D. Alt 和 Shift

9. 移动工具可以移动、复制，还可以(　　)。

A. 画蚂蚁线　　B. 跨画布复制　　C. 调色　　D. 改变颜色

10. 移动工具属性栏如果没有自动选择属性，可以按住(　　)键进行自动选择。

A. Ctrl　　B. Alt　　C. Shift　　D. Alt 和 Shift

二、填空题

1. 画笔的大小可以用快捷键(　　　　　)来逐步调节。

2. 如果移动工具没有(　　　　　)，可以按住 Ctrl 键进行自动选择。

3. 对齐操作使用前提：同时选中(　　　　　　　　)，否则对齐属性不能激活。

4. 分布属性使用前提：同时选中(　　　　　　　　)，否则分布属性不能激活。

5. 在 Photoshop 的工具栏中，按下 B 键可以选择画笔工具。如果当前选中的是铅笔工具，可以通过按下(　　　　)来切换到画笔工具。

6. 在移动工具状态下，选择图层按住(　　　　)键，进行拖拽复制一个新的图层。

7. 取消变换可以通过按下(　　　　)键或单击选项栏中的(　　　　)按钮来完成。

8. 图层显示：图层面板左侧(　　　　)打开。

9. 图层隐藏：图层面板左侧眼睛图标关闭，隐藏不等于删除，只是(　　　　　)。

10. PS 2019 以下版本撤回一步(　　　　)，撤回多步(　　　　)。

三、判断题

1. 鼠标右击缩览图可以弹出菜单，只能选择无缩览图、小缩览图和大缩览图三种显示效果。(　　)

2. 调整图层顺序：鼠标拖动或按 Ctrl+[ ]，将图层调整到最上层或最下层是 Ctrl+Shift+[ ]。(　　)

3. 锁定的图层不能移动，锁定的文件夹内所有图层都不能移动。(　　)

4. 新建图层快捷键为 Ctrl+N。(　　)

5. 画笔工具的快捷键为输入法中文状态下的 B。(　　)

6. 输入法英文状态下按[ ]键可以调节笔头大小，使用快捷键调整画笔大小所见即所得，更好用。(　　)

7. 填充前景色快捷键为 Alt+Delete。(　　)

8. 填充背景色快捷键为 Ctrl+Delete。(　　)

9. 按住 Alt 键滚动鼠标滚轮可以放大缩小画布。(　　)

10. 按住空格键可以变为抓手选取放大画布的细节。(　　)

项目六

图层类型和选框工具

【项目简介】

本章首先对 Photoshop 不同的图层类型进行概述，讲解不同图层类型的特点和缩览图的区别，介绍选框工具的基本操作和重点操作，以及利用选区抠图、修图和制作阴影的方法。选框工具组是图像编辑中最为基础且核心的功能之一，在图像的选择、编辑中发挥着至关重要的作用，掌握选框工具组能够更加精确和高效地进行图像选择和编辑，可极大地提升图片制作的效率和效果。

【学习目标】

知识目标

了解 PS 各种不同的图层类型以及不同的应用领域；

了解位图和智能对象的区别以及相互转换的方法。

能力目标

掌握图层打组和合并的方法及其之间的区别；

掌握选框工具的属性设置和不同的使用方法。

素养目标

在选框工具制作阴影羽化过程中，体会操作顺序对达成图片效果的重要性；

在行李箱海报制作的过程中，培养利用参考线作图的良好习惯。

【知识框图】

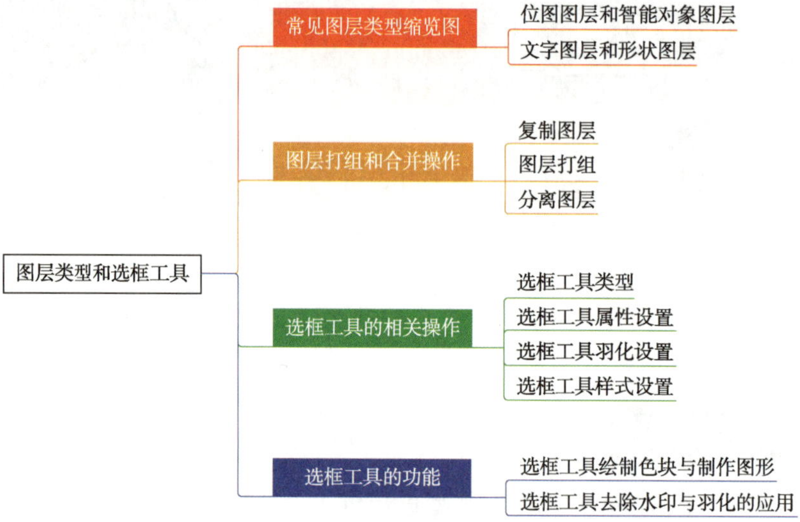

图 6-1　图层类型和选框工具

【任务描述】

本次课程项目实训为行李箱海报制作，主要涉及的知识点有前期学过的新建画布参数设置，根据效果图进行颜色设置和填充，将素材放在合理的位置并利用自由变换调整素材的大小，使用参考线定量地规范素材位置参数。项目实训的重点是十字号绘制并打组，使用组的复制完成其余绘制任务，并利用选区的羽化完成小飞机阴影的制作，利用画笔工具完成行李箱阴影制作。

案例一：PS 软件常用的图层类型有哪些，各自有什么特点？

1. 情景设计

校园美工小达人彬彬和子博收到 XW 美工设计公司下发的设计图片，根据任务要求两人需要对很多素材进行抠图或修改操作。彬彬和子博每人分担一半的任务热火朝天地开始操作，噼里啪啦的鼠标和键盘声音仿佛在为他们熟练的操作技能鼓掌喝彩，经过半个小时的努力彬彬已经将处理好的素材打包，回头看到子博任务还没有完成一半，因为涉及素材的编辑很多智能对象要转化成普通图层，彬彬说把所有的智能对象图层全部选中统一栅格化就可以，子博却说不认识哪个是智能对象图层，只能对单个图层进行处理。

2. 任务描述

PS 图层类型有很多，不同图层类型的特点不一样，在图层面板缩览图呈现的状态也是不一样的，其操作方式也不一样，比如双击文字图层缩览图可以选中文字，双击形状图层缩览图可以更改填充颜色等。为了提高图片处理的效率和效果，我们必须了解不同图层类型的特点和缩览图的区别。彬彬看到子博对图层类型掌握得不是很熟练，影响了作图的速度，本着团队合作互相帮助的原则，将 XW 美工设计公司下发的设计图片做完发送之后，马上跟子博一起梳理 PS 软件常用的图层类型和缩览图的特点。

3. 任务分解

步骤一：分小组总结常用的图层类型

以小组为单位总结并写出学习过的图层类型及其各自的特点。

通过互联网查询 PS 软件目前没有学到，但使用频率较高的图层类型和特点。

步骤二：图层类型分组记忆大比拼

(1) 普通图层：用于承载图像的具体内容，如照片、绘画等，可进行各种常规的绘制、修饰、变形等操作。

(2) 背景图层：通常是图像的底层，起到基础背景的作用，一般不透明。

(3) 文字图层：专门用于添加和编辑文字，方便对文字的样式、字体、大小、颜色等进行单独调整和修改。

(4) 形状图层：包含各种矢量形状，如矩形、圆形等，可对形状进行精确的编辑和变换，且不损失清晰度。

(5) 调整图层：用于非破坏性地调整图像的色彩、亮度、对比度等属性，如色彩平衡图层可调整色彩分布，曲线图层可灵活调整亮度、对比度等。

(6) 填充图层：可快速创建纯色、渐变或图案填充，方便对整个图像或部分区域进行大面积色彩调整。

(7) 智能对象图层：能保持原始图像的信息，在进行缩放、旋转等操作时能保持较好的质量，还可随时替换内部的原始素材。

(8) 3D 图层(部分版本)：用于处理和编辑 3D 模型相关的内容，实现 3D 效果的创作和展示。

步骤三：图层缩览图特点总结

序号	图层类型	缩览图特点
1	普通图层	缩览图右下角没有标识，可以直接进行编辑
2	文字图层	缩览图为 T，双击可以选中图层内的文字
3	智能对象	缩览图右下角有一个小折页，不能进行编辑
4	形状图层	缩览图右下角有锚点和路径，双击可以更改填充颜色

案例二：生成选区后在属性栏输入羽化值，为什么没有效果？

1. 情景设计

本次课的项目实训为行李箱海报制作，其中一个重要的知识点是利用选区制作小飞机素材的投影，飞机阴影制作需要用到选区的羽化，对于羽化知识点已经掌握的小顾同学成竹在胸，暗暗下决心一定要做出最漂亮的投影。项目实训其他步骤按部就班地做完，最后在选区羽化部分怎么操作也没有效果，他赶紧询问笑泽什么原因，笑泽让小顾演示一遍后找出问题所在，轻轻地将问题的关键抛给小顾：利用属性栏羽化是在生成选区前还是有了选区之后？

2. 任务描述

选区羽化分为属性栏羽化和菜单栏羽化，两者的区别在于菜单栏羽化用于选区生成之后，属性栏羽化用于绘制选区之前，具体方法如下：

菜单栏：在选区已经生成的状态下，在菜单栏选择“选择>修改>羽化”，在弹出的对话框中输入要羽化的范围的值，然后点击“确定”。

快捷键：在选区已经生成的状态下，使用快捷键 Shift+F6，在弹出的对话框中输入要羽化的范围的值，然后点击“确定”。

属性栏：在选区工具状态下，羽化属性栏上只能在绘制选区前提前设置羽化参数，然后再绘制选区。

3. 任务分解

步骤一：新建画布并填充颜色

首先打开 PS，新建一个 800px×1100px 的画布，分辨率为 72dpi，颜色模式为 RGB。

将前景色设置为样图背景颜色，并按 Alt+Delete 键对新建画布填充前景色。

步骤二：按照样图导入并调整素材

调出标尺新建参考线，使得上下左右各角均留出 50px 的小正方形。

将各个素材置入，使用 Ctrl+T 执行自由变换操作，按住 Shift 键调整大小，根据效果图放在合适的位置。

步骤三：利用选区羽化给飞机添加阴影

按住 Ctrl 键单击飞机素材缩览图生成选区，菜单栏选择羽化 7 像素左右。

将前景色设置为黑色，新建画布并填充前景色制作阴影图层。

调整图层位置，使阴影图层位于飞机素材的下方。

降低阴影图层的不透明度，并向下向左移动阴影素材位置。

步骤四：利用画笔工具给行李箱添加阴影

步骤五：利用形状工具绘制十字号放到四个角参考线交叉的位置

步骤六：保存图像并提交作业

（1）在制作的过程中不断地按 Ctrl+S 键保存图像，此时制作过程会保存在已经存储的 psd 格式的源文件中。

（2）图片制作完成后按 Ctrl+Shift+S 键另存一份 jpg 格式的图片提交作业。

请结合案例一、二所给资料，预习课件内容，分析并讲述 PS 软件常用的图层类型有哪些，各自有什么特点，以及生成选区后在属性栏输入羽化值为什么没有效果，同时说明选框工具都有什么用途。

【知识准备】

不同图层类型特点不一样，而且图层面板缩览图也各有特点，深入地了解图层类型能够帮助我们更快速地进行图像处理，本次项目实训用到组的复制，回顾图层复制和打组的方法，能帮助我们顺利完成本次课程任务。

选框工具是 Photoshop 中常用的工具之一，它允许用户创建矩形或椭圆形的选区，以便对图像进行编辑，选框工具包括矩形选框工具、椭圆选框工具、单行选框工具和单列选框工具，利用选框工具能够完成很多基础操作。

一、常见图层类型缩览图

1. 位图图层

位图特点：位图亦被称为点阵图像或栅格图像，是由像素的单个点组成的，这些点可以进行不同的排列和染色以构成图样，当放大位图时，可以看见构成整个图像的无数单个方块。每一个像素单独的小色块位图都可以很好地反映图像明暗的变化、复杂的场景和颜色。它的特点是能表现逼真的图像效果，但文件比较大，并且图像在缩放时清晰度会降低并出现锯齿(图 6-2)。

位图的缺点是尺寸是确定的，且进行缩小放大操作会出现一定程度的模糊，为了避免缩小后再放大会产生一定程度的模糊，需要用到智能对象图层。

缩览图特点：位图也叫普通图层，图层面板缩览图右下角是空白状态(图 6-3)。

2. 智能对象图层

智能对象图层是对其放大缩小之后，该图层的分辨率不会发生变化，普通图层缩小之后再放大变换，就会发生分辨率的变化。而且智能图层有“跟着走”的说法，即一个智能图

图 6-2　图层面板位图和放大后的位图

层上发生了变化，对应“｜智能图层图层副本”也会发生相应的变化。

设置方式：在右侧图层栏的空白处右键选择“转为智能对象”。

取消方式：在右侧图层栏的空白处右键选择“栅格化图层”。

图 6-3　位图缩览图

智能对象图层特点：

（1）可以和位图图层相互转换。

（2）任何图层都可以转换成智能对象图层。

（3）具有联动的属性。

（4）可以无限嵌套智能对象。

缩览图特点：图层面板缩览图右下角有个小折页（图 6-4）。

3. 文字图层

文字图层缩览图为“T”，可以转换为形状图层或普通图层。

文字图层新建方法：找到左侧工具栏的文字工具，鼠标在画布中点击输入一行文字，可以看到图层的缩览图是一个“T”，表示为文字图层（图 6-5）。

转换为普通图层：鼠标点击图层后方，然后右键找到“栅格化文字”按钮，这个时候文字图层就转换为普通图层，即能够实现类似图片的处理方式了。

转换为形状图层：鼠标点击图层后方，然后右键找到“转换为形状图层”，这个时候文字图层就转换为形状图层，即可以利用路径选择工具对文字进行相关操作，很多字体设计就是将文字图层转换为形状图层后，对形状图层进行操作来完成字体的重构。

图 6-4 智能对象缩览图

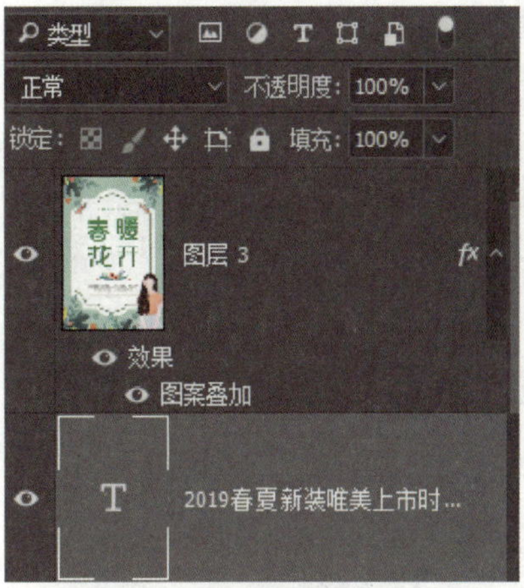

图 6-5 文字图层缩览图

4. 形状图层

形状图层：该图层中包含了位图、矢量图两种元素，使得 Photoshop 软件在进行绘画的时候，可以某种矢量形式保存为图像。矢量图和位图的区别是可以随意地放大缩小，而边缘依旧光滑、不失真，前提要求是形状图层不能栅格化，文件保存成 psd 格式。

形状图层缩览图特点：右下角有锚点和路径，双击可以直接更改颜色，可以用钢笔工具调整路径和锚点（图 6-6）。

右键单击图层缩览图，点击栅格化图层，可以将形状图层转换为普通图层。

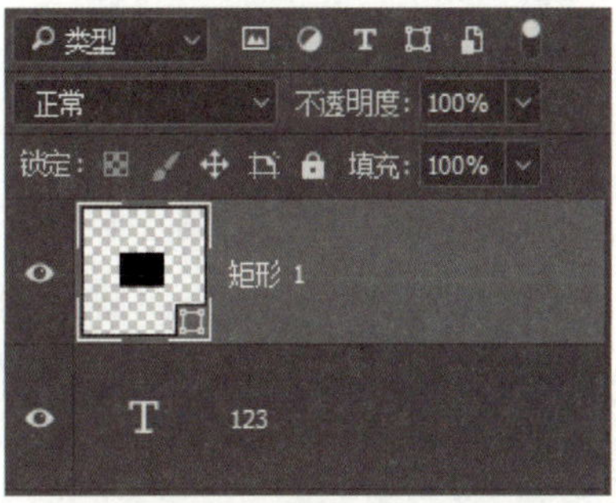

图 6-6 形状图层缩览图

二、图层打组和合并操作

1. 复制图层

图层复制是本节课程项目实训用到的重点操作方式，因此我们再次总结图层复制的方法。

使用快捷键：选中要复制的图层，按 Ctrl+J 键可以快速复制图层，不弹出任何对话框，若想在复制图层的同时弹出设置图层对话框，则可以按 Ctrl+Alt+J。

拖动复制：使用移动工具，按住 Alt 键拖动图层内容，可以复制图层。也可以直接将图层拖动到图层面板底部的新建图层按钮上，实现复制。

右键菜单复制：在图层上右键单击，选择“复制图层”选项，然后在弹出的对话框中输入新复制图层的名称。

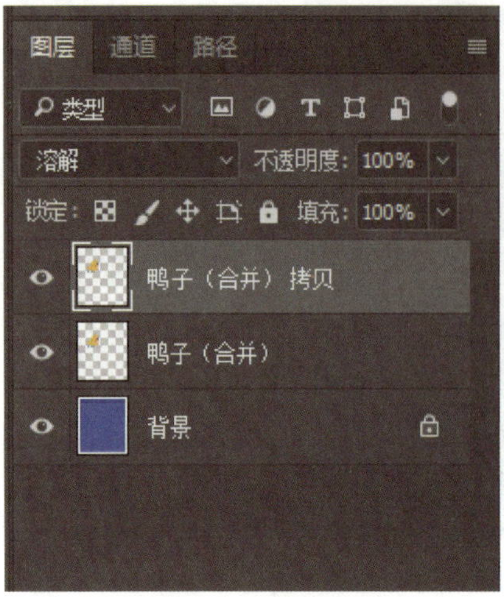

图 6-7　复制图层

图层菜单复制：选择图层菜单中的“复制图层”选项，或者直接选择“新建”中的“通过拷贝的图层”来复制图层(图 6-7)。

局部内容复制：使用选区工具圈选需要复制的内容，然后使用 Ctrl+C 复制选区内容，再使用 Ctrl+V 粘贴到画布上，这样会创建一个新的图层，只包含选区内的内容。

使用编辑菜单：通过编辑菜单中的“拷贝”和“粘贴”命令来复制局部内容。

2. 图层打组

图层打组是本节课程项目实训用到的重点操作，因此我们重点回顾图层打组相关操作。打组前提是选择打组图层，选择方法是使用 Ctrl 键加选，按住 Shift 键连选，选择好之后可以进行编组处理，参考以下方法。

鼠标拖拽：鼠标点击图层列表框下面的“创建新组”按钮，然后鼠标左键拖动需要编组的图层到“组”里。如果需要编组的图层顺序不能错乱，而且图层较多，则可选择第一个图层，按住 Shift 键，再选择最后一个图层，将所有图层一起选中，然后再拉进组中。

知识补充：在组里面的图层比组外的图层位置偏右一些，这样可以很清楚地辨别哪些图层在组里，哪些不在组里。在编组图层左边有个三角形方向按钮，当方向向上时，组里面的图层就会隐藏到组里面，当方向向下时，组里面的图层就会显示。一般需要编辑组里面的图层时显示图层，完成编辑后将图层隐藏到组里，以避免图层太多造成混乱。

取消编组：选择需要取消编组对象，按 Ctrl+Shift+G 或右键单击并选择“取消图层编组”，不建议用快捷键，复杂且容易热键冲突(图 6-8)。

删除组：鼠标右击选择删除组后弹出如图 6-9 所示的菜单，选择“组和内容”则组和组内的内容全部删除，选择“仅组”则释放图层编组，保留单个图层。

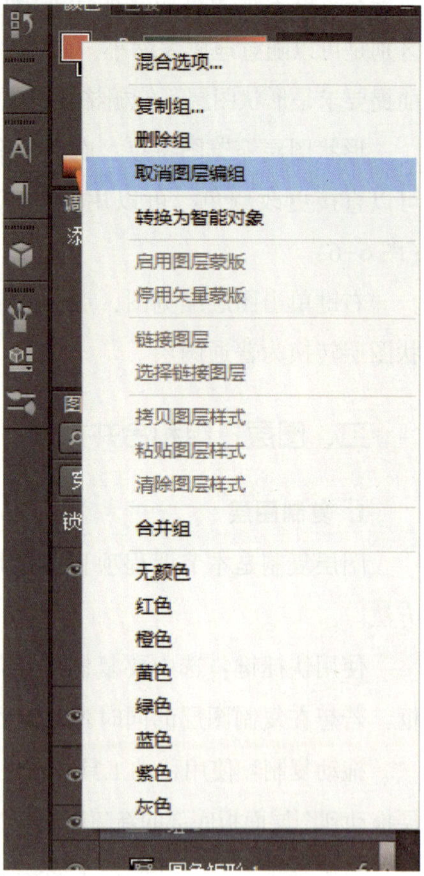

图 6-8　取消图层编组菜单

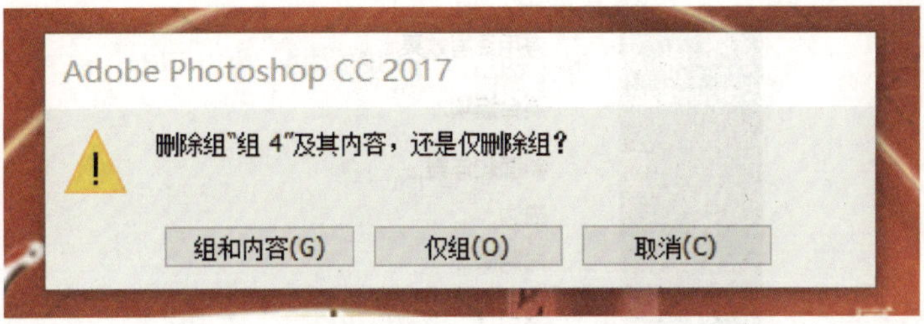

图 6-9　删除组对话框

3. 分离图层

分离图层指将一个图层中的内容分离成多个图层，以便对每个部分进行单独的编辑和处理。以下是一些常见的图层分离方法，可以根据具体情况选择适合的方法来分离图层。

使用选框工具：选择要分离的图层内容，利用选框工具进行框选，然后使用 Ctrl+Shift+J 快捷键将其分离到新的图层中(图 6-10)。

使用图层蒙版：在要分离的图层上添加图层蒙版，然后使用画笔工具或其他工具在蒙版上绘制黑色或白色来隐藏或显示图层的不同部分(图 6-11)。

图 6-10　利用选框工具分离图层

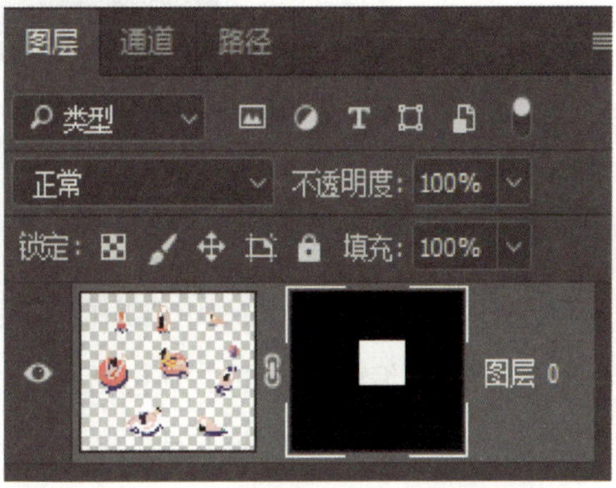

图 6-11　利用图层蒙版分离图层

使用图层样式：对于具有图层样式的图层，可以将图层样式分离到一个新的图层中。选择要分离的图层，右键单击并选择“图层样式>创建图层”(图 6-12)。

使用智能对象：将图层转换为智能对象，选择“图层>智能对象>释放图层”，将智能对象中的内容分离到多个图层中。

使用通道：对于具有复杂选区的图层，可以使用通道来分离图层。选择要分离的图层，转到“通道”面板，选择一个具有清晰边缘的通道，然后使用“Ctrl+单击”选择该通道的内容，将其分离到新的图层中。

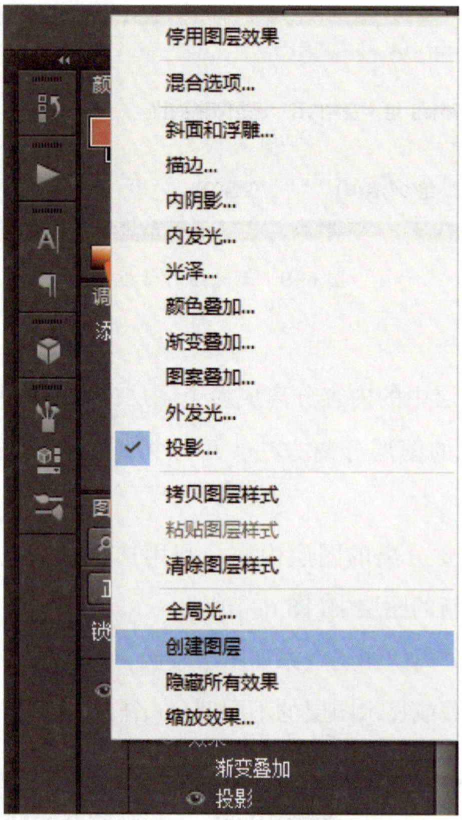

图 6-12　利用图层样式分离图层

三、选框工具的相关操作

选框工具是 Photoshop 中常用的工具之一，它允许用户创建矩形或椭圆形的选区，以便对图像进行编辑，选框工具包括矩形选框工具、椭圆选框工具、单行选框工具和单列选框工具，以下是关于选框工具的一些基本操作和技巧。

1. 选框工具类型

矩形选框工具：通过点击并拖动鼠标，可以绘制矩形选区。按住 Shift 键可以绘制正方形选区，按住 Alt 键可以从中心点开始绘制矩形选区。同时按住 Shift 键和 Alt 键，可以从中心点开始绘制正方形选区。

椭圆选框工具：类似于矩形选框工具，通过点击并拖动鼠标可以绘制椭圆形选区。按住 Shift 键可以绘制正圆形选区。同样地，按住 Alt 键可以从中心点开始绘制椭圆形选区，同时按住 Shift 键和 Alt 键，可以从中心点开始绘制正圆形选区。

缩小选区：要缩小选区，可以使用键盘上的方向键(上、下、左、右)来微调选区的位置，从而间接地缩小或扩大选区。另外，也可以通过选择工具(如套索工具、多边形套索工具等)来重新选择并调整选区的形状和大小(图 6-13)。

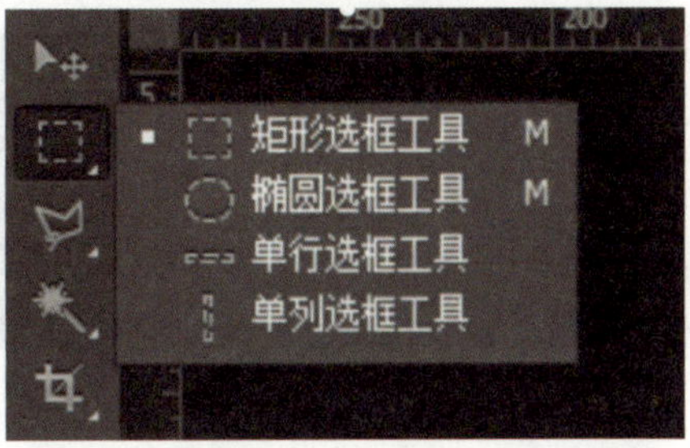

图 6-13 选框工具组

2. 选框工具属性设置

新选区：在此属性状态下，选择相应选框工具后，可以绘制出一个新选区，将鼠标放在选区内出现箭头后可以任意移动选区的位置。

添加到选区：在此属性状态下，在文档中可以绘制出多个不相连选区，如与原选区相连将得到一个新的合并选区。

从选区中减去：在此属性状态下，在文档中绘制出的第二个选区可与原选区相减得到一个新的选区。

与选区交叉：在此属性状态下，在文档中绘制出的第二个选区，只能保留与原选区重合部分(图 6-14)。

图 6-14 选框工具属性设置

3. 选框工具羽化属性设置

在菜单栏中选择“选择>修改>羽化”，或者使用快捷键 Shift+F6，在弹出的对话框中输入要羽化的范围的值，然后点击“确定”。在选区工具状态下，只能在绘制选区前提前设置羽化参数(图 6-15、图 6-16)。

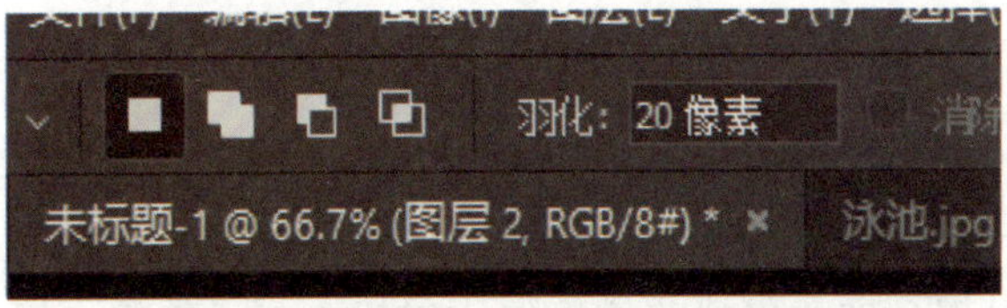

图 6-15 选框工具羽化属性设置

图 6-16 选区是否羽化制作色块区别

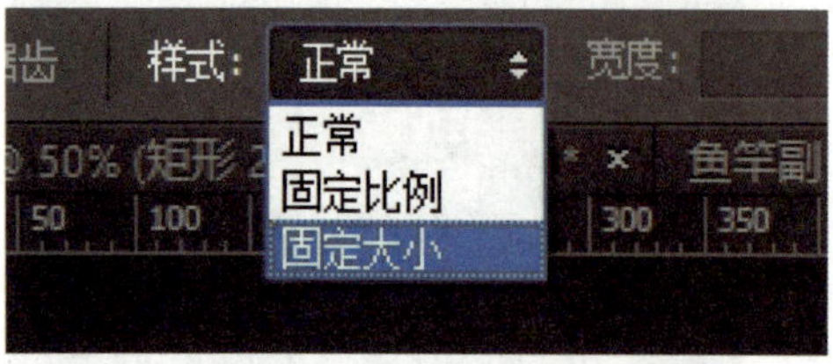

图 6-17　选框工具样式设置

4. 选框工具样式设置

正常：可以按住鼠标任意自由拖动出所需要的矩形和圆形选框。

固定比例：输入比例后，画出的选区将是固定长宽比例的矩形和圆形选框(图 6-17)。

固定大小：输入所需要的宽度、高度，可以绘制精确尺寸的矩形和圆形选框。

5. 选区优先的原则

PS 软件执行的是选区优先的原则，当有选区的时候任何操作都是优先选区完成，比如没有选区按 Ctrl+J 复制的是整个图层，有选区则复制的是选区里面的部分；再如没有选区填充的是整个图层，有选区则填充的是选区里面的部分(图 6-18)。

图 6-18　选区优先的原则

四、选框工具的功能

在图像编辑中选框工具组是 Photoshop 软件中最为基础且核心的功能之一，矩形选框工具、椭圆选框工具、多边形选框工具和套索工具在图像的选择、编辑和应对中发挥着至关重要的作用，掌握选框工具组的用法可极大地提升图像解决的效率，下面对选框工具常见的功能进行介绍。

1. 选框工具绘制色块

按住 Shift 键绘制正方形选区，按住 Alt 键以鼠标为中心绘制选区，按 Shift+Alt 键以鼠标为中心绘制正方形选区，形成选区后通过填充前景色或背景色形成色块，前景色填充快捷键：Alt+Delete，背景色填充快捷键：Ctrl+Delete(图 6-19)。

2. 选框工具制作图形

对于透明背景的素材，如果想制作跟素材轮廓一样的图形，可以按住 Ctrl 键单击素材缩览图可以生成选区，新建图层填充前景色或背景色可以制作形状图形(图 6-20)。

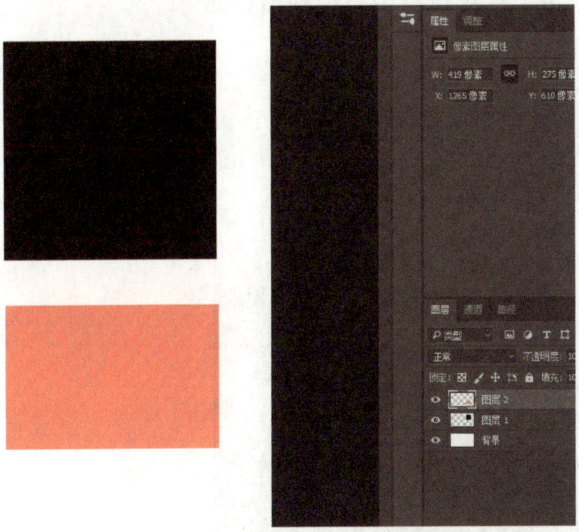

图 6-19 选框工具制作色块

图 6-20 选框工具制作图形

3. 选框工具抠取图片

选择矩形选框中的新选框模式，样式模式：正常，按合适的大小选取该区域；像素按个人习惯，如果想要选取的图片看起来比较柔和，像素为任意数字，如果没有要求，像素直接为 0 即可(图 6-21)。

图 6-21 选框工具抠取图片

4. 选框工具去除水印

选取要除去的文字或 logo，根据图层背景填充颜色，如果背景是白色，选取的部分就填充白色，如果背景是红色，选取的内容就填充红色。如图 6-22 所示，需要去除水印，第一步就是要用选框工具框选需要去除的部分，然后执行内容识别填充即可。

图 6-22　选框工具去除水印

5. 选区羽化的应用

（1）比如将一张人物照片合成到另一张风景照片中。先选中人物照片进行羽化，然后复制粘贴到风景照片上，羽化后的边缘过渡自然，使人物与风景更和谐。

（2）要对图像局部进行模糊处理时，先创建选区并羽化，再执行模糊操作，可避免模糊区域边界过于生硬。如制作景深效果，可对背景进行羽化后模糊。

（3）在对特定区域进行颜色、亮度等调整时，羽化选区能使调整的边界不那么明显。如让天空颜色更蓝，可选中天空并羽化后再调整色彩。

（4）给物体添加投影或发光效果时，先对物体选区进行羽化，再添加效果，可让边缘看起来更柔和。

（5）在抠图后，通过羽化选区能使抠取的元素更好地融入新的背景中。

（6）对某个区域应用滤镜时，羽化选区可以让滤镜达到更自然的过渡效果（图 6-23）。

6. 选框工具的布尔运算

选框工具除了能够在属性栏设置进行布尔运算之外，还能利用快捷键实现选区的加减，具体方法为绘制按住 Shift 键是选区相加，绘制按住 Alt 键是选区相减，绘制按住 Shift+Alt 键是选区相交（图 6-24）。

图 6-23　选区羽化的应用

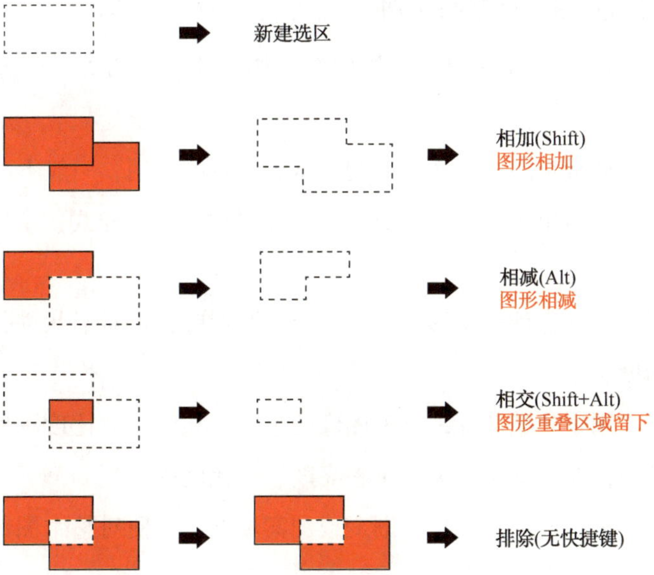

图 6-24　选区的布尔运算

【任务实施】

根据班级人数将学生分成若干实训活动小组，每组设组长一名，负责安排、协调、督促小组完成实训任务，同时做好实训活动记录。

活动一　常见图层类型特点和缩览图区别

根据【知识准备】中第一部分的相关资料，总结常见图层类型特点及其缩览图区别。

步骤一：图层特点和缩览图区别

序号	图层类型	图层和缩览图特点
1	普通图层	它就像是绘画的画布，可以在上面进行各种具体图像内容的绘制、修饰、叠加等操作。可以通过画笔、橡皮擦等工具直接在普通图层上创造或修改图像，缩览图右下角没有标识
2	文字图层	专门用于添加和编辑文字，方便对文字的样式、字体、大小、颜色等进行单独调整和修改，缩览图为 T
3	智能对象	能保持原始图像的信息，在进行缩放、旋转等操作时能保持较好的质量，还可随时替换内部的原始素材，缩览图右下角有一个小折页
4	形状图层	包含各种矢量形状，如矩形、圆形等，可对形状进行精确的编辑和变换，且不损失清晰度，缩览图右下角有锚点和路径

步骤二：分析不同图层类型的区别

（1）普通图层：用于承载图像的具体内容，如照片、绘画等，可进行各种常规的绘制、修饰、变形等操作。

（2）背景图层：通常是图像的底层，起到基础背景的作用，一般不透明。

（3）文字图层：专门用于添加和编辑文字，方便对文字的样式、字体、大小、颜色等进行单独调整和修改。

（4）形状图层：包含各种矢量形状，如矩形、圆形等，可对形状进行精确的编辑和变换，且不损失清晰度。

（5）调整图层：用于非破坏性地调整图像的色彩、亮度、对比度等属性，如色彩平衡图层可调整色彩分布，曲线图层可灵活调整亮度、对比度等。

（6）填充图层：可快速创建纯色、渐变或图案填充，方便对整个图像或部分区域进行大面积色彩调整。

（7）智能对象图层：能保持原始图像的信息，在进行缩放、旋转等操作时能保持较好的质量，还可随时替换内部的原始素材。

（8）3D 图层（部分版本）：用于处理和编辑 3D 模型相关的内容，实现 3D 效果的创作和展示。

步骤三：图层转化为智能对象和栅格化的区别

图层转化为智能对象：智能对象可以保留原始图像或元素的完整信息，即使进行多次变换和调整，也能随时回到原始状态。

非破坏性编辑：在智能对象上应用滤镜等操作是可编辑的，可随时修改参数或删除效果，可替换内容：方便替换内部的原始素材而不影响已应用的效果。

栅格化：将矢量图层(如文字图层、形状图层等)转换为像素图像，失去了矢量特性。

限制编辑方式：某些只针对像素的操作才能进行，如绘画、应用某些滤镜等，不可逆转：一旦栅格化，就难以恢复到原始的矢量状态。

简单来说，转化为智能对象更注重保留灵活性和可编辑性，而栅格化是将特定图层转换为适合特定像素操作的形式，但也会带来一定的局限性和不可逆性。

步骤四：学生讲解任务完成情况

组长抽取序号，并选出一名代表讲解本组的任务完成情况。

步骤五：师生点评

每个小组选出一名评委，对任务完成情况进行打分，小组间互评，最后由教师进行点评。

活动二　行李箱海报制作

根据实训作业案例的具体要求，分析完成实训任务的操作步骤和知识要点。行李箱海报制作素材如图 6-25 所示。

图 6-25　行李箱海报制作素材

步骤一：新建画布并填充颜色

(1) 首先打开 PS，新建一个 800px × 1100px 的画布，分辨率为 72dpi，颜色模式为 RGB。

图 6-26 背景参考线位置

（2）点击菜单栏“文件”，选择“保存”命令存储一个名称为“行李箱海报”psd 格式的源文件。

（3）将前景色设置为样图背景颜色，并按 Alt+Delete 键对新建画布填充前景色。

步骤二：按照样图导入并调整素材

（1）调出标尺新建参考线，使得上下左右各角均留出 50px 的小正方形。

（2）将韩文素材置入，使用 Ctrl+T 键自由变换，按住 Shift 键调整大小，根据效果图放在合适的位置。

（3）将遮阳帽、行李箱和行李箱文案素材置入，使用 Ctrl+T 键自由变换，按住 Shift 键调整大小，注意遮阳帽要能完全挡住行李箱的拉杆，并调整对齐状态，根据效果图放在合适的位置。

（4）将飞机素材置入，使用 Ctrl+T 键自由变换，按住 Shift 键调整大小，根据效果图放在合适的位置。

（5）将虚线、底部文案和顶部文案素材置入，使用 Ctrl+T 键自由变换，按住 Shift 键调整大小，根据效果图放在合适的位置。

步骤三：利用选区羽化给飞机添加阴影

（1）按住 Ctrl 键单击飞机素材缩览图生成选区，在菜单栏点击选择，修改羽化 7 像素左右。

（2）将前景色设置为黑色，新建画布并填充前景色制作阴影图层。

（3）调整图层位置，使阴影图层位于飞机素材的下方。

（4）降低阴影图层的不透明度，并向下向左移动阴影素材位置。

步骤四：利用画笔工具给行李箱添加阴影

（1）新建图层，选择硬度为 0 的柔边画笔工具，前景色设置为黑色。

（2）调整画笔笔头大小，并在新建图层上点击制作阴影图层。

（3）对阴影图层按住 Ctrl+T 键执行自由变换，将阴影图层压扁。

（4）调整阴影图层的位置和大小，降低不透明度后放在行李箱的下方。

步骤五：利用形状工具绘制十字号

（1）使用形状工具绘制高度 1px、宽度 40px 左右的横线。

（2）选中直线图层按 Ctrl+T 键执行自由变化，右击选择旋转 90°制作竖线。

（3）将横线和竖线图层打组，移动工具自动选择切换为组，将十字号放在左上角参考线交叉位置。

（4）在移动工具下按住 Alt 键将十字号组复制三组，分别放在右上、左下和右下参考线交叉处。

步骤六：保存图像并提交作业

（1）在制作的过程中不断地按 Ctrl+S 键保存图像，此时制作过程会保存在已经存储的 psd 格式的源文件中。

（2）图片制作完成后按 Ctrl+Shift+S 键另存一份 jpg 格式的图片提交作业（图 6-27）。

图 6-27　行李箱海报制作效果图

步骤七：学生讲解任务完成情况

组长抽取序号，并选出一名代表讲解本组图片作业完成情况。

步骤八：师生点评

每个小组选出一名评委，对任务完成情况进行打分，小组间互评，最后由教师进行点评。

【任务书】

任 务 书

任务内容	行李箱海报制作
实训过程	
理论知识梳理	
实训过程总结	
教师记录、点评：	

【巩固提高】

一、选择题

1. 位图：普通图层放大缩小(　　)失真，放大后由像素格组成。

A. 会　　B. 不会　　C. 偶尔　　D. 不确定

2. 智能对象：右下角有个小折页，放大缩小(　　)失真，不能编辑。

A. 会　　B. 不会　　C. 偶尔　　D. 不确定

3. 文字图层缩览图为(　　)。

A. “B”　　B. “T”　　C. “A”　　D. “H”

4. 文字图层相关操作，(　　)转换为形状图层或普通图层。

A. 不可以　　B. 可以　　C. 不一定　　D. 偶尔可以

5. 形状图层：右下角有个锚点和路径，(　　)直接更改颜色。

A. 不可以　　B. 偶尔　　C. 不一定　　D. 可以

6. 原位复制的快捷键是(　　)，可以与原图层重合。

A. Ctrl+A　　B. Ctrl+S　　C. Ctrl+J　　D. Ctrl+D

7. 全选的快捷键是(　　)。

A. Ctrl+A　　B. Ctrl+S　　C. Ctrl+J　　D. Ctrl+D

8. 取消参考线的快捷键是(　　)。

A. Ctrl+A　　B. Ctrl+S　　C. Ctrl+J　　D. Ctrl+D

9. 自由复制：移动工具下，按住(　　)键不松手，当鼠标变成黑白双箭头的时候，左键拖动素材即可完成自由复制。

A. ALT　　B. Ctrl　　C. Shift　　D. 不确定

10. 打组的快捷键是(　　)。

A. Ctrl+A　　B. Ctrl+S　　C. Ctrl+J　　D. Ctrl+G

二、填空题

1. 取消编组的快捷键是(　　　　)。

2. 合并图层要慎重，合并后的图层不太好分开，除非刚合并即执行(　　　　)操作。

3. 选中需要合并的图层，选择方法为使用(　　　　)键加选，(　　　　)键连选。

4. 图层分离的快捷键是(　　　　)。

5. 选框工具包括(　　　　)、椭圆选框工具、单行选框工具和单列选框工具。

6. 在各选框工具的属性栏中，可以去除旧选区，(　　　　)。

7. 载入选区的方法为按住(　　　　)键单击图层缩览图。

8. 选框工具的快捷键为(　　　　)。

9. 利用选框工具框选移动对象时，一定要选中(　　　　)。

10. 按住 Shift 键绘制正方形选区，按住 Alt 键以鼠标为中心绘制选区，按住(　　　　)键以鼠标为中心绘制正方形选区。

三、判断题

1. 形成选区后可以通过填充前景色或背景色形成色块。(　　)

2. 取消选区的快捷键为 Ctrl+D。(　　)

3. 载入选区的方法为按住 Ctrl 键点击该图层的缩览图。(　　)

4. 利用图层样式 fx 可以进行投影的制作，通过调整参数达到最佳效果。(　　)

5. 想要分离图层内容，用选区工具进行框选，然后使用“Ctrl+Shift+G”快捷键将其分离到新的图层中。(　　)

6. 选择打组图层，方法是按 Ctrl 键加选，按 Shift 键连选。(　　)

7. 按住 Shift 键可以实现选区加选。(　　)

8. 按住 Alt 键可以实现选区减选。(　　)

9. 按住 Shift+Alt 键可以实现选区相交。(　　)

10. 前景色填充快捷键：Alt+Delete，背景色填充快捷键：Shift+Delete。(　　)

项目七

选区的绘制和编辑

【项目简介】

本章主要介绍 PS 矢量工具的使用方法以及相关的布尔运算，认识矢量工具的特点和绘制方法，并可以灵活设置工具属性；学习选区的概念、绘制选区的方法和编辑选区的技巧；了解套索工具、魔棒工具、快速选择工具、色彩范围、橡皮擦工具组的属性设置和使用方法，学习利用以上工具对单一背景的图片进行抠图。通过本章的学习，同学们可以掌握矢量图形的绘制方法，学会利用合适的工具对单一背景的图片进行抠图，提升 PS 软件综合应用能力，为后续课程的学习打下坚实的基础。

【学习目标】

知识目标

了解矢量工具绘制图形的方法和布尔运算的规则；

了解不同选区工具的作用和相关的使用方法。

能力目标

掌握布尔运算的规则并利用布尔运算绘制图形；

掌握单一背景的图片的抠图方法，并进行属性设置。

素养目标

在选区收缩抠除背景过程中，感受灵活运用工具的重要性；

通过对抠图瑕疵的二次处理中，培养并提升学生精益求精的职业理念。

【知识框图】

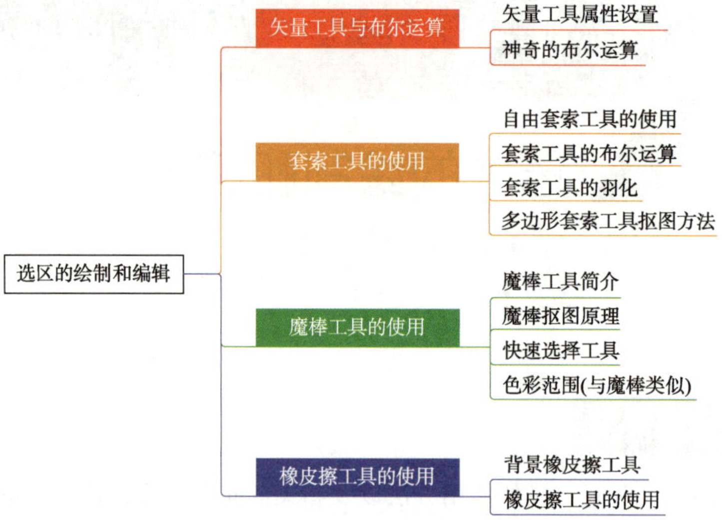

图 7-1　选区的绘制和编辑

【任务描述】

Photoshop 是一款强大的图像处理软件，广泛应用于设计、摄影、广告等多个领域。在 PS 技术应用中抠图是一项非常实用的技术，它可以帮助我们从一张图片中精确地提取出所需的部分。本节课的任务是使用抠图工具，并了解不同工具的特点和区别，知道怎样才能实现快速抠图，掌握如何去掉物体周围的环境色，以及不同的制作投影的方法，并顺利完成制定的项目实训任务。

案例一：如何选择合适的抠图工具？怎样才能实现快速抠图？

1. 情景设计

PS 软件课程讲到利用颜色差异抠图，小顾和笑泽因为软件操作基础比较好，所以此部分内容学习起来也是事半功倍，经过不断练习他们已经能熟练运用各种工具进行属性设置和抠图，所以当老师下发一批图片让他们快速抠图处理的时候，两人还没有打开图像已经成竹在胸，暗下决心一定能高标准严要求完成既定任务。但是在抠图过程中，两人才发现各种图像色彩差异都不相同，有时候须不断更换工具才行，在不断更换工具的过程中时间一点点流逝，与之前高效率作图的情况形成鲜明对比。

2. 任务描述

抠图就是从一张图片中“抠”出需要的部分，通常涉及对图片的边缘识别、色彩分离、选区创建等步骤。抠图的主要目的是提取图片中的某个对象，以便对其进行进一步的编辑或与其他图像进行合成。除了在视觉设计和图片编辑中的应用，PS 抠图还可以应用于数字艺术、游戏设计、虚拟现实等多个领域，无论是需要将一张图片融入另一张图片中，还是需要将一个场景从环境中分离出来，PS 抠图都能够提供有效的解决方案。

3. 任务分解

步骤一：学习抠图的基本概念

步骤二：总结抠图的基本步骤

(1) 打开图片。

(2) 选择工具。

(3) 创建选区。

(4) 调整边缘。

(5) 抠出图像。

(6) 保存和导出。

步骤三：分析抠图工具的选取原则

步骤四：探索抠图的高级技巧

步骤五：抠图常见问题及解决方案

案例二：如何去掉物体周围的环境色？使用 fx 制作投影怎么才能让影子在不同的方向？

1. 情景设计

本次课程项目实训是香水包包海报制作，小顾和笑泽经过总结不同工具的抠图特点后，选择合适的工具三下五除二将背景去除，按照效果图要求完成既定的排版布局，检查作业上交的过程中发现两个问题，两个人抠除背景后的物体边缘都不是很干净，而且小顾使用 fx 制作投影后无法按照效果图的样子单独调整阴影的方向。经过反复尝试终于利用选区收缩去掉边缘瑕疵，在 fx 投影制作中去掉了全域光完成了影子的个性化。小顾和笑泽决为了避免以后再出现同样的问题，决定梳理一下项目实训的思路。

2. 任务描述

香水包包海报制作首先需要将素材栅格化处理，利用魔棒或快速选择等工具制作背景选区，将选区扩展 2 个像素左右后删除背景，根据效果图对素材执行自由变换后放在合适的位置，然后利用不同的方法给物体制作阴影，其中利用 fx 制作影子的过程中可以使用拷贝和粘贴图层样式快速为其他素材添加影子，如果一张图中影子需要出现在不同的方向，则需要将“使用全域光”之前的对钩去掉。

3. 任务分解

步骤一：导入背景和素材

打开 PS 软件将背景素材导入。

步骤二：选择合适的工具进行抠图

(1) 选择工具。

(2) 创建选区。

(3) 调整边缘。

(4) 扩展或收缩选区。

(5) 抠出图像。

步骤三：按照效果图大小和位置排列素材

(1) 对各个素材执行自由变换，调整大小和位置。

(2) 部分素材需要进行角度调整，并放到指定位置。

步骤四：用三种方式制作阴影

步骤五：保存图像并提交作业

请结合案例一、二所给资料，预习课件内容，分析并讲述 PS 软件常用的抠图工具有哪些，各自有什么特点，同时说明 PS 软件矢量工具和选区工具布尔运算的使用方法，以及各自有什么用途。

【知识准备】

Adobe Photoshop 中的绘图包括创建矢量形状和路径，可以使用任何形状工具、钢笔工具或自由钢笔工具进行绘制，开始进行绘图之前，必须从选项栏中选取绘图模式，选取的绘图模式将决定是在自身图层上创建矢量形状，还是在现有图层上创建工作路径，抑或在现有图层上创建栅格化形状。学习套索工具组、魔棒工具组和橡皮擦工具组的属性设置和使用方法，可以灵活地运用合适的工具进行抠图，并能对图像进行修饰。

一、矢量工具与布尔运算

1. 矢量工具概述

在 Photoshop 中，矢量工具是一组用于创建和编辑矢量图形的工具。它们基于数学方程和点之间的连接关系来定义图形，与基于像素的工具(如画笔工具)相对应。以下是矢量工具的概念和特点。

(1) 定义清晰的图形：矢量图形由数学公式描述，因此它们可以无限缩放而不会失去清晰度和细节。这使得矢量图形非常适用于设计需要在不同尺寸下保持清晰的标志、图标和插图等。

(2) 可编辑性：矢量工具允许你轻松地编辑和修改图形的形状、大小、颜色和其他属性。你可以使用矢量点和路径来调整形状，应用填充和描边，以及应用变形和变换效果。

(3) 精确性：矢量工具提供了准确的控制和调整选项，使你能够精确地创建和编辑图形。你可以移动、添加、删除和转换矢量点来调整形状，或使用路径操作来调整路径的曲线和方向。

(4) 图层和蒙版：矢量工具在 Photoshop 中可以与图层和蒙版一起使用。你可以将矢量图形放置在单独的图层上，并使用图层样式、蒙版和其他图层功能来进一步修改和控制图形。

(5) 多种矢量工具：Photoshop 提供了多个矢量工具，包括钢笔工具、形状工具(如矩形、椭圆、多边形等)、自定义形状工具和文字工具。每个工具都有其独特的功能和用途，使你能够根据需要选择合适的工具。

2. 矢量工具用法

拖拽绘制：点击拖拽绘制会自动新建形状图层，默认自动填充前景色，绘制时会产生独立的图层。

Shift：按住 Shift 键可以绘制等比例正方形。

Alt：按住 Alt 键可以鼠标为中心点绘制图形。

Shift+Alt：按住 Shift+Alt 键可以鼠标为中心点绘制正方形。

圆角矩形：绘制的时候先设置半径，高版本可以在属性栏和属性面板中修改(不同版本差距有些大，自行探索一下吧)。

多边形：绘制的时候先设置多边形的边数与平滑星形缩进等，可以绘制出多样性的多边形。

直线：绘制的时候先改变线的粗细，按住 Shift 键可以成角度约束。

自定形状：软件预设好的形状，方便使用。

3. 矢量工具属性设置(图 7-2)

图 7-2 矢量工具属性设置

选择工具模式：形状居多，钢笔工具下选择的是路径，像素属性基本不用。

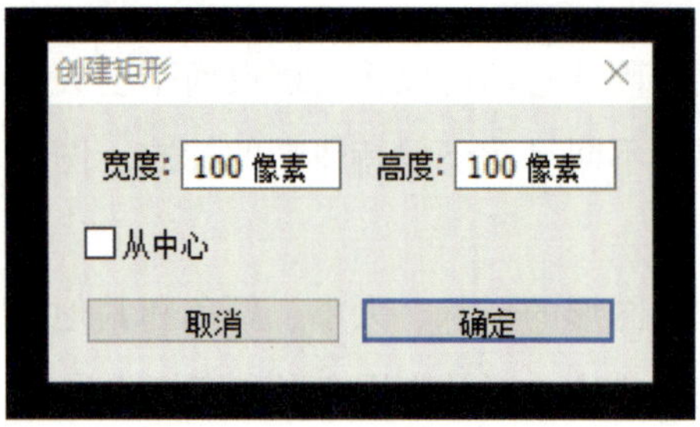

图 7-3 创建矩形对话框

填充：可以给形状填充纯色、渐变色、图案等。

描边：可以给形状添加纯色描边、渐变描边、图案描边。

绘制固定矩形：选中矩形工具，在画布上单击出现创建矩形界面，设置好宽度和高度即可，只有形状工具中有，别的工具中没有(图 7-3)。

4. 填充设置方法(图 7-4)

图 7-4 填充设置方法

无颜色：形状的填充或描边部分为透明效果，没有像素。

纯色：预设色板颜色可直接点击选择，也可以点击右上角小齿轮载入新色板；拾色器可以自定义颜色。

渐变色：预设渐变色可直接点击选择，也可以点击右上角小齿轮载入新渐变色。

色标：双击更改颜色；点击拖拽移动位置；将鼠标放在色带下面，鼠标变成小白手，点击鼠标可以添加色标；鼠标点击色标往下拖拽可以删除色标；按住 Alt 键拖拽可以复制色标。

图案填充：预设图案可直接点击选择，也可以点击右上角小齿轮载入新图案。

自定义图案：单独打开一张图片，点击菜单栏→编辑→定义图案即可，定义好图案后重启 PS，打开图案窗口，最后一个就是自定义的图案。

5. 渐变工具

同渐变色类似，注意需要点击的是渐变颜色的位置，在画布上点击拖拽填充。拖拽得越长渐变过渡越好；线性渐变从上往下、从左往右拖拽；径向渐变从中间往四周拖拽。

小资料卡片

矢量工具在 Photoshop 中提供了强大的功能，使你能够创建、编辑和控制高质量的矢量图形，是设计师、插画家和其他创意专业人士的重要工具，用于创作各种类型的图形和图像。

6. 矢量图形配合工具

路径选择工具(小黑)：移动和复制路径，单独选中图形。

直接选择工具(小白)：选择和移动路径的上锚点，以及调节控制柄，按住 Shift 键可以加选锚点。

小白作用：可以通过调整锚点改变矢量图形的形状和大小(图 7-5)。

图 7-5 路径选择工具和直接选择工具

7. 神奇的布尔运算

布尔运算是数字符号化的逻辑推演法，包括合并、相交、相减。在图形处理操作中引用了这种逻辑运算方法使简单的基本图形组合产生新的形体，并由二维布尔运算发展到三维布尔运算。由于布尔在符号逻辑运算中的特殊贡献，很多计算机语言中将逻辑运算称为布尔运算，将其结果称为布尔值。

(1) 布尔运算规则。

- 合并形状：将两个或多个形状合并成一个整体。
- 减去顶层形状：从一个形状中减去另一个形状的部分，类似于做差集的效果。
- 与形状区域相交：只显示两个形状相交的部分，类似于数学集合中的“交集”。
- 排除重叠形状：显示两个形状除相交部分以外的其他区域。

(2) 布尔运算快捷键。

- 相加：按住 Shift 键，同时使用形状工具进行绘制。这会将新形状添加到现有形状中，形成组合。

◆ 相减：按住 Alt 键（Windows）或 Option 键（Mac），同时使用形状工具进行绘制。这可以从现有形状中减去新形状，形成差集。

◆ 相交：按住 Shift 键和 Alt 键（Windows）或 Shift 键和 Option 键（Mac），同时使用形状工具进行绘制。这将只保留两个形状重叠的部分。

◆ 排除重叠：虽然有一个特定的操作过程来排除重叠形状，但直接对应的快捷键并不明确。通常，需要先合并形状，然后使用其他工具或命令来调整以达到排除重叠的效果。

8. 布尔运算特点和注意事项

（1）布尔运算只针对由矢量工具绘制的形状，矢量工具布尔运算的前提是有路径，如果路径已经消失，则可以通过点击路径面板找回。

（2）进行布尔运算时，必须注意图层的前后顺序，以及确保所有形状都在同一个图层里，布尔运算最后一步要合并形状组件。

（3）使用布尔运算可以方便地创建复杂的图形，并且这些图形是矢量的，可以任意缩放而不会失真。

（4）布尔运算是先按键盘，再按鼠标进行绘制；绘制新图形是先按鼠标，再按键盘约束要绘制的图形（图 7-6）。

9. 布尔运算的适用范围

矢量形状工具：矩形、圆角矩形、多边形、圆形、自定义形状、钢笔绘制形状。

选区类型工具：选框类工具、套索类工具、快速选择工具、选择工具、魔棒工具（图 7-7）。

图 7-6　利用布尔运算绘制图形

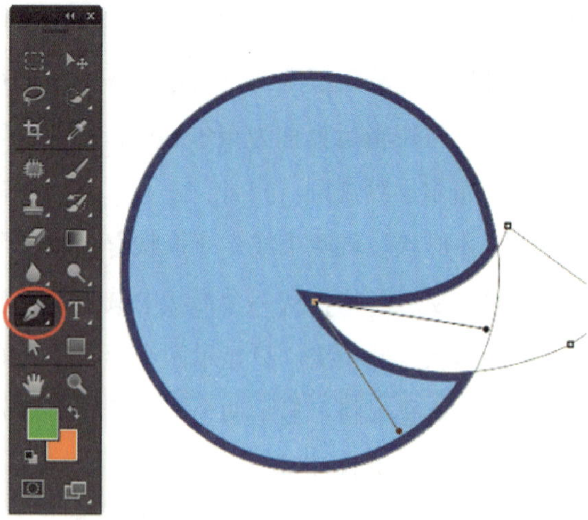

图 7-7　布尔运算的适用范围

二、套索工具的使用

1. 套索工具组

套索工具可以在图像或图层中绘制不规则形状的选区，选取不规则形状的图像，套索工具组包括套索工具、多边形套索工具和磁性套索工具(图 7–8)，反复按 Shift+L 组合键，可以在这三个工具之间进行切换。

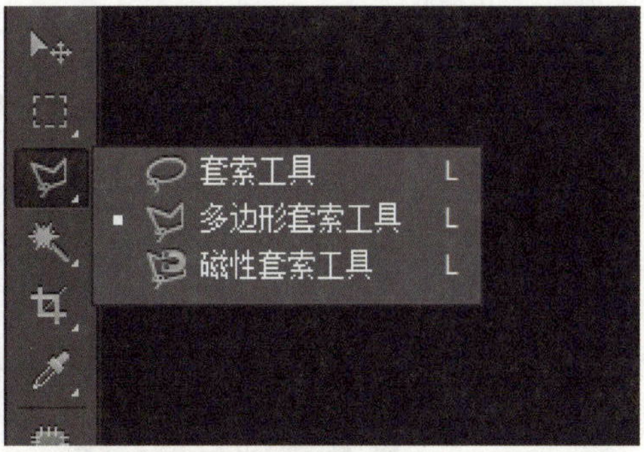

图 7–8　套索工具组

(1) 套索工具是最基本的套索工具，适用于创建不规则形状的选区。用户只需按住鼠标左键拖动，就可以自由地绘制选区轮廓。释放鼠标后，起点与终点会自动闭合形成选区。适用于没有明显直线边缘的对象选取。

(2) 多边形套索工具适合于选择边缘较为规则、由直线构成的图形。使用时，通过单击鼠标左键在图像上设定一系列的点，这些点之间会形成直线连接，最终闭合成选区。在绘制过程中，按住 Shift 键可以强制绘制水平、垂直或成 45°角的直线。双击鼠标左键可以闭合选区。如果在绘制时出错，可以按 Delete 键删除最后一个点，或按 Esc 键取消整个选区并重新开始。

(3) 磁性套索工具能够自动感应图像中物体的边缘，特别适合边缘对比度明显的对象。使用时，只需沿着对象的边缘移动鼠标，工具会自动吸附并生成选区边界。用户可以通过调整工具选项栏中的参数(如边对比度、频率和宽度)来优化吸附效果。对于快速、精确的边缘选取非常有效。

图 7–9　自由套索工具的使用之一

2. 自由套索工具的使用

在 Photoshop 界面的左侧工具栏中，你可以找到套索工具组。套索工具的图标看起来像一个闭环的绳套。可以直接点击该图标，或者按键盘上的快捷键 L 来启用套索工具，套索工具是快速形成选区的工具，比选框工具更加灵活，提供了更多的图形，使用方法是按住鼠标不松手，拖画想要的图形(图 7–9)。套索工具和选框工具一样，都是可以进行羽化的。

一旦选择了套索工具，就可以在图像上单击并按住鼠标左键拖动，开始自由地绘制所需的选区轮廓。在此过程中，你需要手动控制鼠标路径，尽量贴合目标对象的边缘。注意，起点和终点会自动连接起来闭合选区，形成一个完整的环状(图 7-10)。

图 7-10 自由套索工具的使用之二

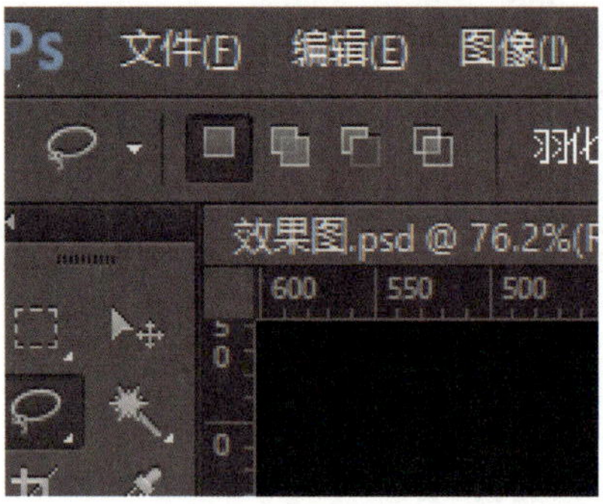

图 7-11 套索工具的布尔运算

3. 套索工具的布尔运算

在完成第一个选区后，保持选区激活状态，继续使用套索工具绘制第二个选区，根据需要选择相加、相减、相交或排除重叠。通常这些选项位于选项栏或属性栏中，可能标记为“新选区”“添加到选区”“从选区中减去”“与选区交叉”等。

套索工具和选框工具一样，都可以进行布尔运算且方法一样(图 7-11)。

4. 套索工具的羽化

套索工具的“羽化”功能是 Photoshop 和其他图像编辑软件中的一项重要特性，用于平滑选区的边缘，使得选区内外的像素更加自然地过渡。这对于创建更加真实和专业的图像编辑效果至关重要，尤其是在需要精确控制元素边缘与背景融合度的情况下，比如图片合成、移除背景或进行局部调整时。

柔和边缘：羽化可以使选区边缘模糊化，减少边缘的硬边界感，帮助选区内的内容更好地融入背景或相邻的图像部分。

过渡效果：在进行图像合成时，羽化可以创造更加自然的阴影和光线过渡，让拼接的图像部分看起来就和原本就在一起一样。

细节处理：在精细抠图或修正边缘时，适当的羽化可以去除因选择不精确而产生的生硬线条，提升整体的视觉效果。

选择套索工具：在 Photoshop 中，从工具栏选择套索工具组中的任意一个工具(如套索工具、多边形套索工具或磁性套索工具)。

设置羽化值：在顶部的选项栏中，你会看到一个名为“羽化”的选项。在开始绘制选区之前，输入一个羽化数值(图 7-12)。数值大小决定了边缘模糊的程度，数值越大，边缘越模糊。

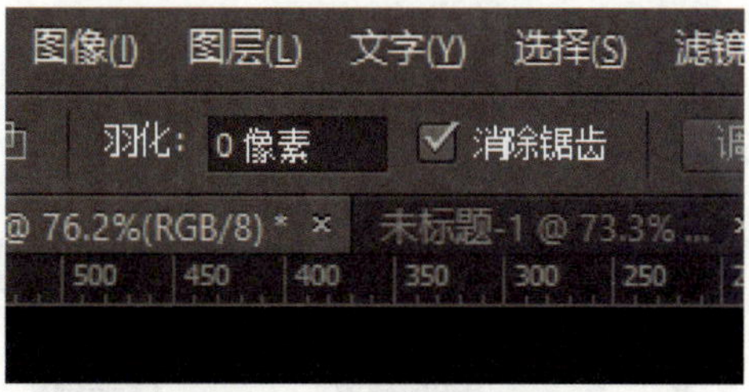

图 7-12　套索工具的羽化

设定羽化数值、按下回车键、绘制选区、新建图层、填充颜色。

5. 多边形套索工具的使用

在 Photoshop 中使用多边形套索工具(Polygonal Lasso Tool)是一种精确选择图像特定区域的方法，尤其适合那些边缘为直线的物体(图 7-13)。

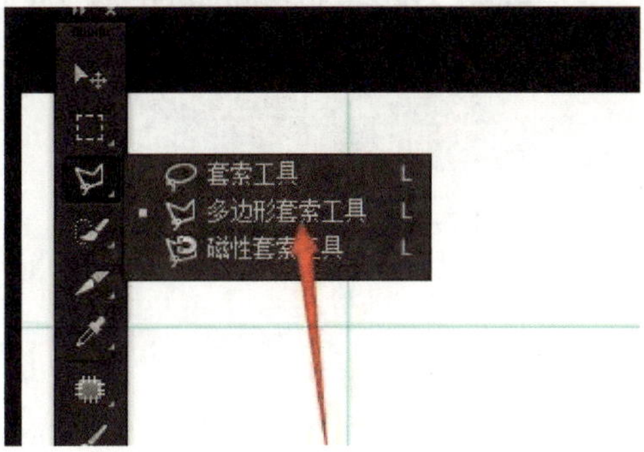

图 7-13　多边形套索工具

Shift 键辅助：按住 Shift 键可以在绘制过程中添加直线，帮助我们更灵活地构建复杂选区，形成多边形。

配合其他工具：多边形套索工具常与其他选择工具结合使用，比如使用魔术棒工具快速选择大面积相似颜色区域，再用多边形套索精修边缘。

绘制方法：鼠标左键单击，绘制封闭的图形，生成边缘为直线的选区。

特点：只能绘制直线选区，只能形成拐角，不能形成弧线。

注意：多边形套索工具返回上一步无法使用 Ctrl+Z 实现，删除上一步直线的方式是按 Delete 键或 Backspace 键。

6. 多边形套索工具抠图方法

复制主体物：创建主体物的选区，然后使用原位复制的方法，快捷键为 Ctrl+J。

删除背景：选区反选快捷键——Ctrl+Shift+I，选区即为背景，按 Delete 键删除背景即可。如果图层处于锁定状态，需要先解锁才能删除背景；如果是智能对象，需要首先将智能对象栅格化再删除背景，智能对象栅格化的方法是，鼠标右击图层面板缩览图的右侧，选择栅格化图层即可(图 7-14)。

7. 磁性套索工具的使用

特点：套索工具会自动吸附在图像的边缘，转折不灵敏的时候可以点击鼠标定位，磁性套索工具使用的前提是图像与背景对比明显。

注意：频率是定点的密集程度，撤回上一步的操作也是 Delete 键或 Backspace 键，按 Ctrl+Z 键无法完成撤回操作(图 7-15)。

图 7-14　多边形套索工具的使用

图 7-15　磁性套索工具的使用

三、魔棒工具的使用

1. 魔棒工具的简介

(1) 魔棒工具是一种快速选择颜色相似区域的工具，特别适用于对背景相对单一、主体与背景对比明显的图片进行抠图，它的图标看起来像一个魔术棒。

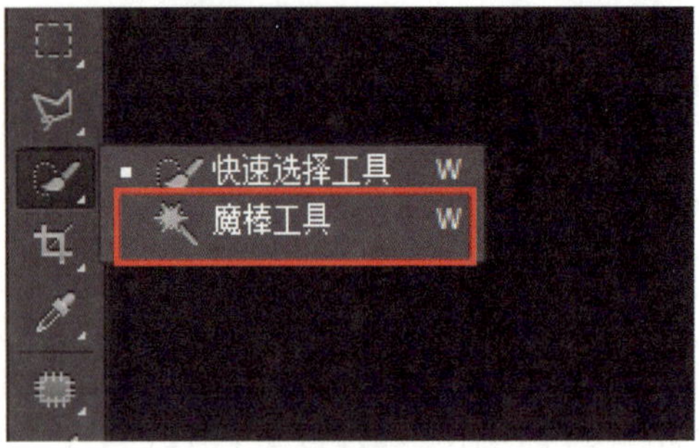

图 7-16　魔棒工具

(2) 选择魔棒工具：在工具栏中找到魔棒工具或者可以直接按快捷键 W 选择魔棒工具(图 7-16)，它可以选取图像中的某一点，并将与这一点颜色相同或相近的点自动融入选区中。

(3) 调整容差：在顶部的选项栏中，你会看到“容差”设置。容差决定了魔棒选取颜色范围的广度。数值越小，选取的颜色范围越接近你点击的颜色；数值越大，选取的色彩范围就越广泛。可根据图片的具体情况调整合适的容差值。

(4) 加减选区：如果某些部分没有被选中，可以使用“添加到选区”(按住 Shift 键点击)或“从选区中减去”(按住 Alt 键点击)来调整选区。

(5) 精细调整：对于复杂的图像，可能需要结合其他工具如套索工具、快速选择工具或钢笔工具来完善选区(图 7-17)。

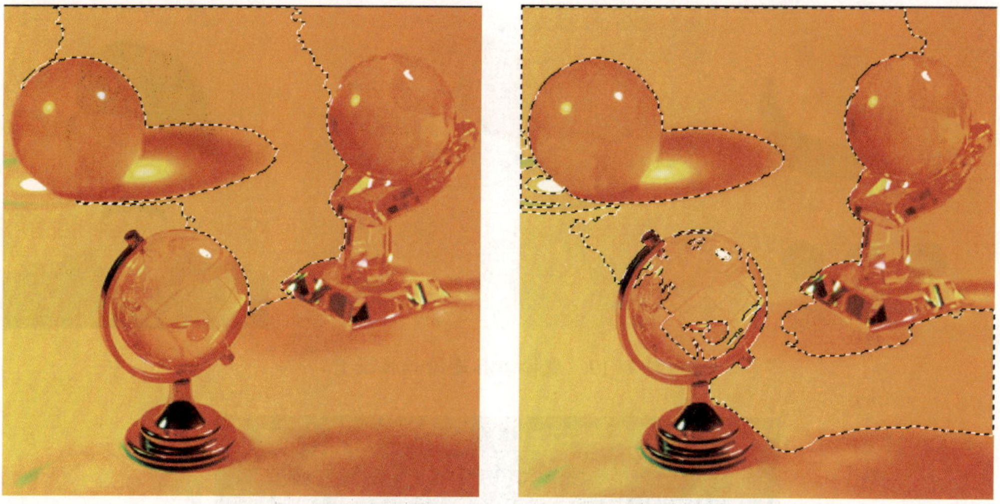

图 7-17　魔棒工具的使用

2. 魔棒抠图原理

（1）魔棒工具抠图原理——靠颜色，属性栏（图 7-18）的容差指的是所选颜色的范围，一般为 15~50，最大到 255，容差数值越大选择的颜色范围越大，容差数值越小选择的颜色范围越小，容差调整不可能一次到位，根据需求调整即可（0~255）。

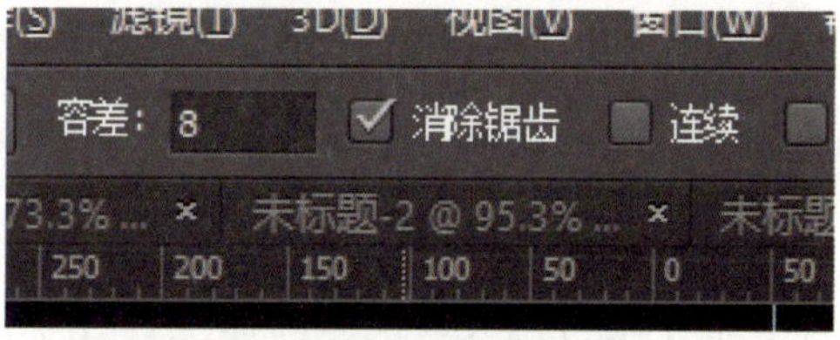

图 7-18　魔棒工具属性设置

（2）颜色采样：当你在图像上点击魔棒工具时，它会采集你点击位置的颜色作为标准，这个点的颜色值会被用来决定哪些相邻的像素会被视为“相似”并加入选区中。

（3）连续性选择：魔棒工具允许用户选择是否基于颜色的连续性来扩展选区。如果勾选了“连续”选项，工具只会选择与基准点颜色相似且在物理上相连的像素。如果不勾选，则工具会跨过图像中的间隔，选择所有符合容差条件的相似颜色像素，无论它们是否相连（图 7-19）。

（4）消除锯齿与羽化：为了获得更平滑的选区边缘，魔棒工具提供了消除锯齿和羽化选项（图 7-20）。消除锯齿可以帮助减少选区边缘的像素化现象，而羽化会在选区边缘创建过渡效果，使抠出的对象更加自然地融入新背景。

3. 快速选择工具

快速选择工具是一种在图像处理软件中常用的工具，主要用于快速选择图像中的特定区域（图 7-21）。它提供了多种模式来创建选区，包括快速选择、加选和减选的功能。使用快速选择工具时，可以通过点击或拖动鼠标来框选需要编组的对象。选中的对象会被显

图 7-19　魔棒工具连续属性设置

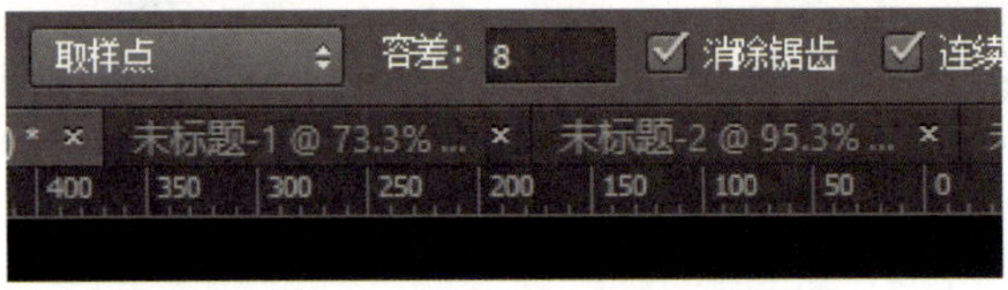

图 7-20　魔棒工具消除锯齿属性设置

示为虚线框，同时在图层面板中也会被选中。按住 Shift+W 键可以实现魔棒工具和快速选择工具之间的切换，使用方法为点击图像后在颜色相同的部分进行拖拽。

快速选择工具属于画笔类工具，笔头可以使用左右中括号键进行调节，左中括号调小，右中括号调大。快速选择工具在生成选区的过程中也能使用布尔运算进行加选和减选，它跟之前的工具一样，适用于图像和背景颜色反差比较大的图片(图 7-22)。

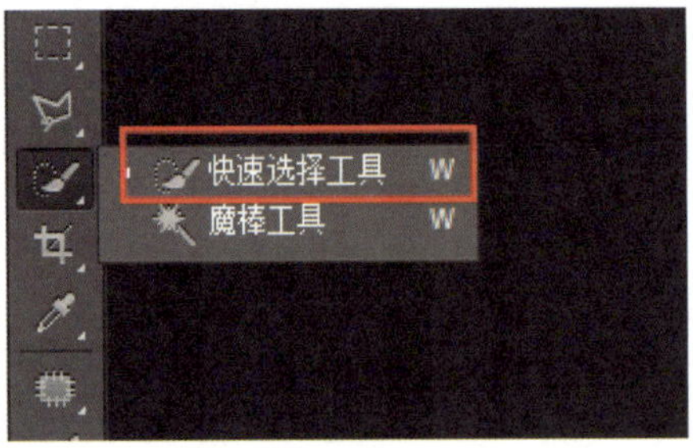

图 7-21　快速选择工具

图 7-22　快速选择工具生成选区

4. 色彩范围(与魔棒类似)

首先在“选择”菜单中选择“色彩范围”选项，在弹出的对话框中可以使用吸管工具点击图像中想要选择的颜色，还可以调整“颜色容差”滑块来微调选择的范围，确认后 Photoshop 将自动选择图像中与指定颜色相似的区域。

色彩范围的预览图中，显示白色部分是被选中区域，显示黑色部分是未选中区域(白选黑不选)，颜色容差越大选择的范围越大，右下角可以进行加选和减选，与布尔运算比较相似(图 7-23)。

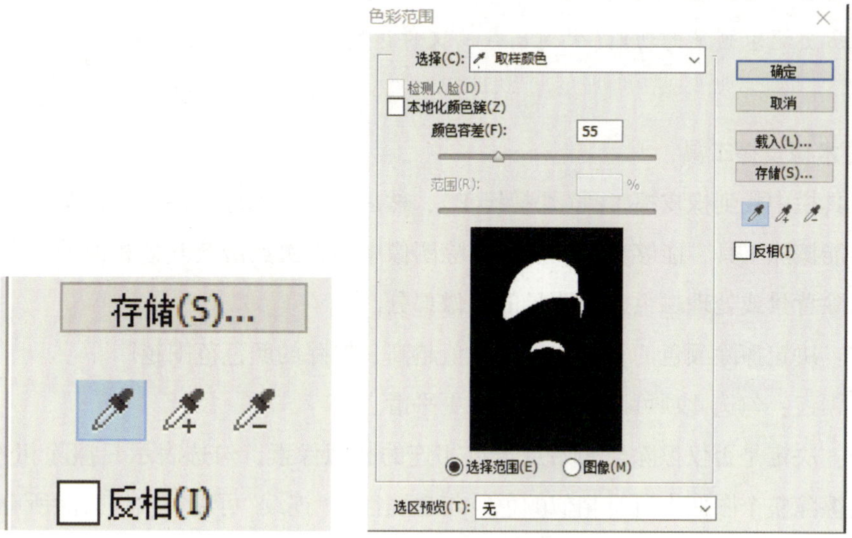

图 7-23　色彩范围的使用

小资料卡片

在图像中创建选区后，将光标放在选区中，光标变为“移动选区”形状时，按下鼠标左键拖拽鼠标可移动选区；另外，按键盘上的方向键，可以将选区移动 1 个像素。按 Shift+方向键，可以将选区移动 10 个像素；当使用矩形选框工具或椭圆选框工具绘制选区时，在绘制过程中，按住键盘上的空格键并拖拽鼠标，可移动选区。

四、橡皮擦工具的使用

打开工具栏橡皮擦工具时弹出的扩展工具有三个：橡皮擦工具、背景橡皮擦工具、魔术橡皮擦工具。它的作用是擦去不要的某一部分，如果要擦去背景图层的话那它擦去部分就会显示设定的背景色颜色。

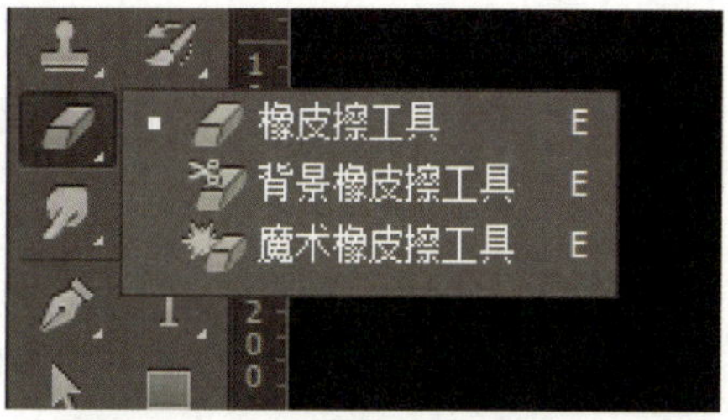

图 7-24　橡皮擦工具

小资料卡片

橡皮擦工具俗称“触处”，用于擦除图像。在背景层上擦除的内容和背景色有直接关系；在普通层上擦除透明网格(什么都没有)。若点选属性栏的抹到历史记录，则又等同于历史记录画笔的功能(针对已存的文件进行恢复操作)。

1. 魔术橡皮擦工具

在工具栏中找到橡皮擦工具(快捷键 E)，然后选择魔术橡皮擦工具，魔术橡皮擦工具是一种智能擦除工具，能够自动识别并擦除图像中与首次点击处颜色相似的像素，非常适合快速去除背景或处理颜色差异明显的图像部分。

容差：决定擦除颜色的相似程度，数值越高，擦除的颜色范围越广。

消除锯齿：勾选此项可以使擦除边缘更平滑。

连续：决定是否仅擦除与初始点击点相连的相似像素，勾选表示只擦除相连的部分，不勾选则擦除整个图像中所有相似颜色，勾选属性栏“连续”可以一次性去除所有点击的颜色(图 7-25)。

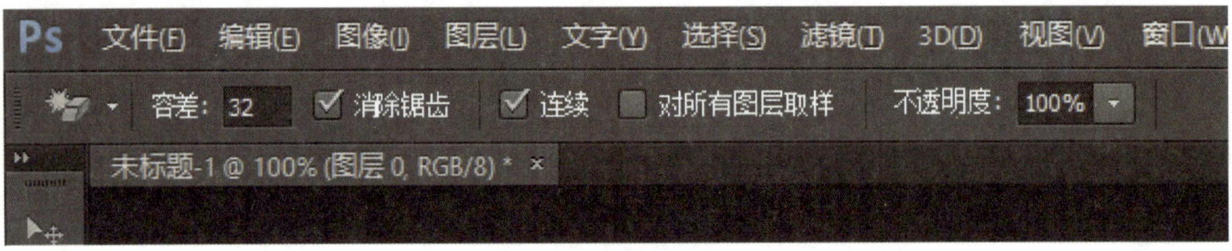

图 7-25　魔术橡皮擦工具属性设置

注意：魔术橡皮擦相当于魔棒工具和 Delete 键的组合。

2. 背景橡皮擦工具

使用背景橡皮擦工具，擦除的对象是鼠标中心点所触及的颜色，如果把鼠标放在图片某一点上，擦头的位置即变成鼠标中心点所接触到的颜色，如果鼠标中心点触及图片上的另一种颜色时“背景色”就会随之变化。

“背景橡皮擦工具”的属性栏对于取样一项有三个选择：连续、一次、背景色版。如果选择“连续”，在按住鼠标不放的情况下鼠标中心点所接触的颜色都会被擦除掉。如果选择“一次”，在按住鼠标不放的情况下只有第一次触及的颜色才会被擦掉，再接触不同颜色时就不会被擦除，除非再点击一下其他的颜色才会被擦掉。如果选择“背景色版”，擦掉的仅仅是背景色及设定的颜色，假如背景色设定为黄色，前景色设定为绿色，例如图片上的背景是蓝色的，图是黄色的，与背景色设定的颜色一样，那么我们把鼠标放在蓝色上，蓝颜色却没有被擦掉，只有鼠标经过图上的黄颜色区域与背景色相同的才会被擦掉（图 7-26）。

图 7-26　背景橡皮擦抠头发素材

3. 橡皮擦工具的使用

擦哪里哪里就没有，用处不大，图层蒙版更好用，可设置“橡皮擦工具”的大小以及它的软硬程度。

模式：“画笔”“铅笔”“块”。如果选择“画笔”，那么它的边缘显得柔和，也可改变“画笔”的软硬程度；如果选择“铅笔”的话擦去的边缘就显得尖锐；如果选择“块”，橡皮擦就会变成一个方块。

在使用“画笔”时，如果在原有图片上再加一张图片时，使用“橡皮擦工具”将“不透明度”设定为 100%擦图，便可以全部把后图擦除，如果“不透明度”设置为 50%的话，再擦图时就不能全部擦除，而呈现透明的效果。

【任务实施】

根据班级人数将学生分成若干实训活动小组，每组设组长一名，负责安排、协调、督促小组完成实训任务，同时做好实训活动记录。

活动一　抠图技巧大比拼

根据【知识准备】中的相关资料，分析并总结 PS 软件抠图技巧。

步骤一：学习抠图的基本概念

抠图就是从一张图片中“抠”出需要的部分。通常涉及对图片的边缘识别、色彩分离、选区创建等步骤。抠图的主要目的是提取图片中的某个对象，以便对其进行进一步的编辑或与其他图像进行合成。

步骤二：总结抠图的基本步骤

1. 打开图片

在 PS 中打开需要抠图的图片，可以通过菜单栏的“文件>打开”来实现。

2. 选择工具

PS 提供了多种抠图工具，如魔棒工具、套索工具、快速选择工具、钢笔工具等，根据图片的特点和抠图需求，选择合适的工具。

3. 创建选区

使用所选工具在图片上绘制出需要抠出的部分，形成一个选区，这个过程需要一定的耐心和技巧，尤其是对于边缘复杂或色彩丰富的图片。

4. 调整边缘

为了更精确地抠出图像，可以使用 PS 的“调整边缘”功能，这个功能可以帮助优化选区的边缘，使其更加平滑、自然。

5. 抠出图像

在创建了满意的选区后，可以通过复制（Ctrl+C）和粘贴（Ctrl+V）的方式，将选区内的图像抠出并放置到一个新的图层上，也可以使用原位复制 Ctrl+J，或者删除背景都能实现抠图。

6. 保存和导出

将抠出的图像保存为单独的文件，或将其导出到其他软件中进行进一步的处理。

步骤三：分析抠图工具的选取原则

1. 魔棒工具

适用于色彩对比明显、边界清晰的图像，通过设置容差和连续选项，可以精确地选择相似的颜色区域。

2. 快速选择工具

适用于边缘复杂、形状不规则的图像，通过调整笔触大小和硬度，可以快速地选择和调整选区范围。

3. 套索工具

适用于手动绘制选区的情况，可以选择套索工具、多边形套索工具或磁性套索工具，根据图像特点选择合适的套索类型。

4. 钢笔工具

适用于需要精确控制边缘的情况，通过绘制路径并转换为选区，可以实现精细的抠图效果。

步骤四：探索抠图的高级技巧

1. 使用图层蒙版

图层蒙版是一种非常强大的工具，它可以帮助我们在不破坏原图的情况下，对抠出的图像进行进一步的编辑和调整，通过为抠出的图像添加一个图层蒙版，可以使用画笔工具或其他工具在蒙版上绘制，从而实现对图像的精确控制。

2. 利用色彩范围

对于色彩单一或对比明显的图片，可以使用 PS 的“色彩范围”功能来快速创建选区，这个功能可以根据颜色信息自动识别和选择图像中的特定部分。

3. 使用快速选择工具

快速选择工具是一种非常实用的抠图工具，它可以根据我们的笔触自动选择相似的颜色区域，通过调整笔触大小和硬度，可以更精确地控制选择的范围。

4. 结合使用多种工具

在实际抠图过程中，我们可能需要根据图像的特点和需求，结合使用多种抠图工具，例如，对于边缘复杂或色彩丰富的图像，可以先使用魔棒工具或快速选择工具大致选出主体部分，再使用钢笔工具精细处理边缘部分。

步骤五：抠图常见问题及解决方案

1. 边缘不自然

这是选区创建不准确或调整边缘参数设置不当导致的，可以尝试使用不同的抠图工具或修改“调整边缘”功能中的参数来优化边缘效果。

2. 色彩失真

在抠图过程中有时会导致图像的色彩失真或偏差，这通常是选区创建不当或图层蒙版使用不当导致的，可以通过重新创建选区或调整图层蒙版来解决这个问题。

3. 背景残留

在抠图完成后有时会在抠出的图像上发现一些背景残留，这通常是因为在创建选区时，没有完全覆盖或排除背景部分，可以使用橡皮擦工具、克隆图章工具或修复画笔工具来手动清除背景残留，也可以使用“色彩范围”功能来进一步选择和排除背景。

步骤六：学生讲解任务完成情况

组长抽取序号，并选出一名代表讲解本组的作业完成情况。

步骤七：师生点评

每个小组选出一名评委，对任务完成情况进行打分，小组间互评，最后由教师进行点评。

活动二　香水包包海报制作

根据实训作业案例的具体要求，分析完成实训任务的操作步骤和知识要点。香水包包海报制作素材如图 7-27 所示。

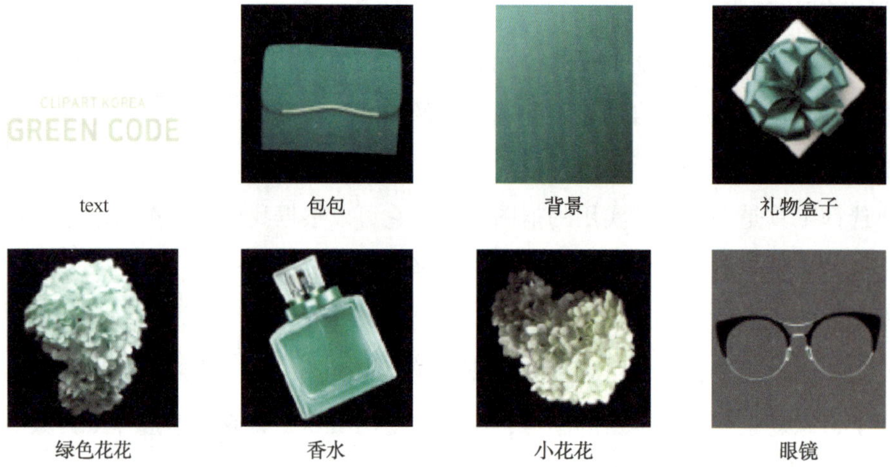

图 7-27　香水包包海报制作素材

步骤一：导入背景和素材

（1）打开 PS 软件将背景素材导入。

（2）点击菜单栏“文件”，选择“保存”命令存储一份名称为“香水包包海报”psd 格式的源文件。

（3）将其他素材置入背景选项卡。

（4）统一将智能对象素材栅格化处理。

步骤二：选择合适的工具进行抠图

1. 选择工具

本节课可以使用魔棒工具、快速选择工具、色彩范围、背景橡皮擦等工具进行抠图。

2. 创建选区

使用所选工具在图片上绘制出需要抠出的部分，形成一个选区，这个过程需要一定的耐心和技巧，尤其是对于边缘复杂的图片。

3. 调整边缘

为了更精确地抠出图像，可以使用 PS 的“调整边缘”功能，这个功能可以帮助优化选区的边缘，使其更加平滑、自然。

4. 扩展或收缩选区

背景选择完成后为了避免抠出物品上还带有一定的环境色，可以将已经选择的背景选区扩展 2 个像素，或者将物品主体选区收缩几个像素。

5. 抠出图像

在创建了满意的选区后，通过复制（Ctrl+C）和粘贴（Ctrl+V）的方式，将选区内的图像抠出并放置到一个新的图层上，也可以使用原位复制（Ctrl+J），或者按 Delete 键删除背景，都能抠出图像。

步骤三：按照效果图大小和位置排列素材

（1）对各个素材执行自由变换操作，调整大小和位置。

（2）部分素材需要进行角度调整，并放到指定位置。

步骤四：用三种方式制作阴影

（1）按住 Ctrl 键用鼠标点击图层缩览图生成选区，羽化选区后新建图层填充阴影颜色，并调整阴影图层的位置和降低不透明度。

（2）将素材复制一层填充阴影颜色，执行滤镜高斯模糊，调整模糊数值制作阴影。

（3）使用图层样式 fx 投影制作阴影，可以去掉全域光制作效果图方向的阴影。

步骤五：保存图像并提交作业

（1）在制作的过程中不断地按 Ctrl+S 键保存图像，此时制作过程会保存在已经存储的 psd 格式的源文件中。

（2）图片制作完成后按 Ctrl+Shift+S 键另存一份 jpg 格式的图片提交作业（图 7-28）。

步骤六：学生讲解任务完成情况

组长抽取序号，并选出一名代表讲解本组的作业完成情况。

步骤七：师生点评

每个小组选出一名评委，对任务完成情况进行打分，小组间互评，最后由教师进行点评。

图 7-28　香水包包海报制作效果图

【任务书】

任务书

任务内容	香水包包海报制作
实训过程	
理论知识梳理	
实训过程总结	
教师记录、点评：	

【巩固提高】

一、选择题

1. 形状工具在绘制过程中会自动新建图层，默认自动填充(　　)。

A. 前景色　　B. 背景色　　C. 画笔颜色　　D. 不确定

2. 颜色填充分为纯色填充、渐变填充、(　　)。

A. 上下填充　　B. 左右填充　　C. 三角形填充　　D. 图案填充

3. 按住(　　)键可以绘制正方形。

A. Shift　　B. Alt　　C. Ctrl　　D. Shift+Alt

4. 按住(　　)键可以鼠标为中心点绘制图形。

A. Shift　　B. Alt　　C. Ctrl　　D. Shift+Alt

5. 按住(　　)键可以鼠标为中心点绘制正方形。

A. Shift　　B. Alt　　C. Ctrl　　D. Shift+Alt

6. 在绘制直线的时候先改变线的粗细，按住(　　)键可以成角度约束。

A. Shift　　B. Alt　　C. Ctrl　　D. Shift+Alt

7. (　　)工具可以选择和移动路径的上锚点，以及调节控制柄，按住 Shift 键可以加选锚点。

A. 小白　　B. 小黑　　C. 转换点　　D. 移动

8. (　　)工具可以移动和复制路径，单独选中图形即可。

A. 小白　　B. 小黑　　C. 转换点　　D. 移动

9. 选区的布尔运算 Shift 是加，Alt 是减，(　　)是相交。

A. Shift　　B. Alt　　C. Ctrl　　D. Shift+Alt

10. 套索工具组包括套索工具、多边形套索工具和(　　)套索工具。

A. 光影关系　　B. 透视关系　　C. 颜色搭配　　D. 磁性

二、填空题

1. 多边形套索工具想要把主体复制出来的方法可以使用原位复制，快捷键为(　　　)。

2. 打开工具栏橡皮擦工具时弹出的扩展工具有三个：(　　　　　　)、(　　　　　　)和(　　　　　　)。

3. 套索工具是最基本的套索工具，适用于创建不规则形状的选区。用户只需按住(　　　)拖动，就可以自由地绘制选区轮廓。

4. 套索工具组包括套索工具、多边形套索工具和磁性套索工具，反复按(　　　　)

组合键，可以在这三个工具之间进行切换。

5. 容差：决定擦除颜色的相似程度范围，数值越(　　　　)，擦除的颜色范围越广，通过调整容差达成最后结果。

6. 套索工具和选框工具一样，都可以进行布尔运算，且方法(　　　　)。

7. 多边形套索工具返回上一步无法使用(　　　　)实现。

8. 套索工具使用过程中删除上一步直线的方式是按 Delete 键或(　　　　)键。

9. (　　　　)工具的特点是蚂蚁线会自动吸附在图像的边缘。

10. 磁性套索工具使用的前提是图像与背景对比(　　　　)。

三、判断题

1. 在工具栏中找到魔棒工具，或按 W 键也可以选择魔棒工具，它可以选取图像中的某一点，并将与这一点颜色相同或相近的点自动融入选区。(　　)

2. 容差指的是所选颜色的范围(一般为 15~50，最大到 255)。(　　)

3. 容差数值越大选择的颜色范围越大，容差数值越小选择的颜色范围越小。(　　)

4. 容差调整不可能一次到位，根据需求调整即可。(　　)

5. 色彩范围的预览图中，显示白色部分是被选中区域，显示黑色部分是未选中区域。(　　)

6. 快速选择工具不属于画笔类工具，笔头不可以调节。(　　)

7. 背景橡皮擦取样连续，想擦哪里擦哪里。(　　)

8. 背景橡皮擦取样一次，只擦第一次遇到的颜色。(　　)

9. 背景橡皮擦取样背景色板，背景色是什么颜色就擦除什么颜色。(　　)

10. 橡皮擦工具擦哪里哪里就没有，用处不大，图层蒙版更好用。(　　)

项目八

PS软件之高效修图大法

【项目简介】

本章主要介绍 PS 修图的工具和技巧，包括修补工具组的设置和使用，重点介绍污点修复画笔工具、修复画笔工具和修补工具的属性设置和使用方法，修补工具无论是去除瑕疵、修正错误还是重组图像内容，都能使最终的图片看起来更加完美和专业，而不会留下明显的编辑痕迹，同时学习图章工具组的使用以及水印的添加和去除方法。通过本章的学习，同学们可以快速对有瑕疵的图片进行修饰，并可以给图片添加或删除水印，在学习过程中引导学生树立知识产权保护的意识，不抄袭他人并保护自己作品的版权。

【学习目标】

知识目标

了解修补工具组包含的工具和具体的使用方法；

了解图章工具组包含的工具和具体的使用方法。

能力目标

掌握画笔预设和图案预设等水印添加的方法；

能够根据水印的背景和特点利用不同的方式去除水印。

素养目标

在水印制作和添加的过程中，了解知识产权内容并树立版权意识；

在人物图像精修过程中，培养追求最佳效果的职业习惯。

【知识框图】

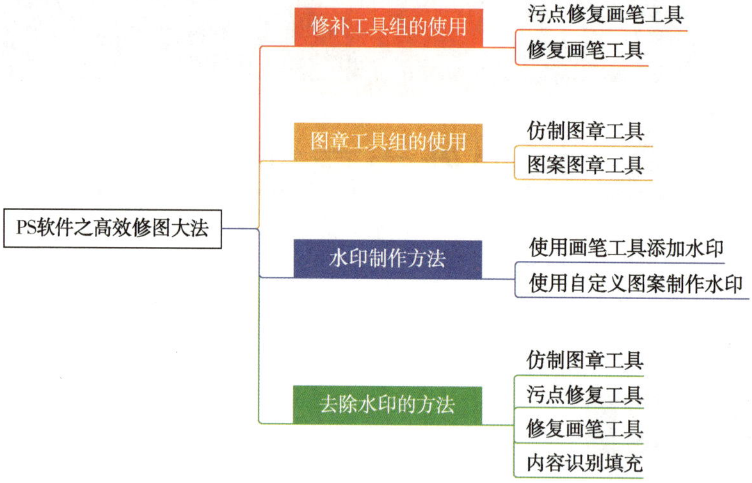

图 8-1　PS 软件之高效修图大法

【任务描述】

高效修图大法是指在 PS 中利用各种修复工具对图片精细修改，每种修图工具都有自身的特点和用途，修补工具的具体用法和效果会因要修复的图像和具体任务的复杂程度而有所不同，故熟悉修补工具的各种选项和属性，并根据具体情况进行调整是非常重要的。人物图像去水印精修任务首先需要利用选框工具和内容识别以及仿制图章工具去除水印，并进行二次修饰，需要对照片的瑕疵和斑点进行去除，同时利用画笔工具和混合模式对色彩进行修饰。

案例一：常用的修图工具有哪些，污点修复画笔工具的使用方法是什么？

1. 情景设计

彬彬和子博收到 XW 美工设计公司下发的人物图片，两人根据任务要求进行修图，在图片制作完成后，两人发现根据公司给定的人物皮肤部分的修图标准，子博负责的图片人物皮肤有一些生硬不自然，图片效果粗糙而且皮肤还有点假，但彬彬完成的人物皮肤细腻干净。由于使用的都是修复画笔工具却出现了皮肤差异，两人开始核对修图过程并分析出现问题的原因。

2. 任务描述

彬彬和子博经过反复查看得出结论，两人的作品之所以出现皮肤差异，是因为子博在使用污点修复画笔工具时选择的类型是创建纹理。找到原因的子博赶紧将污点修复画笔工具类型重新改为了内容识别，两人齐心协力将剩下的图片处理完毕后，终于赶在指定时间之前将修饰完成的图片发送到了公司指定的邮箱。俗话说磨刀不误砍柴工，经此一番折腾两人为了避免以后出现同样的问题，决定将修复工具组常用的工具特点和区别进行总结。

3. 任务分解

步骤一：总结修补工具组主要工具特点

序号	修图工具	特　点
1	污点修复画笔工具	具有非常实用的图像修复功能，主要用于快速移除照片中的瑕疵，如污点、斑点、灰尘、划痕或不想要的对象
2	修复画笔工具	能够从用户指定的样本源自动匹配纹理、色彩和光线，然后在需要修复的区域进行绘制，实现几乎无痕的修补效果
3	修补工具	允许用户通过直接拖动定义一个选区(源选区)，然后将其拖动到另一个区域(目标区域)来“修补”图像

步骤二：总结修补工具组主要工具的区别

污点修复画笔工具：这是PS最简单的修复工具，连取样都不用，只要选择工具，直接往污点的地方单击即可。

修复画笔工具：当要修复的图形面积又小又多时，每次都要按Alt键取样再覆盖，反复同样的操作相对比较烦琐。

修补工具：可以针对大面积范围进行修复，比修复画笔工具要好。

步骤三：总结三种修图工具的使用方法

(1) 污点修复画笔工具修图。

(2) 修复画笔工具修图。

(3) 修补工具修图。

案例二：水印怎么去除？为什么有的情况下去除水印后需要二次修饰？

1. 情景设计

已经通过面试的彬彬和子博每天利用业余时间为 XW 美工设计公司发来的图片进行修图，这天收到一批修图的任务，需要将一批人物图像去掉水印后修复瑕疵并进行化妆处理，为了提高工作效率，两人经过协商决定彬彬负责修复瑕疵和化妆，子博负责去水印。任务完成后正当要打包发送到指定邮箱时，彬彬突然发现部分图片去掉水印后有瑕疵，彬彬赶紧让子博利用仿制图章工具进行二次修复，子博自信地说以后再不会犯这种低级的错误了，三五分钟完成任务并在公司规定的时间内发送到指定邮箱。

2. 任务描述

经过一番折腾，彬彬和子博都感慨，幸亏这次修图过程彬彬记得老师的要求，去掉水印的图片出现瑕疵的需要二次修图，否则公司的任务可能就出了纰漏，好不容易争取来的工作机会必须珍惜。两人决定一起梳理一下修图的重点步骤，让我们跟随彬彬和子博的思路，一起学习高效修图大法。

3. 任务分解

步骤一：置入素材并复制对照层

(1) 直接将人物图像原图导入 PS 软件中。

(2) 将素材执行 Ctrl+J 复制作为备份和对照层。

步骤二：图片去除水印

(1) 利用矩形选框工具对图片水印进行框选，然后使用内容识别填充。

(2) 如果出现瑕疵，则要利用仿制图章工具，对变形部分进行修复。

步骤三：使用修复工具修复人物瑕疵

(1) 使用污点修复画笔工具。

(2) 将鼠标放到要修复的地方进行点击修复。

步骤四：给人物图片化妆

(1) 新建图层，选择画笔工具涂抹给色。

(2) 将头发图层的混合模式改为柔光并降低不透明度。

步骤五：保存图像并提交作业

在制作的过程中不断地按 Ctrl+S 键保存图像，此时制作过程步骤会保存在已经存储的 psd 格式的源文件中。

图片制作完成后按 Ctrl+Shift+S 键另存一份 jpg 格式的图片提交作业。

请结合案例一、二所给资料，预习课件内容，分析并讲述常用的修图工具有哪些，PS软件修图工具都能实现什么效果，同时说明水印去除的方法，以及利用仿制图章工具去除水印后进行二次修饰的方法。

【知识准备】

Photoshop 修补工具具有强大的功能，可以快速修复图像上的小瑕疵，下面将介绍几种常见的修补工具，包括修补工具组和图章工具组的属性设置和使用方法，以帮助我们提高图像编辑的效率，同时学习常用的水印的添加和去除方法。

一、修补工具组的使用

修补工具组包含污点修复画笔工具、修复画笔工具、修补工具、内容感知移动工具和红眼工具(图 8-2)。它们相互配合，完成对图像和修复工作。修补工具组的整体作用在于高效且自然地修复图像，无论是去除瑕疵、修正错误还是重组图像内容，都能使最终的图片看起来更加完美和专业，而不会留下明显的编辑痕迹。这些工具的智能化程度随着时间不断进化，使得图像编辑工作更加便捷和高效，下面我们分别简单介绍各个工具的作用和原理。

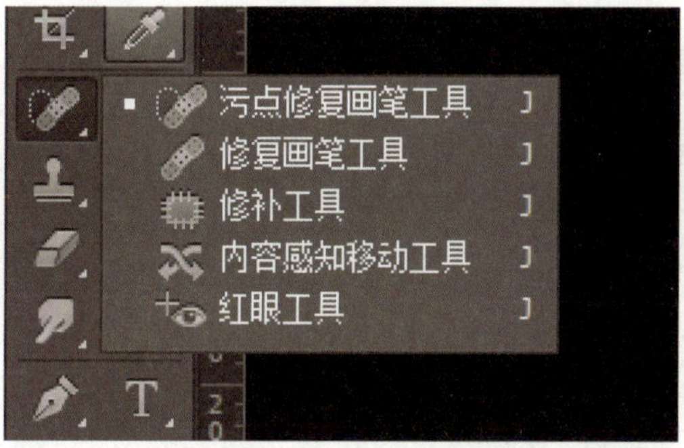

图 8-2　修补工具组

1. 污点修复画笔工具

污点修复画笔工具具有非常实用的图像修复功能，主要用于快速移除照片中的瑕疵，如污点、斑点、灰尘、划痕或不想要的对象，是画笔类型工具；通过左右中括号键调节笔头的大小，在实际修图过程中，将画笔笔头调整到比斑点大一圈即可，太小修不干净，太大取样不精准。

(1) 污点修复画笔工具属性设置。

内容识别：修复原理是可以通过计算不留痕迹地将周围的皮肤进行填充，同时进行光影运算和羽化融合，并保留一些细节，使用方法为想修哪里点哪里。

近似匹配：使用图像中另一相似区域的数据进行匹配修复，以需要修复区域的周围作为参考，将周围比较适合的皮肤填充到修补区域并执行代替操作，可以对画笔硬度和大小进行调整。

创建纹理：允许使用预设或自定义图案来填充修复区域，对于修图并不友好，尤其是人物精修用的并不多(图 8-3)。

图 8-3 污点修复画笔工具属性栏

(2) 污点修复画笔工具使用方法。

启动工具：通过工具栏或快捷键 J 启动污点修复画笔工具，如果没有直接显示，可能隐藏在另一个工具下，点击并按住相关工具图标以展开选项。

调整设置：在顶部选项栏中，可以调整画笔的大小、硬度及选择修复模式。

修复操作：将鼠标移到需要修复的污点或瑕疵上，单击并拖动或点击即可。工具会自动匹配并替换污点，使其融入周围环境。

调整画笔大小：在使用过程中，可以根据需要修复区域的大小，通过快捷键“[”和“]”来减小或增大画笔尺寸(图 8-4)。

图 8-4 污点修复画笔工具使用方法

保护原图：为了避免对原始图像造成永久性更改，建议在开始修复前复制背景图层或在新图层上操作，并勾选“对所有图层取样”选项，这样可以在不影响原图的情况下进行编辑。

小资料 卡片

污点修复画笔工具无须定义源点，与仿制章工具不同，使用污点修复画笔时，用户不需要手动指取样点，工具会自动识别并匹配最佳的修复内容。而且有多种修复模式，包括内容识别、近似匹配和创建纹理，允许用户根据具体情况选择最适合的修复方式。

2. 修复画笔工具

修复画笔工具用于去除图像中比较小的杂点或杂斑，修复画笔工具的用法与污点修复画笔工具完全相同，唯一的区别就是修复画笔工具可以在图像的任何位置进行取样来修复图像，复制图像的意义更多一些，污点修复画笔工具是在单击点周围取样，或进行拖动时在笔头经过的区域取样。

(1) 修复画笔工具属性设置。

修复画笔工具属性设置包括画笔选项、绘画混合模式、取样源的方式、使用相同的位移、忽略调整层五个方面的设置(图 8-5)。

图 8-5　修复画笔工具属性设置

画笔选项：有画笔选择、画笔仿制源 2 个选项，画笔选择用来设置修复画笔工具的大小、硬度等，画笔仿制源的作用是当在图像中选了多个取样点的时候，取样点都会保存在仿制源面板中，可以通过仿制源面板选择用哪个取样点来修复图像杂点。

绘画混合模式：确定在修复图像时使用哪种颜色混合模式。

取样源的方式：有画布源、图案源、图层源 3 种方式，画布源用图层上的颜色去复制或修复杂点，图案源用于选择一种图案去覆盖杂点，图层源用于区分在取样时确定是只对当前层取样，还是对所有层的颜色都可以取样。

使用相同的位移：激活的情况下在修复图像多个不相连的杂点时，每一次单击修复，取样点与单击点的距离都是一样的，也就是说取样点是随着鼠标单击位置而改变的；如果不激活，那么在修复多处位置的杂点时，总是以最近按 Alt 键取样的那个点为初始点进行取样修复。在实际的工作过程中，大家根据每一个杂点周围环境颜色的情况去确定是否激活。

忽略调整层：单击激活的情况下，在取样时，就会忽略调整图层，直接对调整图层下的图层取样颜色进行修复。

(2) 修复画笔工具使用方法。

选择修复画笔工具：打开要修复的图片，选择“修复画笔工具”，在打开的图片上用鼠标左键单击，可以看到出现了一个红色的圆圈，这就是修复画笔工具。

设置画笔大小和硬度：选择“画笔大小”选项，在弹出的选项窗口中可以通过滑动滑动条来调整画笔大小。选择“硬度”，可以调整笔刷的硬度，从而使笔刷的边缘更加柔和。

选择修复区域：在图片中找到需要修复的缺陷区域，按住 Alt 键，点击需要修复的区域，然后释放 Alt 键。这时就会出现一个红色的十字架，代表了修复画笔工具选定的修复区域。

修复缺陷：在选定的修复区域内，用鼠标左键单击，然后拖动鼠标，继续单击鼠标，用修复画笔工具将缺陷区域覆盖掉。如果修复效果不理想，可以重复修复画笔工具的操作，直到达到更理想的效果。

图 8-6　修复画笔工具其他设置

(3) 修复画笔工具其他设置。

对齐：在选项栏中选择“对齐”(图 8-6)，会对像素连续取样，而不会丢失当前的取样点，即使松开鼠标按键时也是如此。如果取消选择“对齐”，则会在每次停止并重新开始绘画时使用初始取样点中的样本像素。

取样设置：如果在选项栏中选择“对所有图层取样”，可从所有可见图层中进行取样。如果取消选择“对所有图层取样”，则只从现用图层中取样。

过程状态：在图像中拖移，每次释放鼠标按钮时，样本像素都会与现有像素混合。检查状态栏可以看到混合过程的状态。

3. 修补工具

修补工具(图 8-7)用于修改有明显裂痕或污点等有缺陷或者需要更改的图像，选择需要修复的选区，一般用于修复照片的话可以用来修复一些大面积的皱纹之类的，细节处理则需要用仿制图章工具。

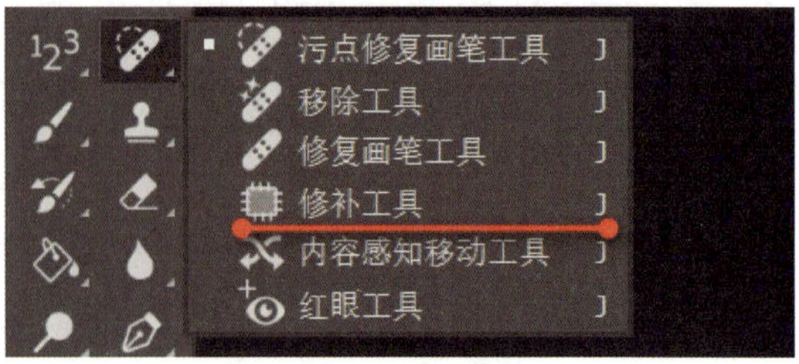

图 8-7　修补工具

(1) 修补工具属性设置。

修补工具是一种处理大面积图片瑕疵的工具，它可以将一块具有相似纹理和颜色的区域拖过瑕疵区域来修复问题，使用修补工具时，可以手动选择来源区域，再将其拖拽到需要修复的目标区域，使用修补工具前首先要对其属性进行设置(图 8-8)。

图 8-8 修补工具属性设置

源模式：将拖动的目标位置的图像填充到选择区中，松开鼠标左键，PS 会将填充进来的图像和原图像进行融合处理。

目标模式：可以将图像拖到另一个位置，这是一个复制的修图方法，将选择区内的图像复制到一个地方，然后和周围的图像进行融合。

透明：对图像进行修补工作，松开鼠标左键，可以看到它会将修补过来的图像和原始图像进行透明的融合。

图案填充：使用图案填充进选项区域，然后和周围的图像进行融合。

(2) 修补工具使用方法。

选择工具：首先从工具栏中选择修补工具。

创建选区：在图像上，围绕你想要修复或移除的区域绘制一个封闭的选区。

拖动并修补：拖动选区到你认为适合用来修补的干净区域，释放鼠标，Photoshop 会自动用该区域的像素来替换选区内的像素。

调整和完善：如果修补结果不尽如人意，可以重复上述步骤或使用其他修复工具(如克隆图章工具)进行微调。

(3) 修补工具常用场景。

修瑕：移除照片中的斑点、皱纹、污迹等瑕疵。

移除：删除不需要的物体，比如照片中的路人、电线等。

修复：修复旧照片的损伤，如裂痕、褪色部分等。

磨皮：平滑皮肤或改善纹理，特别是在肖像摄影中。

4. 红眼工具

红眼工具用于自动修复晚上闪光灯导致的瞳孔红色反光。当拍摄照片中的人物出现红眼时，可以使用此工具进行修复。用户只需选取红眼工具，在图像中点击或拖动鼠标选中红眼的区域，即可去除红眼。注意，在拖动鼠标时不要拖动到其他地方，以确保只修复红眼部分。此外，红眼工具的主要功能是去除红眼部分的颜色，使其变为黑白颜色。

选择红眼工具：在工具栏中找到并选择红眼工具。它可能直接标记为“红眼工具”，或者你需要从“污点修复画笔工具”组中选择它。

调整设置：虽然不是每次都需要，但根据需要，你可以在顶部的选项栏中调整“瞳孔大小”和“变暗量”，这些设置可以帮助工具更准确地匹配不同大小的瞳孔和不同程度的红眼。

使用方法：直接点击，只需简单点击受影响的眼睛区域，软件就能自动检测并修正红眼效果。

使用场景：照片眼睛红色，专门针对闪光灯造成的红眼现象进行修正，当前照相技术已经不太用得到(图 8-9)。

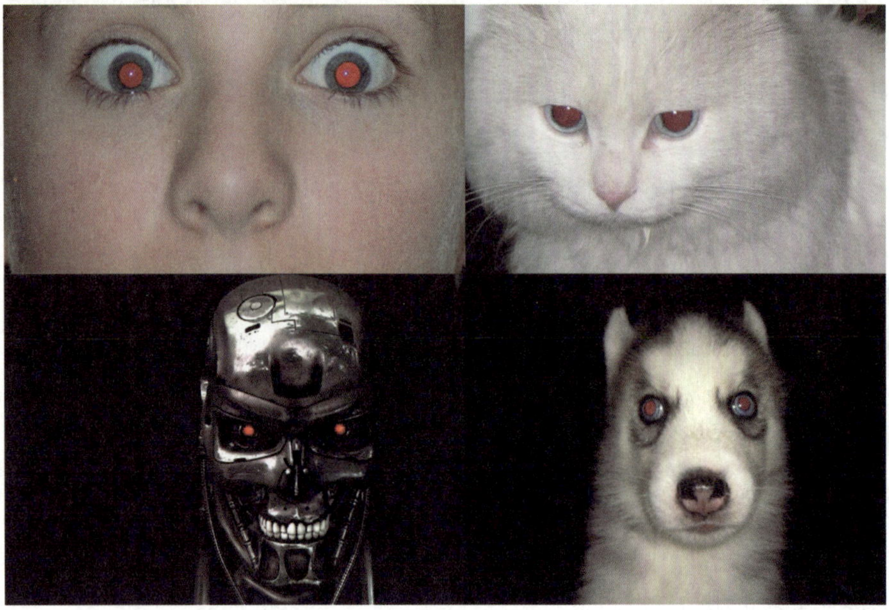

图 8-9　红眼工具应用

二、图章工具组的使用

从有 PS 软件开始就有了图章工具组，可以说这个工具的作用极其重要，只要修饰照片就必须用到此工具，无论是人像还是风光抑或产品照片，它的主要作用就是修饰画面中的瑕疵、杂质、颗粒等，人像修饰中用到仿制图章工具最多，作用也最大，仿制图章工具可以将人物皮肤修饰得光滑且有质感，是皮肤修饰常用的工具之一。

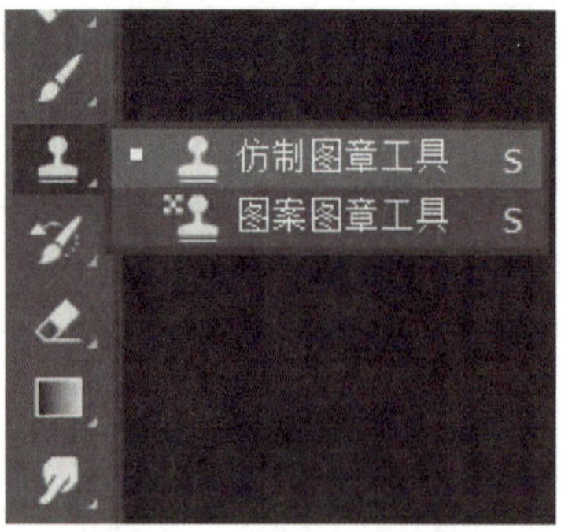

图 8-10　仿制图章工具

1. 仿制图章工具

仿制图章工具(图 8-10)是 Photoshop 中用于复制和修复图像的经典工具，可以通过按住 Alt 键并点击图像上的某一位置来选取要复制的内容，然后在其他位置拖动以实现复制，该工具适用于污点周围图案比较复杂且不需要自动融合的情况。使用时可以通过调整画笔的硬度和不透明度来使复制的内容与周围图像更好地融合，避免出现明显的边缘痕迹，尽管它是最早的修复工具，但由于其直观和简单的操作方式，至今仍被广泛用于人物修图等多种场合。

(1) 仿制图章工具属性设置(图 8-11)。

图 8-11 仿制图章工具属性设置

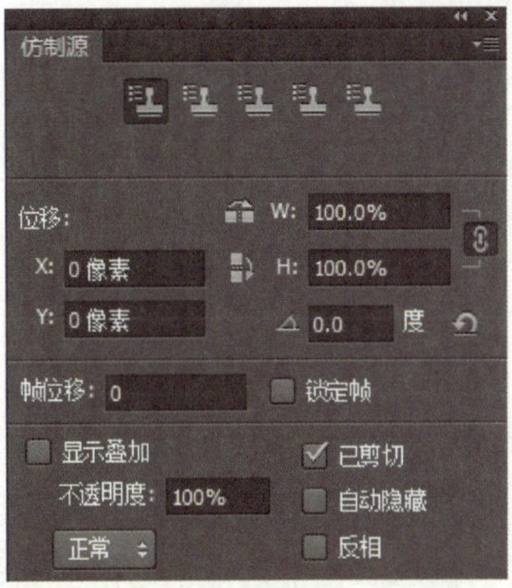

图 8-12 仿制图章工具仿制源设置

画笔设置：图章画笔笔头只能选择为柔边缘画笔，且硬度为零。

将图章属性栏里面的仿制源面板中的显示叠加前的对钩取消，不然会对修饰部分有遮挡(图 8-12)。

混合模式：仿制图章工具的混合模式选择为正常模式，其他模式会对图章修饰有很大负作用。

不透明度：图章不透明度的设定要随修饰的照片不同而改变，修饰皮肤一般设置为 30%左右；修饰背景等可以适当提高。

图章流量：流量设置最好不去改变，如改变了流量会影响仿制图章的准确性。

样本位置：选择“当前和下方图层”，方便修饰后的调整(图 8-13)。

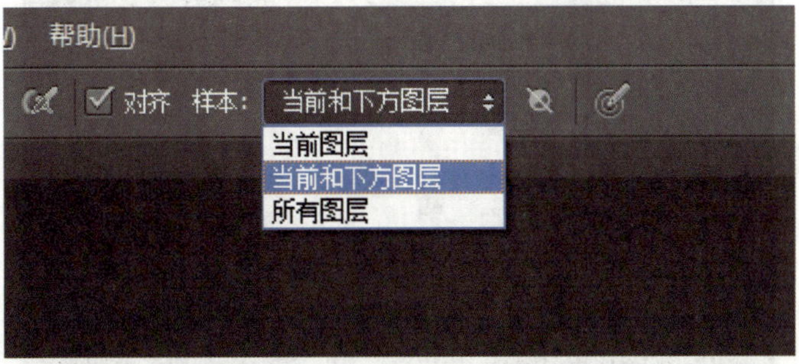

图 8-13 仿制图章工具样本位置

（2）仿制图章工具使用方法。

仿制图章工具使用方法其实很简单，当设置好属性以后，按住键盘当中的 Alt 键，此时鼠标变成一个吸取工具，从想要修饰的部分的旁边找到好的部分进行吸取，然后拖动鼠标回到需要修饰的地方放开键盘点击鼠标进行遮盖（图 8-14）。

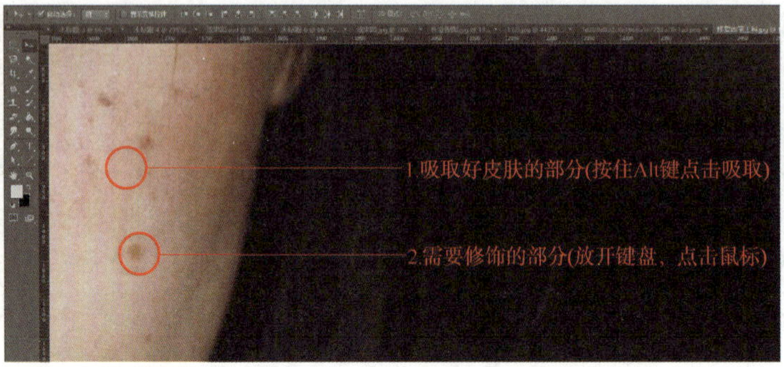

图 8-14　仿制图章工具使用方法

在工具栏中选取仿制图章工具，然后把鼠标放到要被复制的图像的窗口上，这时鼠标将显示一个图章的形状，和工具栏中的图章形状一样，按住 Alt 键，单击一下鼠标进行定点选样，这样复制的图像就被保存到剪贴板中。

把鼠标移到要复制图像的窗口中，选择一个点，然后按住鼠标拖动即可逐渐地出现复制的图像。

（3）仿制图章工具使用技巧。

取样图层：使用仿制图章工具从图像中取样，可将样本应用到其他图像或同一图像的其他部分，也可以将一个图层的一部分仿制到另一个图层，在选项栏中选择“使用所有图层”，可以从所有可视图层进行取样；取消选择“使用所有图层”，将只从现用图层取样（图 8-15）。

图 8-15　仿制图章工具使用方法

对齐样本方式：在选项栏中选择“对齐”，无论对绘画停止和继续过多少次，都可以重新使用最新的取样点；当“对齐”处于取消选择状态时，将在每次绘画时使用同一个样本像素。

画笔选择：因为可以将任何画笔笔尖与仿制图章工具一起使用，所以可以对仿制区域的大小进行多种控制，还可以使用选项栏中的不透明度和流量设置来微调应用仿制区域的方式，并能从一个图像取样并在另一个图像中应用仿制，前提是这两个图像的颜色模式相同。

2. 图案图章工具

使用图案图章工具可以利用图案进行绘画，也可以从图案库中选择图案或自己创建图案(图 8-16)。

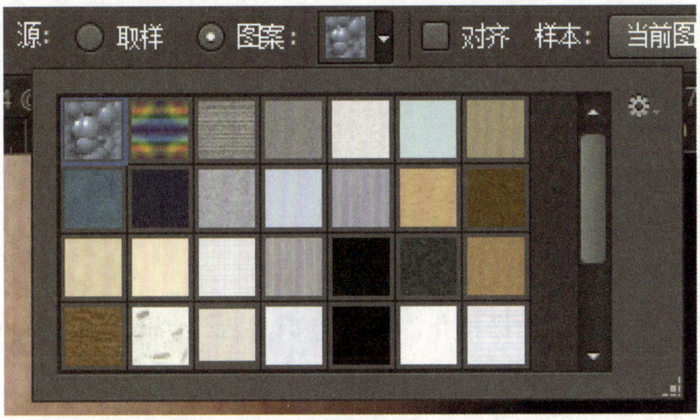

图 8-16　图案图章工具

(1) 图案图章工具使用方法。

选择工具：在选项栏中选取画笔笔尖，并设置画笔选项(混合模式、不透明度和流量)。

设置属性：在选项栏中选择“对齐”会对像素连续取样，而不会丢失当前的取样点，即使松开鼠标按键也是如此。如果取消“对齐”，则会在每次停止并重新开始绘画时使用初始取样点中的样本像素。

选择图案：在选项栏中，从“图案”弹出调板中选择图案。

选择效果：如果希望对图案应用印象派效果，选择“印象派效果”。

进行绘制：在图像中拖移可以使用该图案进行涂抹绘制(图 8-17)。

(2) 图案图章工具使用技巧。

使用图案图章工具时，先自定义一个图案，用矩形选框工具选定图案中的一个范围之后，点击“编辑>定义图案”命令，该命令呈灰色，即处于隐藏状态，这种情况下定义图案实现不了，这可能是在操作时设置了羽化值，此时选择矩形选框工具后，在选项栏中不要设置羽化值就可以了。

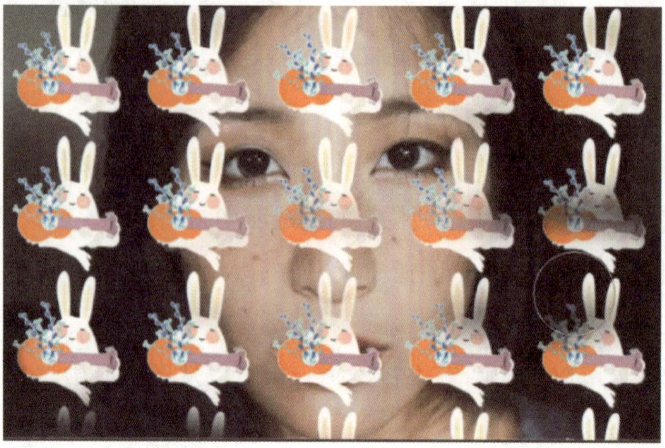

图 8-17　图案图章工具涂抹绘制

三、水印制作方法

1. 使用文本工具添加文字水印

（1）打开一张图片，选择文本工具，在图片上点击并输入文字，调整好位置。

（2）在图层面板中调整不透明度以控制水印的透明度。

（3）如果需要旋转文字，先栅格化图层，然后选择“编辑”中的“自由变换”来实现旋转(图 8-18)。

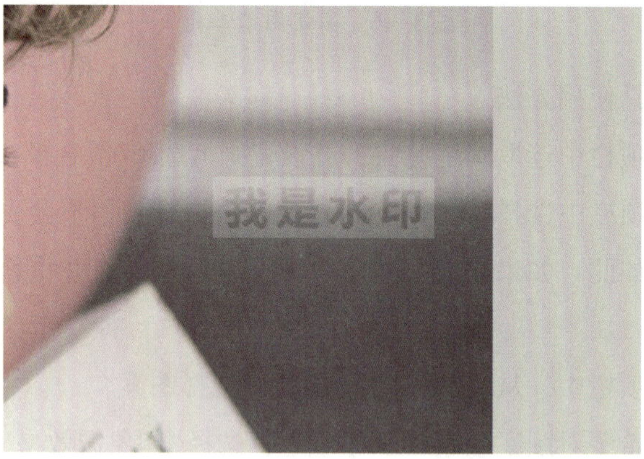

图 8-18　使用文本工具添加文字水印

2. 使用图案叠加功能添加水印

（1）打开 PS，新建一张画布，并设置合适的宽度和高度。

（2）选择直线工具或钢笔工具绘制水印的形状(如对角线)。

（3）合并图层后，使用选区工具删除不需要的部分，保留水印部分。

（4）隐藏背景图层，选择“编辑”中的“定义图案”来创建水印图案。

（5）打开需要加水印的图片，解锁图层，选择“图层样式”中的“图案叠加”，选择之前定义的水印图案，调整大小、角度和不透明度(图 8-19)。

图 8-19　使用图案叠加功能添加水印

3. 使用画笔工具添加水印

（1）打开 PS，新建一个文档，设置背景为透明。

（2）使用横排文字工具输入水印的文字内容。

（3）关闭背景图层，用选框工具框选水印文字。

（4）点击菜单栏“编辑”，选择“定义画笔预设”。

（5）使用画笔工具选择刚定义的画笔，调整画笔角度和间距。

（6）打开一张要添加水印的图片，利用画笔工具进行涂抹即可(图 8-20)。

图 8-20　使用画笔工具添加文字水印

4. 使用自定义图案制作水印

（1）打开 PS，新建一个 400px×400px 的画布。

（2）选择直线工具或钢笔工具绘制水印的形状(如对角线)。

（3）合并图层后，使用选区工具删除不需要的部分，保留水印部分。

（4）隐藏背景图层，选择“编辑”中的“定义图案”来创建水印图案。

（5）新建图层，选择图案图章工具，在新图层上进行涂抹。

（6）利用自由变换对图层进行缩放，并降低不透明度。

四、去除水印的方法

1. 仿制图章工具

适用于结构比较复杂的水印，使用仿制图章工具，按住 Alt 键点击水印侧边吸取像素，再涂抹水印，连续操作直到水印消失。

2. 套索工具

适用于不规则形状的水印。使用套索工具在水印侧边画出一个选区，选区的长度方向与水印一样，按 Ctrl+J 复制选区到新图层，再用移动工具把这一块拖到水印上，就能把水印盖住。

3. 污点修复工具

适用于快速去除小面积的水印，直接涂抹水印就可以去除了。

4. 修补工具

适用于背景色彩或图案比较一致的图片，用修补工具框选水印，拖动到无水印区域中色彩或图案相似的位置，松开鼠标就可覆盖水印。

5. 修复画笔工具

操作方法与仿制图章工具相似，按住 Alt 键，在无水印区域点击相似的色彩或图案采样，然后在水印区域拖动鼠标复制以覆盖水印。

6. 消失点滤镜法

适用于有透视效果的水印，使用消失点滤镜可以处理透视效果较强的画面，如从地板砖缝交会处开始，沿着缝隙依次点四个点，连成一个有透视效果的矩形，然后拖动其边线向右方及下方扩展，令面板完全覆盖水印。

7. 内容识别填充

适用于背景简单或纯色的图片，使用矩形选框工具选出需要去水印区域，按 Shift+F5 调出填充对话框，设置为内容识别，点击确定即可把水印去除(图 8-21)。

图 8-21　内容识别填充去除水印

8. 图层混合模式——颜色减淡

适用于水印比较多的情况，用选框工具框选一个logo水印，使用Ctrl+J复制一个，选择复制好的水印，在混合模式里选择颜色减淡，然后使用Ctrl+I给它做一个反向(反向的意思就是把黑色变成白色，把白色变成黑色)，把做好的图层放到有水印的位置，这样就可以看到水印消失了。

小资料卡片

内容识别填充去除水印的前提是用选框工具框选水印，而且背景不能太复杂。背景复杂的水印，可以首先使用选框工具框选水印，然后使用色彩范围选择水印后，按实际需求对选区进行扩展，再执行内容识别操作，效果会更好。

【任务实施】

根据班级人数将学生分成若干实训活动小组，每组设组长一名，负责安排、协调、督促小组完成实训任务，同时做好实训活动记录。

活动一　总结修图工具特点和区别

根据【知识准备】中的相关资料，分析总结修图工具特点和用途。

步骤一：总结修补工具组主要工具特点

序号	修图工具	特　点
1	污点修复画笔工具	具有非常实用的图像修复功能，主要用于快速移除照片中的瑕疵，如污点、斑点、灰尘、划痕或不想要的对象，是画笔类型工具，通过左右中括号键调节笔头的大小，在实际修图过程中，画笔笔头需要调整到比斑点大一圈，太小修不干净，太大取样不精准
2	修复画笔工具	修复画笔工具能够从用户指定的样本源自动匹配纹理、色彩和光线，然后在需要修复的区域进行绘制，实现几乎无痕的修补效果。这使得它特别适用于移除照片中的瑕疵，如斑点、划痕或小物体，同时保持背景的连贯性
3	修补工具	修补工具允许用户通过直接拖动定义一个选区(源选区)，然后将其拖动到另一个区域(目标区域)来“修补”图像。这种直观的拖放界面使得它非常适合初学者和专业人士快速修正图像问题。修补工具通常提供两种工作模式：源模式和目标模式。源模式下，选区内的内容会被目标区域的内容所替换；而目标模式是将目标区域的内容应用到源选区，以修复或改变源选区的外观

图 8-22　修补工具组图像精修

步骤二：总结修补工具组主要工具的区别

污点修复画笔工具：这是 PS 最简单的修复工具，连取样都不用，只要选择工具，直接往污点的地方单击，PS 就会自动从周围取样来覆盖融合。

修复画笔工具：当要修复的图形面积又小又多，每次都要按 Alt 取样再覆盖，反复同样的操作相对比较烦琐，这时可以选择修复画笔工具，专门针对点状、小面积的图形进行修复。

修补工具：可以针对大面积范围进行修复，大面积修复效果比污点修复画笔工具和修复画笔工具要好；其次在进行人物面部精修的时候，为了保留皮肤原有的质感和光感，经常用修补工具配合渐隐命令来修图。

修补效果渐隐方法：首先使用修补工具、选取需要调整的区域，然后找一块好的皮肤做替换，在不取消选区的情况下直接打开编辑菜单栏的渐隐，这时候渐隐工具就变成了“渐隐修补选区”，单击渐隐工具后，在弹出的窗口中，适当地降低不透明度即可。

步骤三：导入素材并总结三种修图工具的使用方法

1. 导入素材

- 打开 Photoshop 软件。
- 从文件夹中找到需要修改的素材，将素材导入 PS 中。
- 对素材执行 Ctrl+J 复制作为备份和对照层。

2. 污点修复画笔工具修图

- 在工具栏中找到污点修复画笔工具。

◆ 使用污点修复画笔工具时通过左右中括号键调节笔头的大小。

◆ 画笔笔头调整到比斑点大一圈即可，太小修不干净，太大取样不精准。

◆ 将鼠标放到要修复的地方进行点击修复。

3. 修复画笔工具修图

◆ 在修复工具组中找到修复画笔工具。

◆ 按住 Alt 键对皮肤较好的地方进行取样。

◆ 将鼠标放到要修复的地方进行点击修复。

4. 修补工具修图

◆ 在修复工具组中找到修补工具。

◆ 框选需要修复的部分。

◆ 利用鼠标移动选区，移动到替换效果较好的位置即可。

步骤四：学生讲解任务完成情况

组长抽取序号，并选出一名代表讲解本组的任务完成情况。

步骤五：师生点评

每个小组选出一名评委，对任务完成情况进行打分，小组间互评，最后由教师进行点评。

小资料卡片

修图的第一步不是马上动手操作，而是分析图片，找出图片中不足、需要完善的地方，当然为了省时间通常情况下会边去瑕疵边观察、分析，等去完瑕疵基本修图思路就出来了；如果是新手，那么可以先把图放到合适的位置，一般使用 Ctrl+O 回到页面大小进行观察即可。

活动二　人物图像去水印精修

根据实训作业案例的具体要求，分析完成实训任务的操作步骤和知识要点。人物图像去水印精修素材如图 8-23 所示。

步骤一：置入素材并复制对照层

(1) 直接将人物原图导入 PS 软件。

(2) 点击菜单栏“文件”，选择“保存”命令存储一份名称为“人物图像去水印精修”psd

图 8-23　人物图像去水印精修素材

格式的源文件。

（3）将素材执行 Ctrl+J 复制作为备份和对照层。

步骤二：图片去除水印

（1）利用矩形选框工具对图片最下方的水印进行框选，然后在菜单栏编辑选择填充，将填充方式改为内容识别。

（2）利用矩形选框工具对图片右侧的水印进行框选，然后在菜单栏“编辑”中选择“填充”，将填充方式改为内容识别，此时发现背景横线已经变形，需要修复。

（3）利用仿制图章工具，将画笔调大后在直线部分取样，然后点击变形部分修复即可。

步骤三：使用修复工具修人物瑕疵

（1）在工具栏中找到污点修复画笔工具。

（2）使用污点修复画笔工具时通过左右中括号键调节笔头的大小。

（3）将画笔笔头调整到比斑点大一圈即可，太小修不干净，太大取样不精准。

（4）将鼠标放到修复的地方进行点击修复。

步骤四：给人物图片化妆

（1）新建图层命名为头发，选择画笔工具，设置前景色为头发的目标颜色。

（2）降低画笔的不透明度和流量，不断调整笔头大小在头发上进行涂抹。

（3）将头发图层的混合模式改为柔光，并降低不透明度。

（4）利用以上方法分别对人物的眼睛、眉毛、嘴唇和指甲等进行修饰。

步骤五：保存图像并提交作业

（1）在制作的过程中不断地按 Ctrl+S 键保存图像，此时制作过程会保存在已经存储的 psd 格式的源文件中。

（2）图片制作完成后按 Ctrl+Shift+S 键另存一份 jpg 格式的图片提交作业（图 8-24）。

图 8-24　人物图像去水印精修效果图

步骤六：学生讲解任务完成情况

组长抽取序号，并选出一名代表讲解本组的作业完成情况。

步骤七：师生点评

每个小组选出一名评委，对任务完成情况进行打分，小组间互评，最后由教师进行点评。

【任务书】

任 务 书

任务内容	人物图像去水印精修
实训过程	
理论知识梳理	
实训过程总结	
教师记录、点评：	

【巩固提高】

一、选择题

1. 污点修复画笔工具的快捷键是(　　)。

A. J　　B. A　　C. M　　D. P

2. 通过左右(　　)键调节笔头的大小。

A. 小括号　　B. 中括号　　C. 大括号　　D. 分号

3. 内容识别原理：可以通过计算不留痕迹地将周围的皮肤进行填充，同时进行(　　)和羽化融合。

A. 光影运算　　B. 数据运算　　C. 颜色运算　　D. 布尔运算

4. 近似匹配原理将需要修复区域的周围作为参考，将周围比较适合的皮肤填充到修补区域并执行代替操作，(　　)对画笔硬度进行调整。

A. 偶尔　　B. 不可以　　C. 可以　　D. 不确定

5. 污点修复画笔工具的自动创建纹理，对于(　　)并不友好，故很少使用。

A. 画图　　B. 修图　　C. 修加画　　D. 不确定

6. 修复画笔工具使用方法：按住(　　)键进行取样，鼠标左键点击需要修复的区域。

A. Alt　　B. Shift　　C. Ctrl　　D. 不确定

7. 红眼工具使用方法：直接点击即可，使用场景为眼睛(　　)照片。

A. 青色　　B. 蓝色　　C. 绿色　　D. 红色

8. 仿制图章工具的特点是(　　)融合背景颜色。

A. 不可以　　B. 可以　　C. 偶尔可以　　D. 不确定

9. 图案图章工具(　　)利用图案进行绘画。

A. 不可以　　B. 可以　　C. 偶尔可以　　D. 不确定

10. 定义画笔预设(　　)制作水印。

A. 不可以　　B. 可以　　C. 偶尔可以　　D. 不确定

二、填空题

1. 去水印方法：利用选框工具框住水印—编辑—填充—(　　　　)。

2. 水印去掉之后，有些细节需要(　　　　)。

3. 取样源有画布源、图案源、(　　　　)3 种方式。

4. 修复画笔工具用于去除图像中比较小的(　　　　)或(　　　　)。

5. 修补工具组包含污点修复画笔工具、修复画笔工具、(　　　　)和红眼工具。

6. 对于有水印有知识产权保护的图片，去水印后要慎重使用，不能用于任何(　　　　)，仅供学习交流使用。

7. 修复画笔工具：利用 Alt 键取样，鼠标左键点击，特点是(　　　　)融合背景。

8. 仿制图章工具：利用 Alt 键取样，鼠标左键点击，特点是(　　　　)融合背景颜色。

9. 定义图案：新建画布—新建图层—绘制图层(　　　　)或拖拽一个图形—编辑—定义图案—(　　　　)。

10. 内容识别原理可以通过计算不留痕迹地将周围的皮肤进行填充，同时进行(　　　　)和羽化融合，还可以(　　　　)。

三、判断题

1. 污点修复画笔工具比斑点大一圈即可，太小修不干净，太大取样不精准。(　　)

2. 污点修复画笔工具是画笔类型工具，用来修复污点和瑕疵。(　　)

3. 近似匹配原理：将需要修复区域的周围作为参考，将周围比较适合的皮肤填充到修补区域并执行代替操作，可以对画笔硬度进行调整。(　　)

4. 污点修复画笔工具自动创建纹理，对于修图并不友好，故很少使用。(　　)

5. 修复画笔工具对齐不勾选：点击一次重新计算一次。(　　)

6. 修复画笔工具对齐勾选：能把点击区域之外的地方全部涂抹出来。(　　)

7. 修补工具与套索工具类似，可以画出选区。(　　)

8. 红眼工具在当前照相技术下用得比较广泛。(　　)

9. 仿制图章工具特点是可以融合背景颜色。(　　)

10. 去水印方法是使用选框工具框住水印—编辑—填充—内容识别。(　　)

项目九

PS软件之玩转钢笔工具

【项目简介】

本章主要介绍钢笔工具的使用方法，包括钢笔工具属性设置，钢笔绘制直线和曲线的方法和注意事项，添加删除锚点工具和转换点工具的使用，以及路径面板的相关操作等。通过本章的学习，同学们可以利用钢笔工具随心所欲地绘制直线或弧线图形，并能对背景比较复杂的图片轻松地完成并抠图，解决使用钢笔工具抠图中出现的各种问题。钢笔是 PS 软件中需要反复练习才能掌握并熟练应用的一个工具，可培养学生坚韧不拔的品质。

【学习目标】

知识目标

了解钢笔工具的用途和直线以及曲线的绘制方法；

了解转换点工具的具体用途和详细的使用方法。

能力目标

掌握路径面板的作用以及路径的保存和使用方法；

掌握钢笔抠图的方法以及和其他抠图工具的区别。

素养目标

在用钢笔绘制曲线反复练习的过程中，培养学生坚韧不拔的品质；

在钢笔工具抠图制作主图光效过程中，培养学生创新精神。

【知识框图】

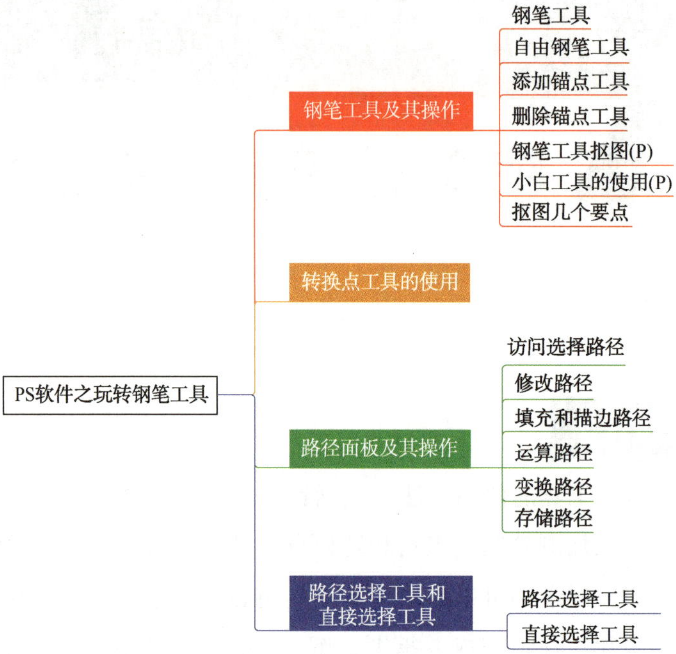

图 9-1　PS 软件之玩转钢笔工具

【任务描述】

案例一：PS 软件钢笔工具属性选择路径和形状有什么区别？添加锚点工具有什么用途？

1. 情景设计

第二课堂活动是用钢笔工具绘制价格趋势图，要求在短时间内精准地绘制图片并添加文字。为了取得好成绩小顾和笑泽同学每天都利用业余时间进行练习，希望在赛场上取得好成绩。在练习的过程中笑泽发现小顾的速度一直比较慢，本着互帮互助共同进步的原则，笑泽一面作图一面留心小顾的作图步骤，发现小顾经常在绘制图形时钢笔工具属性还是路径，绘制半天没有效果再去更改，而且对于形状的修改没使用添加锚点的习惯，因此造成使用钢笔工具作图效率较低。

2. 任务描述

为了提高作图的效率和效果，小顾和笑泽开始梳理作图的思路和要点。根据钢笔工具的使用方法，绘制价格趋势图，图形绘制之前首先要明确钢笔工具属性，路径和形状的区别，绘制效果图，并利用形状工具绘制同心圆，同心圆绘制过程中需要注意做上下左右的对齐操作，而且绘制一组同心圆后其他直接复制即可。本活动特别需要注意的是添加锚点和转换点工具的使用，能够修改图形不用重新绘制，极大程度上提高了作图效率。

3. 任务分解

步骤一：总结钢笔绘图属性设置

步骤二：新建画布并设置钢笔属性

步骤三：使用形状工具绘制基础图形

(1) 选择钢笔工具绘制图形如效果图。

(2) 使用形状工具绘制图形如效果图。

步骤四：利用锚点选择工具修改图形

步骤五：利用文字工具排列文字

(1) 利用文字工具创建样图所示文字。

(2) 参照样图设置文字颜色和样式。

步骤六：保存图像并提交作业

案例二：PS 软件制作图片第一步，为什么首先要存储一份 psd 格式的源文件？为什么利用钢笔工具时一直和图片的边缘对不上？

1. 情景设计

图片处理课堂小顾接到鼠标抠图制作主图任务，由于他已经利用业余时间预习过相关内容，因此信心满满地打开软件开始制作，同时不忘提醒同桌笑泽素材有些没抠干净，笑泽说在抠图过程中已经尽力控制弧度的方向，但有的时候无论如何调整都不太能够贴合鼠标边缘，小顾让笑泽演示一下一起查看原因，笑泽刚动手绘制了两条弧线小顾便情绪稍显激动地大喊：调整手柄方向或者按住 Alt 键打断手柄！听到“武功秘籍”的笑泽恍然大悟，怎么把这么重要的事给忘了？为了更好地完成本次课程实训，两人立即行动，总结钢笔工具抠图常用的快捷键和用途。

2. 任务描述

本次任务需要用钢笔工具将鼠标从背景中抠出来，为了将背景色去干净，在抠图过程中需要配合使用以下快捷键对绘制的路径进行精细化的调整，使路径与鼠标边缘紧密贴合，三个热键在钢笔工具使用的过程中各自有不同的用途，熟练使用能够使绘制的形状更符合需求；制作主图过程中注意新建画布的尺寸，以及使用画笔工具绘制光效。

可检测新路径	路径绘制中	路径上可添加锚点	路径上可清除锚点

按住Ctrl	按住Alt	按住Shift
1.临时切换小白工具。 2.点击空白处断开路径。 3.控制两侧手柄角度、长度、收缩手柄。	1.转化点工具、尖角变圆角，圆角变尖角。 2.打断一侧手柄或单独调整 一侧手柄长度、角度。	约束路径角度和画直线。

按Enter键可隐藏或显示路径	按Ctrl+Enter键可将路径可转换成选区

3. 任务分解

步骤一：新建画布并导入素材

(1) 将需要抠图的鼠标图片导入 PS 软件。

(2) 新建 800px×800px 大小的画布。

步骤二：使用钢笔工具抠图

(1) 绘制整体闭合的曲线，将图片需要抠出的主体框选出来，使用快捷键 Ctrl+Enter 将路径转化成选区。

(2) 执行选区的反选，再按下 Delete 键删除背景。

步骤三：制作鼠标主图

(1) 使用钢笔工具绘制效果图形状并添加渐变。

(2) 使用文字工具对字体进行排列。

(3) 使用画笔工具制作光效。

步骤四：保存图像并提交作业

请结合案例一、二所给资料，预习课件内容，分析并讲述钢笔工具使用前都需要设置哪些属性，PS 软件钢笔属性选择路径和形状有什么区别，添加锚点工具有什么用途，以及 Ctrl、Shift 和 Alt 键在钢笔使用过程中各自有什么用途。

【知识准备】

钢笔工具是非常重要的绘图工具，能够绘制出光滑、流畅的线条，被广泛应用于插画、设计等领域。通过掌握钢笔工具的基本用法和高级技巧，能够更加准确和高效地绘制线条和线稿，可以非常轻松地完成复杂背景的抠图任务，同时还可结合其他工具(如直接选择工具、锚点工具等)来实现更复杂和精细的绘制效果。

一、钢笔工具及其操作

钢笔工具(图 9-2)是在绘图软件中用来创造路径的工具，创造路径后，还可再编辑。钢笔工具属于矢量绘图工具，其优点是可以勾画平滑的曲线，在缩放或者变形之后仍能保持平滑效果，钢笔工具画出来的矢量图形称为路径，路径是矢量的，允许是不封闭的开放状，如果把起点与终点重合绘制就可以得到封闭的路径。

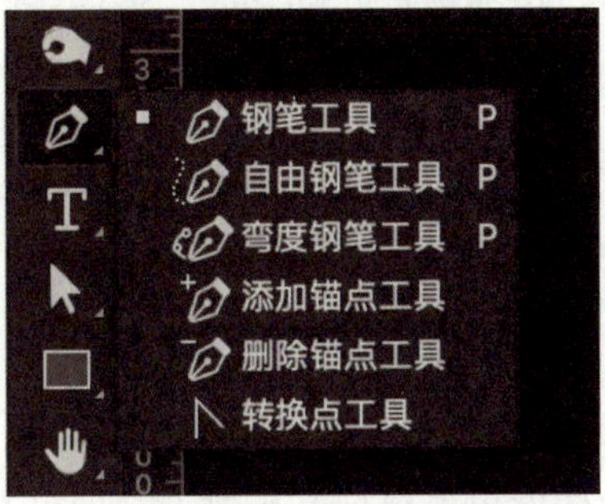

图 9-2　钢笔工具组

1. 钢笔工具

钢笔工具位于 Photoshop 的工具栏中，通常表示为一个笔尖图标。使用它之前，了解其基本功能至关重要。钢笔工具允许用户创建直线和曲线路径，这些路径可以转换为选区、矢量蒙版或形状图层(图 9-3)。

图 9-3　钢笔工具属性设置

(1) 钢笔工具绘制形状。

打开 PS 软件，在界面左侧工具栏中找到钢笔工具，快捷键是 P。选择钢笔工具后，在属性栏上点击选择“形状”模式(图 9-4)。

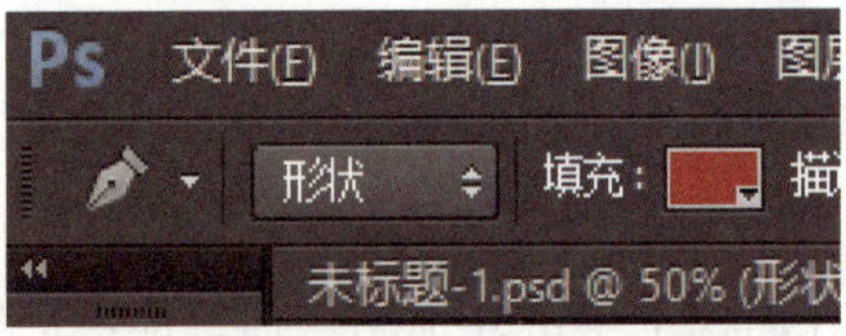

图 9-4　钢笔工具绘制形状

选择钢笔工具后，按住鼠标左键在图层上单击后松开再单击可以建立一条线段，多次连续单击拖动回到起点可以创建闭合图形。

创建形状后，可以点击属性栏“填充”后的颜色色块打开下拉框，在填充设置里有多种颜色可以进行选择，还可以设置颜色模式为渐变或图案。

点击属性栏“描边”，打开下拉框选择需要的描边颜色，修改数值调整描边像素和选择描边样式。

调整【W】和【H】的数值，可以调整形状的长宽，选中中间的“链接”标识，可以锁定长宽比以免变形。

选择“路径操作”后，在图层上绘制多个形状时，可以使图形合并或相减。

选中形状后，点击“路径对齐方式”可以使形状对齐。

点击“路径排列方式”可以使形状前移或后移。

（2）钢笔工具绘制直线技巧。

选择钢笔工具，在图像中依次单击鼠标产生锚点，即可在生成的锚点之间绘制一条直线线段。如果要绘制约束角度的直线，在绘制过程中配合按住 Shift 键，可以绘制水平垂直或者成 45°角的直线(图 9–5)。

（3）钢笔工具绘制曲线技巧。

选择钢笔工具，在图像上单击并拖动鼠标，即可生成带控制柄的锚点，继续单击并拖动鼠标，可在锚点之间生成一条曲线线段。通过控制柄的长短和方向，就可以改变绘制曲线弧度的大小和方向(图 9–6)。

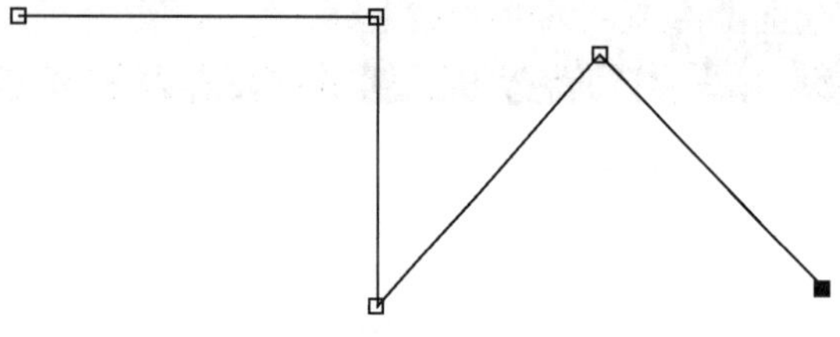

图 9–5　钢笔工具绘制直线

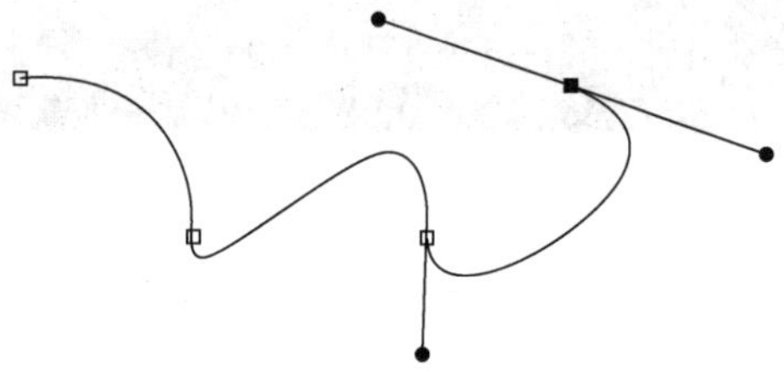

图 9–6　钢笔工具绘制曲线

2. 自由钢笔工具

自由钢笔工具(图 9–7)主要用于绘制比较随意的路径。它与钢笔工具的最大区别就是钢笔工具需要遵守一定的规则，而自由钢笔工具的灵活性较大，与套索工具类似。选择自由钢笔工具，在图像上单击并拖动鼠标，即可沿鼠标的拖动轨迹绘制出一条路径。

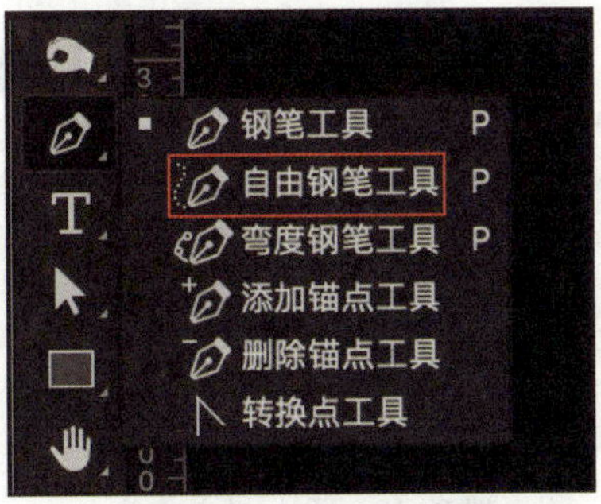

图 9-7　自由钢笔工具

在抠图的时候，钢笔工具需要一步一点地描出路径，特点是比较细腻、准确，但费时，自由钢笔工具结合磁性工具时就会自动寻找物体边缘，类似磁性套索工具。使用自由钢笔工具绘制轮廓如图 9-8 所示。

图 9-8　自由钢笔工具绘制轮廓

3. 添加锚点工具

添加锚点工具(图 9-9)主要用于在绘制后的路径上添加新的锚点，将一条线段分为两条，同时便于对这两条线段进行编辑。选择添加锚点工具，按住鼠标左键在形状边缘单击，可以添加锚点。可以用添加锚点工具直接选择锚点并拖动锚点位置来调整形状样式。

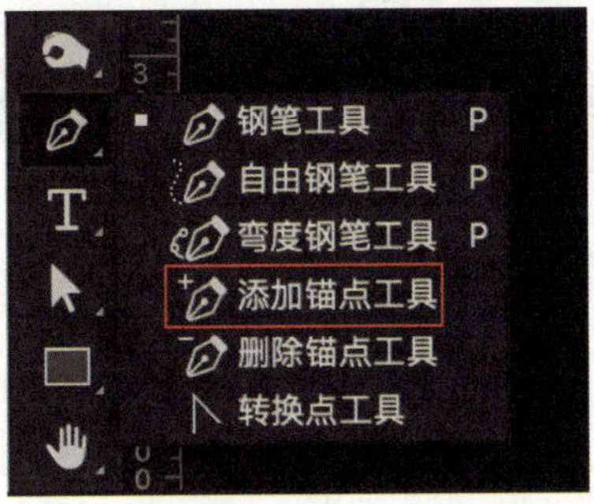

图 9-9　添加锚点工具

在钢笔工具操作下，按住 Alt 键单击路径就能添加锚点，单击锚点就能除去锚点，想要对锚点进行移动可以按住 Ctrl 键，切换成移动锚点工具，操作完成后只要松开 Ctrl 键，它就会回到钢笔工具状态继续之前的路径描画(图 9-10)。

图 9-10　添加锚点工具

4. 删除锚点工具

删除锚点工具(图 9-11)主要用于删除路径上已存在的锚点，将两条线段合并为一条。选择删除锚点工具，在要删除的锚点上单击鼠标即可。当将钢笔工具定位到锚点上方时，将自动转换为删除锚点工具，要注意的是，必须在钢笔工具的选项栏中(默认)勾选“自动添加/删除”选项，钢笔工具才能自动转换为添加锚点工具或删除锚点工具(图 9-12)。

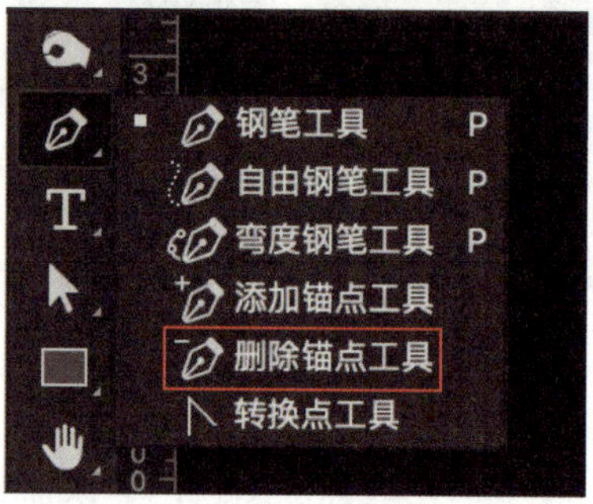

图 9-11　删除锚点工具

图 9-12　删除锚点工具的使用

在使用添加锚点工具或删除锚点工具时，按住 Alt 键可临时切换这两个工具。按住 Ctrl 键临时切换为直接选择工具，添加锚点时，通过单击并拖动还可以在添加锚点的同时调整路径形状。

5. 钢笔工具抠图

钢笔工具抠图通过锚点及其手柄创建贴合图像的精准手绘路径并转换为选区，适用于背景复杂、主体不突出、边缘不清晰，或对抠图质量要求高、需保留图像细节及圆滑度、不能有锯齿的情况。钢笔工具抠图的优点是抠出的图片质量高，可保留图像细节、圆滑度等，是众多领域抠图的首选工具；缺点是耗费时间较长，需要一定的操作基础(图 9-13)。

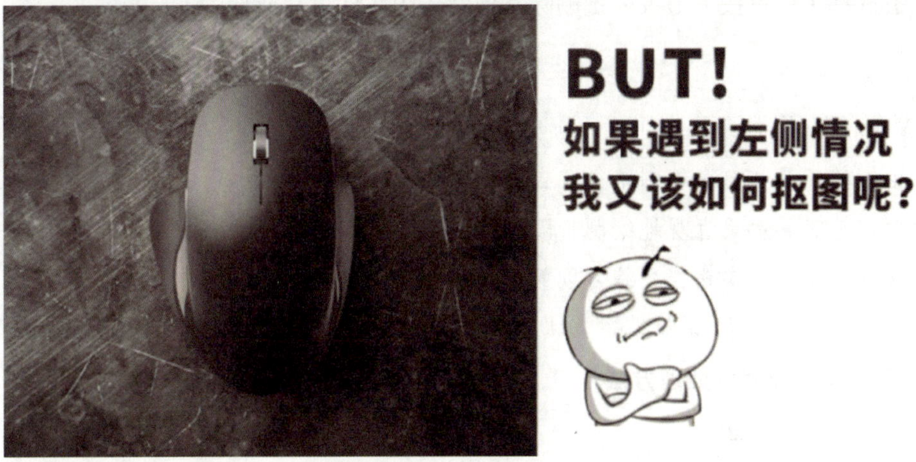

图 9-13　钢笔工具抠图素材(一)

就利用 PS 抠图来说，钢笔工具相比快速选择工具，在图片轮廓勾画上有非常大的优势，图片选取的范围更容易控制，不像快速选择工具那样是根据系统识别的，PS 钢笔工具抠图是把整个抠图的轮廓画出几个关键点，然后依次连接，确定出抠图范围，接下来我们总结一个利用钢笔工具抠图的步骤。

(1) 打开 PS 软件，打开需要抠图的图片(图 9-14)，载入之后选择放大镜工具或者 Alt+鼠标滚轮，让图片放大到能够看到细节，这样有助于后面的钢笔勾画。

图 9-14　钢笔工具抠图素材(二)

（2）在左侧工具栏中找到钢笔工具，在属性栏选择路径，在需要抠图的图案轮廓上点绘制，通过绘制直线或曲线将图片需要抠出的主体框选出来。

（3）将路径转化为选区，利用路径面板下的路径转化选区按钮，或者使用快捷键 Ctrl+Enter 将路径转化成选区。

（4）在 PS 上端菜单栏中找到“选择”，点击里面的“反向”按钮，这样除抠图对象以外的背景就被选择了，再按下 Delete 键删除其他背景图案即可完成抠图。

小资料卡片

自由钢笔工具：自由绘制路径，自动添加锚点。

弯度钢笔工具：更直观地绘制带弧度的路径。

掌握钢笔工具需实践，多练习以熟悉其灵活性与精准度。

6. 抠图过程路径消失处理方法

（1）找回路径的方法。

在钢笔抠图过程中经常遇到这种情况，如果不小心碰到路径选择工具，或者碰到了回车键路径就会消失，此时需要找到路径面板点击绘制中的路径，路径就会重新出现。

（2）路径链接的方法。

找到已经断了的路径（图 9-15），在钢笔工具下去触碰一下路径的末端，当钢笔工具形状右侧出现电阻符号时点击鼠标左键，就可以链接之前断掉的路径。

图 9-15　钢笔抠图路径断开状态

二、转换点工具的使用

转换点工具通常不作为一个独立的工具出现，而是作为钢笔工具组的一部分，转换点工具是一个钢笔工具的子工具，用于调整路径上的锚点和控制点，PS 转换点工具的作用是它可以转换形状或路径上锚点的类型，使“角点”锚点和“平滑”锚点相互转换(图 9-16)。

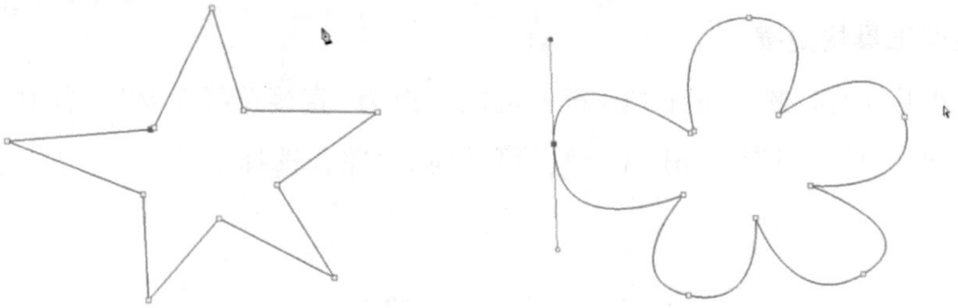

图 9-16　转换点工具的使用

1. 转换点工具作用

转换点工具：主要用于转换锚点上控制柄的方向，以更改曲线线段的弯曲度和走向。

新增控制柄：选择转换点工具，在没有或只有一条控制柄的锚点上单击并拖动鼠标，可生成一条或两条新的控制柄；在有控制柄的锚点上单击并拖动鼠标，可重新设置已有控制柄的走向。

平滑点与角点转换：当选择转换点工具后，如果路径上的锚点是平滑点(用于创建曲线)，点击并拖动该点可以将其转变为角点(用于创建直线边缘)。反之，如果锚点是角点，通过点击并拖动锚点旁的手柄，可以使它变为平滑点，进而调整曲线的形状。

独立调整手柄：在平滑点上，转换点工具允许独立地调整每个方向的控制柄，从而精细控制曲线的弯曲程度和方向，而不需要同时移动两个手柄。

路径编辑：使用转换点工具可以直接在路径上添加或删除锚点，以及修改现有锚点的属性，这对于创建复杂路径形状非常有用。

调整控制柄：选择转换点工具，在控制柄一端的小圆点上按住并拖动鼠标，即可调整控制柄方向。

2. 转换点工具制作图案

(1) 打开 Photoshop 软件，点击“文件>新建”，按图示参数新建一个 PS 文档。

(2) 使用钢笔工具绘制一个图案。点击钢笔工具，按图示绘制一个多边图案。完成后，鼠标点击钢笔工具图标不放，弹出选项栏后，点击转换点工具，将转换点工具调出。

(3) 点击转换点工具，鼠标点击上述图案，此时图案上显示出可编辑节点。鼠标拉动节点，按图示调节控制点，对图案上的节点进行平滑处理。

（4）完成图案的平滑处理后，按住键盘上的 Ctrl 键不放，鼠标拉动节点进行位置调整，完成整个图案形状的塑造。

（5）点击右下角的“新建图层”新建一个图层。点击“路径>将路径作为选区载入”，将图案路径转换为选区。

（6）点击“填充”将选区填充为黑色，这样通过转换点制作图案就完成了。

3. 转换点工具快捷键

选择钢笔工具的时候，按住 Ctrl 键，可以转换为“直接选择工具”，按住 Alt 键，可以转换为“转换点工具”，按住 Ctrl+Alt 键，可转换为“路径选择工具”。

小资料 卡片

转换点工具是 Photoshop 中进行精细矢量编辑不可或缺的工具，它使设计师能够灵活地修改路径细节，确保图形的准确性和美观性。熟练掌握此工具，对于提升设计作品的质量至关重要。

三、路径面板及其操作

1. 访问和选择路径

访问路径工具：在工具栏中找到“路径选择工具”，它通常有两种模式：黑色箭头表示“路径选择工具”，用于选择整条路径；白色箭头表示“直接选择工具”，用于选择路径的部分元素，如单独的锚点或线段。

显示路径：路径默认不显示，您需要打开路径面板（窗口>路径），在面板中可以看到保存的所有路径。点击某条路径名称可使其在画布上可见（图 9-17）。

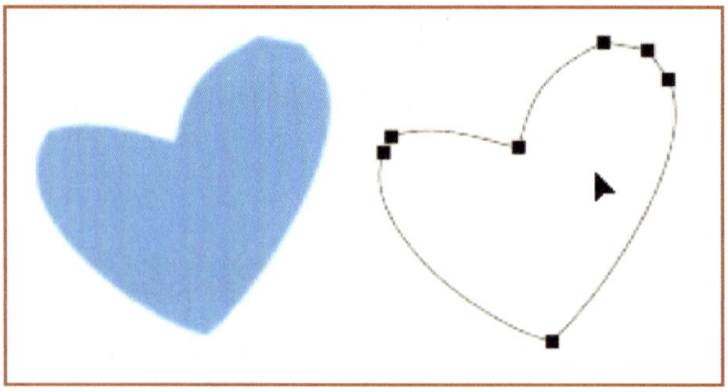

图 9-17　路径选择工具

多选路径：按住 Shift 键，依次点击不同的路径，可以同时选中多条路径。要取消选中，再次点击已选中的路径即可。

小资料卡片

通过掌握这些路径的基本操作，我们就可以在 Photoshop 中创建、选择和编辑路径，从而简化设计和编辑工作流程(类似一个有圆圈的虚线矩形图标)。

2. 修改路径

在通常情况下，锚点之间的线段并不一定是所需的路径形状，此时必须通过修改路径来获取最终效果。每个锚点都可生成两条控制柄，分别控制锚点两端连接的线段。通过拖动控制柄，可调整线段的弯曲度和长度。这种控制可同时进行也可分别进行(图 9-18)。

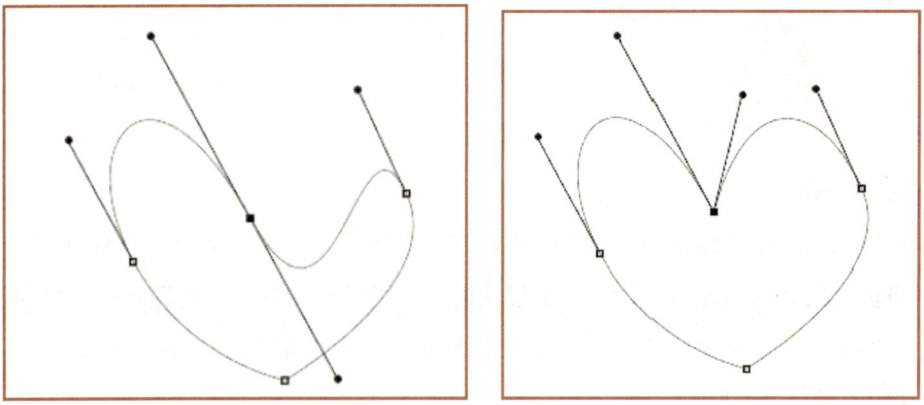

图 9-18 修改路径的过程

3. 填充和描边路径

填充路径：将路径内部填充为颜色或图案。

描边路径：使用图像绘制工具或修饰工具沿路径绘制图像或修饰图像。

4. 运算路径

与选区一样，路径也具备相加、相减、交叉等功能，这些功能就是路径的运算。

(1)“合并形状”按钮：相加模式，指将两条路径合二为一。选择要添加的路径，在工具属性栏中单击该按钮，然后单击“合并形状组件”按钮即可。

(2)“减去顶层形状”按钮：相减模式，指将一条路径的区域全部减去(若重叠，重叠部分同样要减去）。选择路径后，在工具属性栏中单击该按钮，然后单击“合并形状组件”按钮即可。

（3）“与形状区域相交”按钮：叠加模式，指只保留两条路径形成区域重合的部分。选择路径后，在工具属性栏中单击该按钮，然后单击“合并形状组件”按钮即可。

（4）“排除重叠形状”按钮：交叉模式，指两个形状相交。选择路径后，在工具属性栏中单击该按钮，然后单击“合并形状组件”按钮即可。

5. 变换路径

绘制路径后，若需要对路径的大小或方向等参数进行修改，可通过变换路径来实现。选择路径后，按 Ctrl+T 组合键或在路径上单击鼠标右键，在弹出的快捷菜单中选择“自由变换路径”命令，即可进入变换状态。

图 9-19　运算和变换路径绘制图形

调整路径大小：进入变换状态后的路径四周将出现控制节点，将鼠标指针移至节点上，单击鼠标并拖动可调整路径大小。

调整路径方向：将鼠标指针移至控制节点外，当其变为形状时，单击并按住鼠标进行拖动，可调整路径的角度和方向（图 9-19）。

6. 存储路径

默认情况下，用户绘制的工作路径都是临时的路径，若是再绘制一条路径，原来的工作路径将被新绘制的路径所取代。若不想让绘制的路径只是一个临时路径，可将路径存储起来。在“路径”面板中双击需要存储的工作路径，在打开的“存储路径”对话框中设置名称后，单击“确定”按钮。

打开路径面板：首先，确保你的路径可见。如果你还没有打开路径面板，可以通过菜单栏选择“窗口>路径”来打开它。

创建或编辑路径：使用钢笔工具或其他绘图工具创建或编辑你想要保存的路径。默认情况下，你绘制的路径会作为“工作路径”出现在路径面板中。

存储路径：在路径面板中，你会看到一个下拉菜单（通常位于面板的右上角）。点击这个下拉菜单，选择“存储路径…”选项。随后，会弹出一个对话框让你输入路径的名称。输入一个易于识别的名称并点击确定，这样路径就被保存在文档中了（图 9-20）。

重新使用路径：当你需要再次使用这条路径时，只需在路径面板中找到它，点击该路径名称即可将其激活。之后，你可以对路径进行填充、描边或进行其他操作。

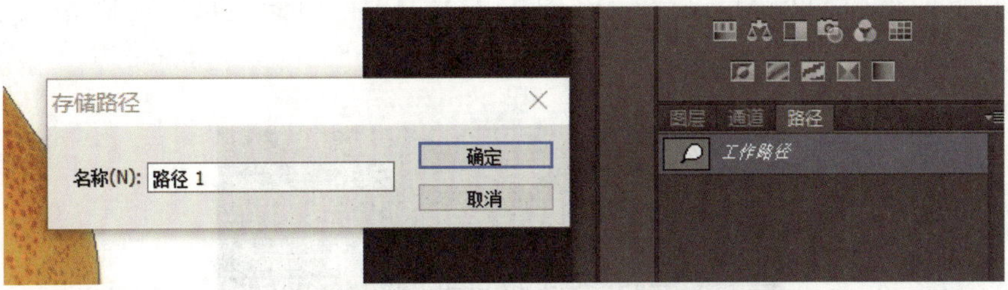

图 9-20　存储路径的方法

四、路径选择工具和直接选择工具

1. 路径选择工具

路径选择工具就是用来选择整条路径的工具。使用的时候只需在任意路径上点一下就可以移动整条路径。同时还可以框选一组路径进行移动。用这款工具在路径上单击鼠标右键还会有一些路径的常用操作功能出现，如：删除锚点、增加锚点、转为选区、描边路径等。同时按住 Alt 键可以复制路径，具体操作如下。

(1) 打开 PS 软件，在左侧工具栏中找到路径选择工具，快捷键是 A(图 9-21)。

图 9-21　路径选择工具

(2) 选中路径选择工具后，可以在同一图层有多条路径时，选中其中一条路径进行选择移动操作。

(3) 选中路径选择工具后，点击属性栏“所有图层”，即可用路径选择工具选择文件中所有图层的路径，当选择“现用图层”时就只能选择现用图层中的路径。

(4) 用路径选择工具选择路径后，可以对选中的路径进行颜色填充、描边填充、描边粗线和样式选择。

(5) 选中多条路径后调整路径的长和宽，当链接长宽比时，可以按比例调整长宽使路径不变形。

(6) 点击“路径操作”可以让同图层中多条路径进行相加或相减变成新的路径样式。

(7) 点击“路径对齐方式”可以使选中路径按选中对齐方式来对齐到画布或选区。

(8) 点击“路径排列方式”可以将选中的路径前移或后移一层，也可置为顶层或底层。

2. 直接选择工具

直接选择工具是用来选择路径中的锚点工具，使用的时候用这款工具在路径上点一下，路径的各锚点就会出现，然后选择任意一个锚点就可以随意移动或调整控制柄。这款工具也可以同时框选多个锚点进行操作(图 9-22)。按住 Alt 键也可以复制路径，具体操作如下。

图 9-22　直接选择工具

(1) 选中形状图层，点击矩形四个角会出现四个锚点，空心表示未选中状态。点击任意锚点，会变成实心选中状态，也可以在空白处点击拖拽鼠标，框选多个锚点(图 9-23)。

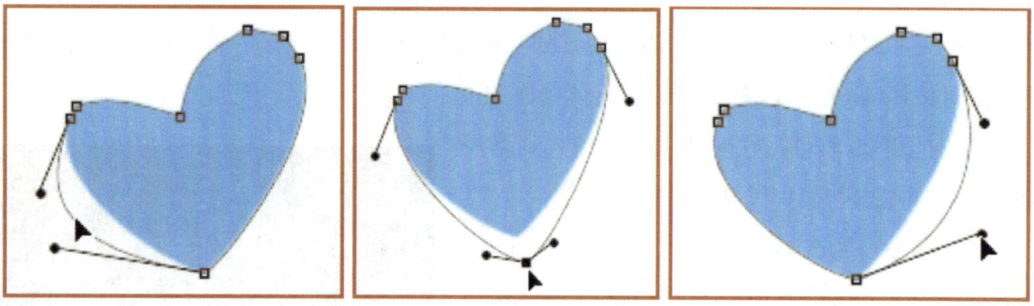

图 9-23　框选锚点并调整形状

(2) 选中锚点后，点击拖拽，就可以改变矩形的形状，点击锚点之间的线条进行拖拽，会直接移动线条两端的锚点。

(3) 右键点击两个锚点之间的线段，在弹出的菜单中可以选择添加锚点。

(4) 添加的锚点两端会出现手柄，此时拖拽锚点会形成弧形，可以选择钢笔工具，按住 Alt 键点击锚点删除手柄。

注意：按住 Ctrl 键可在路径选择工具和直接选择工具之间切换。

【任务实施】

根据班级人数将学生分成若干实训活动小组，每组设组长一名，负责安排、协调、督促小组完成实训任务，同时做好实训活动记录。

活动一　钢笔工具绘制价格趋势图

根据【知识准备】中的相关资料，分析钢笔工具绘制价格趋势图步骤。

步骤一：总结钢笔绘图属性设置

序号	属性	作　用
1	路径	路径可以用来创建非常精确的选区，一旦路径被创建，可以通过按下“Ctrl+Enter”(Windows)或“Cmd+Enter”(Mac)将其转换为选区，这对于复杂边缘的抠图特别有效
2	形状	形状工具可以直接绘制填充的图形，如圆形、矩形、多边形等，适合快速构建设计中的固体元素，绘制形状的时候需要设置填充描边的颜色等属性

步骤二：新建画布并设置钢笔属性

打开 PS 软件新建 1920px×1080px 大小的画布。

步骤三：形状工具绘制基础图形

(1) 点击选择路径，填充关闭描边打开，颜色参考样图红色，按住 Shift 键绘制垂直和水平的两条直线，具体效果如图 9-24 所示。

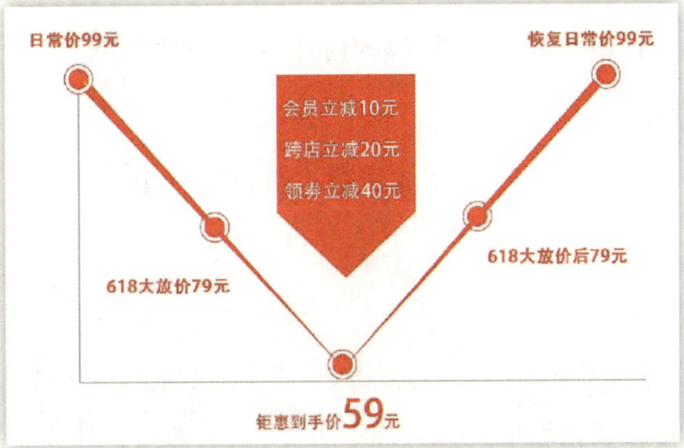

图 9-24　利用钢笔工具绘制的价格趋势图

(2) 点击选择路径，填充打开描边关闭，按照图 9-24 绘制左侧三角形，制作射线的基础图形。

(3) 绘制好一侧原位复制，执行水平翻转，并将复制的三角形放到右侧。

(4) 选择椭圆形状工具，填充打开描边关闭，填充颜色参考样图红色，绘制圆环内部实心圆，再将填充关闭描边打开，绘制外部空心圆。

(5) 空心圆和实心圆按照样图调整大小后，全部选中执行水平垂直方向的居中对齐并打组，移动工具自动选择设置为组，复制同心圆并放到样图位置。

步骤四：锚点选择工具修改图形

(1) 选择矩形形状工具，填充打开描边关闭，填充颜色参考样图红色，绘制图 9-24 中间矩形色块。

（2）在路径显示的情况下使用钢笔工具在矩形下方中间位置添加一个锚点，然后按住 Alt 键点击新增锚点使之变为直角。

（3）钢笔工具下按住 Ctrl 键临时切换为直接选择工具，往下移动新增锚点使之变为突出的三角形。

步骤五：利用文字工具排列文字

（1）利用文字工具创建如图 9-24 所示文字。

（2）参照图 9-24 设置文字颜色和样式。

步骤六：保存图像并提交作业

（1）在制作的过程中不断地按 Ctrl+S 键保存图像，此时制作过程会保存在已经存储的 psd 格式的源文件中。

（2）图片制作完成后按 Ctrl+Shift+S 键另存一份 jpg 格式的图片提交作业。

步骤七：学生讲解任务完成情况

组长抽取序号，并选出一名代表讲解本组的任务完成情况。

步骤八：师生点评

每个小组选出一名评委，对任务完成情况进行打分，小组间互评，最后由教师进行点评。

小资料卡片

使用钢笔工具时，属性栏有“路径”和“形状”两个选项，选择“路径”时，描绘出的只是路径，选择“形状”时描绘出的路径会自动填色，此为矢量蒙版图层，在使用钢笔工具之前就要确定需要使用什么属性，如果是抠图则需要选择路径，如果是绘制图形则需要选择形状。

活动二　钢笔工具鼠标抠图制作主图

根据实训作业案例的具体要求，分析完成实训任务的操作步骤和知识要点。钢笔工具抠图素材如图 9-25 所示。

步骤一：新建画布并导入素材

（1）将需要抠图的鼠标图片导入 PS 软件。

（2）新建 800px×800px 大小的画布。

图 9-25　钢笔工具鼠标抠图制作主图素材

（3）将新建画布保存一份名称为“鼠标主图”psd 格式的源文件。

步骤二：钢笔工具抠图

（1）将钢笔工具属性改成路径，选择放大镜工具或 Alt+鼠标滚轮，让图片放大到能够看到细节，观察鼠标素材在直角位置进行首次点击。

（2）找到第二个定位点，钢笔工具点击后按住鼠标左键不要松手拖拽调出手柄，通过调整手柄的长短和方向，绕过钢笔路径贴合鼠标边缘。

（3）绘制第一条弧线贴合之后，按住 Alt 键点击新增锚点打断手柄，然后进行第二条曲线的绘制，并重复以上步骤。

（4）绘制整体闭合的曲线将图片需要抠出的主体框选出来，将路径转化为选取，利用路径面板下的路径转化选区按钮，或者使用快捷键 Ctrl+Enter 将路径转化成选区。

（5）在菜单栏中找到“选择”，点击里面的“反向”按钮，这样除抠图对象以外的背景就被选择了，再按下 Delete 键删除其他背景图案完成抠图。

步骤三：制作鼠标主图

（1）将钢笔工具属性改成形状，对照效果图（图 9-25）绘制背景，并添加颜色渐变。

（2）使用圆角矩形工具绘制圆角矩形放到左上角，使用文字工具打上“LOGO”并添加文字“蓝牙鼠标”放到合适位置。

（3）矩形工具属性栏关掉填充，打开白色描边绘制矩形，栅格化并利用选框工具按照效果图位置框选边框并按住 Delete 键删除，使用文字工具打上“智能体系持久续航”放到与效果图对应的位置。

（4）使用矩形工具打开填充关掉描边绘制效果图所示矩形，添加文字“消音按键不扰人”“小巧易携带”并分别调整位置。

（5）利用椭圆工具，按住 Shift 键画出圆形并对它添加颜色渐变。利用文字工具打出“入手价”“ ¥ ”“69”并分别调整位置和大小。

（6）将抠出的鼠标图片置入画布中，调整位置。

（7）前景色设置为黄色，调大画笔笔头，使用硬度为零的柔边画笔在新建图层上点击制作光效，对光效图层执行自由变换压扁，如图 9-26 所示。

（8）将做好的光效复制三份，放到主图合适的位置。

步骤四：保存图像并提交作业

（1）在制作的过程中不断地按 Ctrl+S 键保存图像，此时制作过程会保存在已经存储的 psd 格式的源文件中。

（2）图片制作完成后按 Ctrl+Shift+S 键另存一份 jpg 格式的图片提交作业。

步骤五：学生讲解任务完成情况

组长抽取序号，并选出一名代表讲解本组的作业完成情况。

步骤六：师生点评

每个小组选出一名评委，对任务完成情况进行打分，小组间互评，最后由教师进行点评。

图 9-26　鼠标主图制作效果图

【任务书】

任 务 书

任务内容	钢笔工具抠鼠标制作主图
实训过程	
理论知识梳理	
实训过程总结	
教师记录、点评：	

【巩固提高】

一、选择题

1. 选择钢笔工具，在图像中依次单击(　　)鼠标产生锚点，即可在生成的锚点之间绘制一条直线线段。

A. 单击　　B. 双击　　C. 拖拽　　D. 不确定

2. 选择钢笔工具，在图像上单击并(　　)鼠标，即可生成带控制柄的锚点，继续单击并拖动鼠标，即可在锚点之间生成一条曲线线段。

A. 单击　　B. 双击　　C. 拖拽　　D. 不确定

3. (　　)工具主要用于绘制比较随意的路径。

A. 钢笔　　B. 矩形工具　　C. 自由钢笔　　D. 椭圆工具

4. (　　)工具的灵活性较大，与套索工具类似。

A. 钢笔　　B. 矩形工具　　C. 自由钢笔　　D. 椭圆工具

5. 选择(　　)工具，在图像上单击并拖动鼠标，即可沿鼠标的拖动轨迹绘制出一条路径。

A 钢笔　　B. 矩形工具　　C. 自由钢笔　　D. 椭圆工具

6. (　　)主要用于在绘制后的路径上添加新的锚点，将一条线段分为两条，同时便于对这两条线段进行编辑。

A. 添加锚点工具　　B. 矩形工具　　C. 自由钢笔　　D. 椭圆工具

7. 主要用于删除路径上已存在的锚点，将两条线段合并为一条。选择(　　)，在要删除的锚点上单击鼠标即可。

A. 添加锚点工具　　B. 删除锚点工具　　C. 自由钢笔　　D. 椭圆工具

8. 路径和(　　)不同，它只能进行简单的参数设置，若要应用特殊效果，如样式或滤镜等，则需要将其转换为选区。

A. 图层　　B. 画布　　C. 选项卡　　D. 智能对象

9. 选区转换为路径的方法为载入选区后，在(　　)面板下方单击"从选区生成工作路径"按钮。

A. 路径　　B. 颜色　　C. 图层　　D. 不确定

10. 路径转换为选区的方法为选择路径后，在(　　)面板下方单击"将路径作为选区载入"按钮。

A. 路径　　B. 颜色　　C. 图层　　D. 不确定

二、填空题

1. 在使用添加锚点工具或删除锚点工具时，按住(　　　)键可临时切换这两个工具。

2. 我们在编辑路径的过程中想要多选路径，按住(　　　)键，依次点击不同的路径可以全部选中。

3. 矢量工具绘制出来的不是像素，而是(　　　)，放大缩小不失真。

4. 钢笔工具的使用方法：按住(　　　)键可以画出笔直的线条。

5. 钢笔工具的使用方法：点击鼠标左键出现一个锚点，再点击目标位置出现另一个锚点，按住鼠标(　　　)，出现手柄的同时会形成一条弧线。

6. 操纵锚点可以调节手柄进行曲线(　　　)的调整。

7. 钢笔工具下按住(　　　)键可以临时切换为小白工具。

8. (　　　　)键的用途是可以改变手柄的方向以及长短，并打断锚点。

三、判断题

1. 如果碰到回车键路径消失，先到路径面板中点击工作路径，再用小白工具点击路径。(　　)

2. 橡皮带可以进行导线的设置。(　　)

3. 可以按住 Ctrl 键在路径选择工具和直接选择工具两者间来回切换。(　　)

4. 在我们用钢笔抠完图后，按住 Ctrl+Enter 将路径转化成选区。(　　)

5. 转换点工具使用方法：从钢笔工具组中选择，或者在钢笔工具下按住 Alt 键临时切换为转换点工具。(　　)

6. 转换点工具不可以使尖角变圆角，也不可以使圆角变尖角。(　　)

7. 转换点工具主要用于转换锚点上控制柄的方向，以更改曲线线段的弯曲度和走向。(　　)

8. 选择转换点工具，在没有或只有一条控制柄的锚点上单击并拖动鼠标，可生成一条或两条新的控制柄。(　　)

9. 选择转换点工具，在控制柄一端的小圆点上按住并拖动鼠标，即可调整控制柄方向。(　　)

10. 选择路径选择工具，在路径上单击即可选择该路径，在路径上按住并拖动鼠标，可移动所选路径的位置。(　　)

项目十

PS软件之多元化的文字

【项目简介】

本章主要介绍文字工具的使用方法，包括如何使用 PS 创建文字，文字工具组的属性设置和功能，点文字的特点、段落文字的特点以及相互转化的方法，文字面板的功能和使用方法，如何创建开放路径文字和闭合路径文字，以及路径文字的调整方法。在海报设计中随处可见各种各样的文字排版，PS 软件不是简单地录入文字，而是要对文字进行排版和样式的调整。通过本章的学习，同学们可掌握图片中文字的各种设计方法，为制作文字排列规范有序且主题亮点突出的图片打下坚实的基础。

【学习目标】

知识目标

了解 PS 中点文字、段落文字和路径文字的创建方法；

了解点文字和段落文字各自的特点和相互转化的方法。

能力目标

掌握文字工具属性栏的作用和调整使用方法；

掌握文字面板各个参数的功能和调整的方法。

素养目标

在文字属性设置参数调整中，培养学生反复尝试、追求完美的精神；

在文字项目的制作过程中，培养学生追求最佳视觉效果图的精神。

【知识框图】

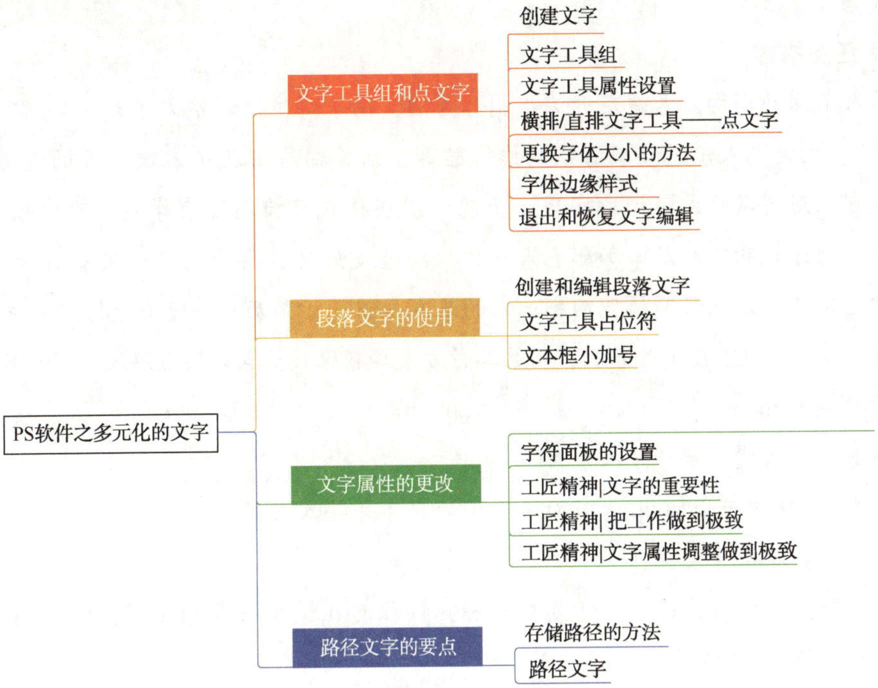

图 10-1　PS 软件之多元化的文字

【任务描述】

文字是人类文化的重要组成部分，是诠释理念传达信息最直观最通俗易懂的操作手段，无论在何种视觉媒体中，文字和图片都是其两大构成要素，文字的排列组合直接影响着版式的美观和信息穿透力，本次课程项目实训通过对 Photoshop 软件中文字工具的学习和使用，逐步提升在设计中使用文字的理论依据和文字工具的运用技巧，学会熟练地应用面板和快捷键对文字的基本属性进行设置，掌握长页面作图的基本原则和方法。

案例一：PS 软件调整字体大小有什么快捷键？字间距、行间距调整有什么快捷键？

1. 情景设计

校园美工小达人彬彬和子博接到 XW 美工设计公司图片设计任务，要求处理一批有大量文字的图片，两人为了不耽误上课收到素材后就马不停蹄地打开计算机动手作图。子博在作图的时候发现彬彬使用键盘的频率特别高，仿佛出图速度也更快，拿着鼠标来回设置字体和间距的子博赶紧求助，字体调整除了使用字符面板，还有什么快捷方式吗？

2. 任务描述

诲人不倦的彬彬以春暖花开海报制作为例，向子博传授调整文字大小和间距的“独门绝技”，同时两人汇总整理海报制作的思路，制作描边形状是本次任务的重点之一，彬彬说可以用图层样式轻松地实现，子博说图层样式目前还没有学到，可以使用选区载入收缩的方式新建图层添加颜色来制作，经过友好协商得出结论，虽然 fx 能快速完成，但是选区收缩能帮助梳理回顾选区的基本知识，于是两人一致决定利用简便方式完成公司任务，发送至指定邮箱后，用第二种方式串联课程重点来实现温故知新的目标。

3. 任务分解

步骤一：新建画布并导入素材

打开 PS 新建一个 960px×1440px 大小的画布并导入素材

步骤二：海报背景制作

（1）将白底素材执行 Ctrl+J 复制一份，按住 Ctrl 键单击复制图层，缩览图生成选区，选择收缩 10 像素左右。

（2）新建图层填充边框绿色，再次执行收缩 6 像素左右，删除中间部分色块，制作描边。

步骤三：排列海报文字

（1）使用字符面板调整文字大小，也可以选中文字后，按住 Ctrl+Shift 键的同时，按逗号缩小字体，按句号放大字体。

（2）使用字符面板调整字间距和行间距，也可选中文字后按住 Alt 键，使用上下方向键调整行间距、左右方向键调整字间距。

步骤四：其他素材排列

步骤五：保存图像并提交作业

案例二：PS 软件制作关联销售页高度尺寸如何控制并调整？

1. 情景设计

图片处理课堂小顾接到老师发放的关联销售页制作任务，第一次接触这么长的图片心里多少有点发怵，老师只是说新建画布的宽度是 750px，高度不限，这高度不限是多少？该怎么新建画布比较合适？心里正在嘀咕无法下手的小顾看到身边的笑泽不但已经建好了画布，而且首屏海报的制作基本已经完成，手足无措的小顾问笑泽新建的画布多高，笑泽说老师已经交代多高都行，多了可以删除少了可以增加，看着一脸蒙圈的小顾，笑泽本着诲人不倦的原则接着提问，你忘了之前学过的图像大小调整方法了？小顾恍然大悟，原来如此。

2. 任务描述

得到新建画布尺寸秘籍的小顾赶紧开始着手制作关联销售页，老师给定的样图整体比较高，分为好几个版面，小顾在正式制作之前将效果图分屏处理，分为首屏促销、价格趋势、引导购买、热销家具榜单和关联销售尾页制作，本章关联销售页相当于简化版和微缩版的详情页，为了夯实长页面作图的基础，为后续课程的学习做好充足的准备，小顾已经开始梳理关联销售页的作图思路。

3. 任务分解

步骤一：新建画布并导入素材

新建一个750px×2500px 大小的画布。

步骤二：制作首屏促销页面

步骤三：制作价格趋势图和引导购买页面

步骤四：制作热销家具榜单

(1) 将素材沙发(1)的小眼睛打开，调整大小和合适的位置，利用椭圆工具按住Shift键画出圆形，调整到合适的位置和大小，再利用文字工具打出“抢”，对它加粗并调整位置和大小。

(2) 利用圆角矩形工具画出一个图形，调整位置，利用文字工具打出“下单立即购买”，并放到合适的位置。

(3) 利用矩形工具画出一个矩形，放到合适的位置，再利用文字工具打出“热销家具榜单”放到合适位置。

步骤五：制作关联销售尾页

步骤六：保存图像并提交作业

(1) 在制作的过程中不断地按Ctrl+S键对保存图像，此时制作过程会保存在已经存储的psd格式的源文件中。

(2) 图片制作完成后按Ctrl+Shift+S键另存一份jpg格式的图片提交作业。

请结合案例一、二所给资料，预习课件内容，分析并讲述PS软件调整字体大小有什么快捷键，字间距、行间距调整有什么快捷键，总结使用快捷键调整文字属性的优势。

【知识准备】

文字的出现是人类社会文化进步的重要标志，文字设计是电商设计的重要组成部分，无论是平面设计图片还是各种网店美工图片都会使用图文混排的方式呈现，且文字的排版有多种原则和设计方法，随着 Photoshop 软件的不断升级，在文字处理功能上有了很大的改进，本次课程详细讲授 PS 软件文字工具组的使用方法。

一、文字工具组和点文字

1. 创建文字

在 Photoshop 中，可使用文字工具直接在图像中添加点文字，如果需要输入的文字较多，可以选择创建段落文字。此外，为了满足特殊编辑的需要，还可以创建选区文字或路径文字(图 10-2)。

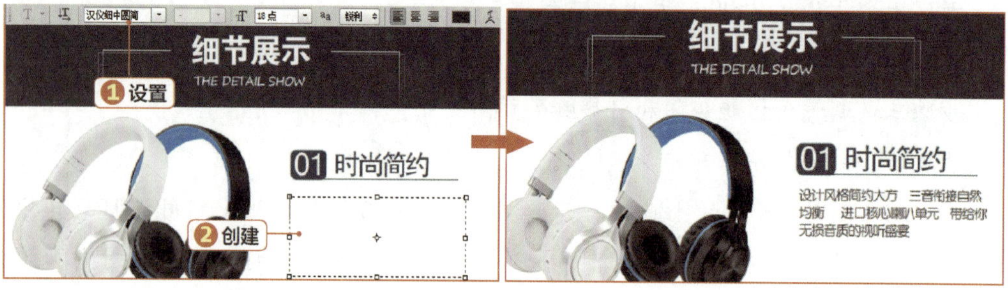

图 10-2　设计图片的文字展示

2. 文字工具组

Photoshop 中的文字工具是最常用、最重要的工具之一，可以使用文字工具在图像中添加文字，也可以制作图像文字以及各种效果的文字图片。掌握文字工具的使用方法和技巧非常重要，在软件中点击左边“T”文字工具，可以调出文字工具组，包括横排文字工具、直排文字工具、横排文字蒙版工具和直排文字蒙版工具，按住 Shift+T 可依次切换这四个工具。如图 10-3 所示。

（1）横排文字工具，就是以横排的方式输入文字内容。

（2）直排文字工具，就是以直排的方式输入文字内容。

（3）横排文字蒙版工具，就是以横排并且是蒙版的方式打字，需要注意横排文字蒙版工具打出来的文字，显示的是选区。

（4）直排文字蒙版工具，就是以直排并且是蒙版的方式打字，需要注意直排文字蒙版工具打出来的文字，显示的是选区。

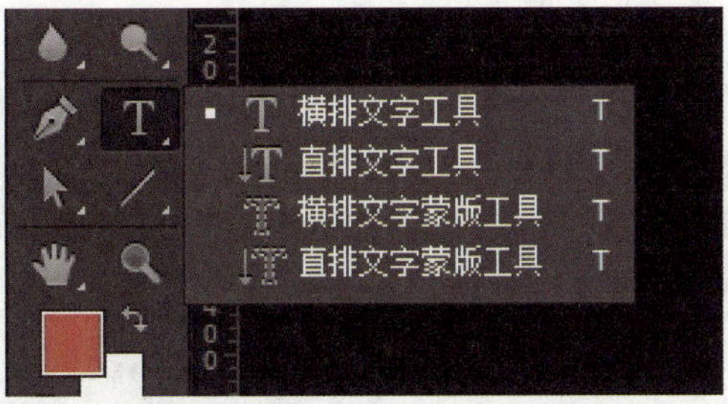

图 10-3 PS 软件文字工具组

3. 文字工具属性设置

通过文字工具的属性设置，可以实现横排、直排文字的输入，可以更改文字的字体和字重，可以修改文字的大小、字体颜色以及段落的对齐方式等(图 10-4)。

图 10-4 文字工具属性栏

A：点击后可以直接将横排文本工具和直排文本工具相互转换。

B：在这里选择需要的字体样式(这些字体是操作系统自带的，可以在操作系统中安装其他字体，在这里使用)。

C：只针对西文字体设置的。

D：可以调整文字的大小。

E：字体的表现形式共 5 种，分别是无、锐利、犀利、浑厚、平滑。可以针对自己喜欢的表现形式在这里选择，“平滑”是比较常用的，边缘会比较光滑。

F：文字对齐方式。可以在这里选择自己想要的对齐方式，以便更好地排版，比如左对齐、右对齐、居中等。

G：字体的颜色，在这里可以修改字体颜色，也可以用填充快捷键进行文字颜色修改，快捷键为 Alt+Delete。

H：创建变形文字。

I：文字段落的调整。

4. 横排/直排文字工具——点文字

在工具栏中选择横排或直排文字工具(快捷键 T)，选好文字工具后，在图像上欲输入文字处单击鼠标左键，这时就会出现小的“I”图标，这就是输入文字的基线，在对应“I”图标内输入所需的文字，就会生成一个新的文字图层，最后按住 Ctrl+Enter 快捷键即可生成对应的文字，具体效果如图 10-5 所示。

图 10-5　创建点文字

点文字始终是一行或一列输入，换行或换列需手工敲，点文本是一个水平或垂直的文本行，即选择文字工具后在图像窗口中直接单击，然后输入的文本，如果需要输入的文字较少，可以采用此种方式，以便对文字进行艺术化处理。点文字点击一下画布即可书写，虽然比较方便但不能自动换行，必须利用回车键才能完成换行，如图 10-6 所示，如果不点击回车键，输入的文字便会溢出画布无法看到。

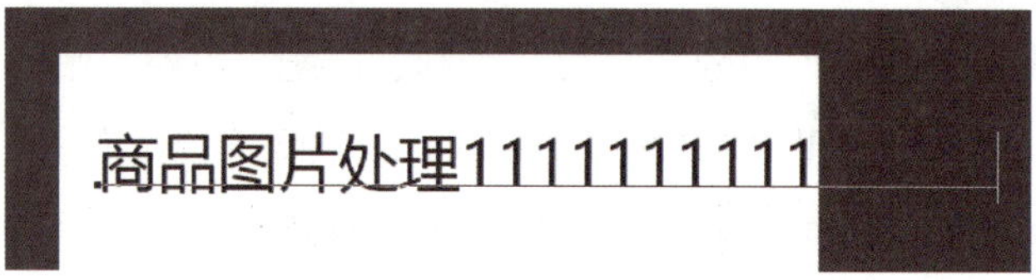

图 10-6　点文字的特点

当输入文字之后就会自动生成一个文字图层，所以文字是以图层形式存在的，文字图层是普通的图层，可以进行文字图层移动、放大缩小等，只有在文字图层被选择的状态下才能编辑文字图层(图 10-7)。

不同文字的特点有大小、字体、间距、行距、颜色、样式等，制作 banner 图的过程中文字是非常重要的元素之一，要想让文字排列美观主题突出，就必须体现大小的差异，字体的使用要符合产品的气质，字间距和行间距调整要合理，字体颜色要符合图片整体的配色基调，必要的时候要添加部分字体样式等(图 10-8)。

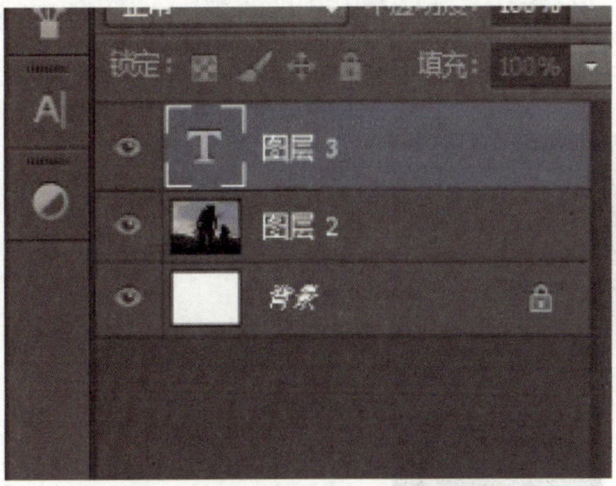

图 10-7　创建文字自动生成新图层

图 10-8　文字排版的重要性

5. 更换字体大小的方法

Photoshop 是一款广泛用于图像处理和设计的专业工具。在使用 Photoshop 进行设计或编辑时，有时候可能会遇到字体过小的问题，这可能会影响可读性和设计效果，此时就需要调整字体的大小。

进入 Photoshop 后，点击“T”图标，使用文字工具选择要调整大小的字体，点击属性栏中字体的大小，进行更换，字体大小选择最大是 72 点，手动输入最大值为 1296 点，如果以上数值不能满足需求，也可以通过自由变换执行再次放大(图 10-9)。

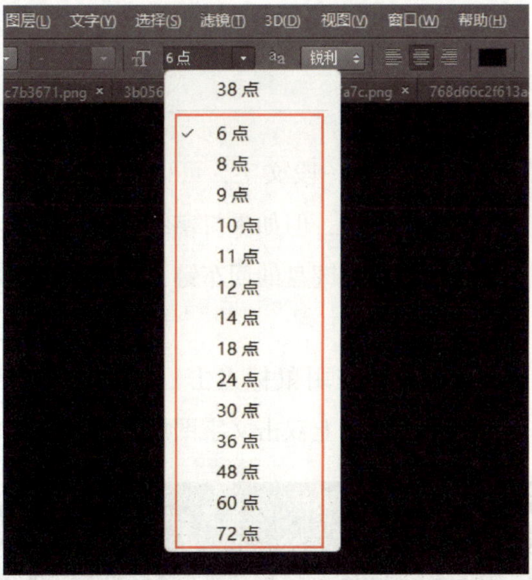

图 10-9　文字工具属性栏调整字体大小

6. 字体边缘样式

边缘样式的原理就是在文字边缘处的像素格子的中间添加半透明的像素，使过渡自然，减少锯齿的存在。如在 Photoshop 中，“平滑”的作用是减少边缘的锯齿，让边缘过渡平滑合理，减少画面颜色对比度的同时让画面颜色过渡合理(图 10-10)。

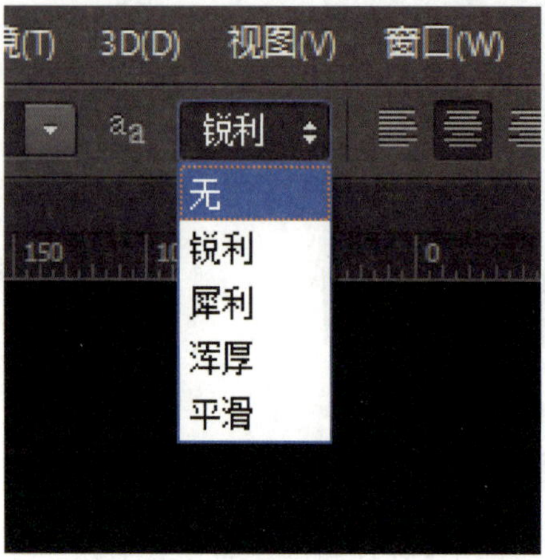

图 10-10 字体边缘样式调整

小资料卡片

在 PS 中，文字蒙版工具包括“横排文字蒙版工具”和“直排文字蒙版工具”两种。使用文字蒙版工具输入文字以后，文字将以选区的形式出现，在文字选区中，可以填充前景色、背景色及渐变色等。

7. 退出和恢复文字编辑

打开 Photoshop 软件，如果要编辑一段文字，可以选择工具栏中的“T”，在点击后就可以输入，如果要换行，按回车键就行，但如果打字结束后想确认，也就是结束输入，则可以使用 Ctrl 加回车键，也可以使用小键盘的回车键，直接切换为移动工具或在属性栏点击对勾(图 10-11)。

对于某段文字，如果想再编辑，先用鼠标点击一下“T”，然后点击一下这个文字区域，就可以打字输入了，或在图层面板上双击文字图层缩览图也可以恢复编辑状态。

图 10-11 属性栏退出文字编辑方法

二、段落文字的使用

在工具栏中选择横排或直排文字(快捷键 T)，选择好文字工具后，在图像上欲输入文字处用鼠标拖拉出文本框，就可以在这个文本框中输入要输入的文字，这样输入的文字为段落文字。段落文字是在文本框内输入的文字，它具有自动换行、可调整文字区域大小等优势。当进行画册、样本等设计时，经常需要输入较多的文字，这时可以把大段的文字输入在文本框中，以便对文字进行更多的控制。

1. 创建和编辑段落文字

(1) 打开 Photoshop，然后通过点击菜单栏上的“文件>新建”来创建一个新的画布，或者打开想要编辑的现有图片。

(2) 在工具栏中找到并选择“横排文字工具”(快捷键为 T)，如果你需要创建垂直方向的文字，则选择“直排文字工具”。

(3) 按下鼠标左键并拖动以创建一个文本框，这个框定义了文字的边界，当文字达到边界时会自动换行，释放鼠标后，光标会在框内闪烁，表明可以开始输入文字(图 10-12)。

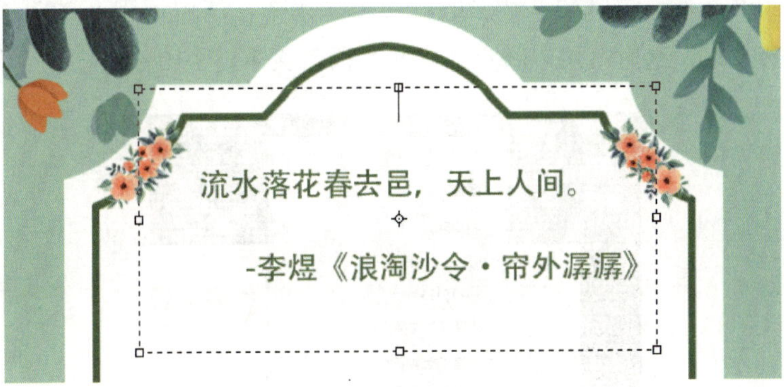

图 10-12　文字工具绘制文本框

(4) 在创建的文本框内直接输入段落文字，可以直接打字或者复制粘贴大段文本进去，文字会根据文本框的大小自动换行(图 10-13)。

(5) 使用“段落”面板(如果面板未显示，可以通过菜单栏的“窗口>段落”来打开)来调整段落格式，如对齐方式(左对齐、居中、右对齐、两端对齐)、行距、段前段后间距、缩进等。

(6) 可以通过字符面板(“窗口>字符”)调整字体、字号、颜色、字重等字符级别的属性。

(7) 要编辑已有的段落文字，只需双击文本框，光标就会出现，允许修改或添加内容，若要调整文本框的大小，可以使用选择工具(V 键)选中文本框并拖动边角。

(8) 完成编辑后，点击画布外的任何地方或者按 Ctrl+Enter 来完成编辑并退出文本编辑模式。

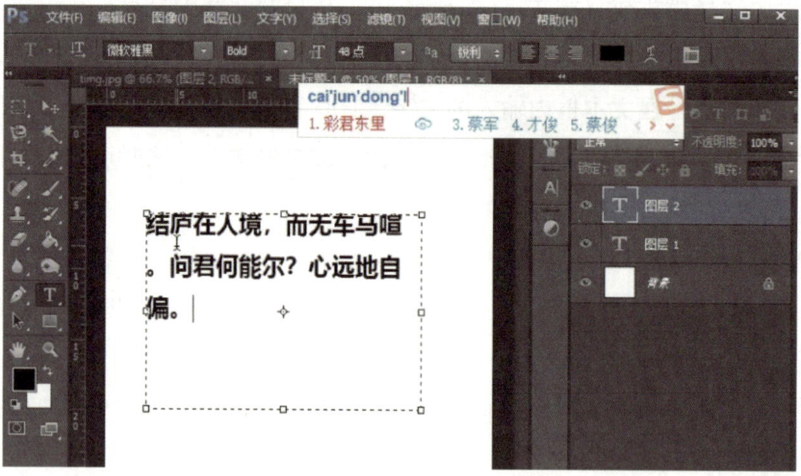

图 10-13　文字工具编辑段落文字

2. 段落文本和点文本的转换

点文本和段落文本是可以相互转换的，先激活文字，然后选中文字图层，右击鼠标，选中转换为段落文本，这时就可以将点文本转为段落文本(图 10-14)。

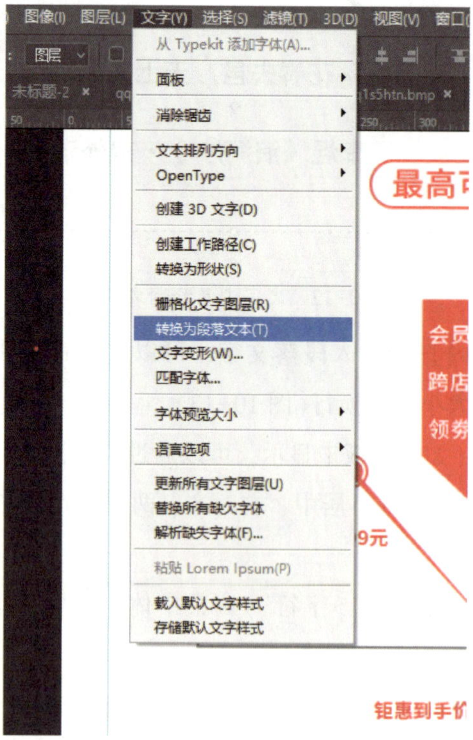

图 10-14　段落文本和点文本的转换

3. 文字工具占位符

所谓的占位符就是先占住一个固定的位置，等着再往里面添加内容的符号，占位符用于文档排版，就是当决定要在版面的一个地方放一张图片或其他东西的时候，并且有多种选择但一时又决定不了，就可以先放一个图像占位符设置好高和宽，待以后决定好了再来放入需要的图片。

用 PS 软件设计海报或图片时会对文本数量做一个估算，在这种情况下就需要在菜单栏中选择占位符文本来填充文字框架。占位符文本的作用就是帮助快速建立起文本中的格式和图层，一旦拿到文本副本，则只需将定版的文本内容进行一个简单替换即可。

小资料卡片

调整占位符尺寸：可以通过拖动占位符边缘的锚点来调整其大小。

调整图片显示：图片置入占位符后，可以通过点击占位符图层并使用属性栏中的选项来进一步调整图片的显示方式，如内容识别缩放等。

占位符的使用方法为点开编辑首选项的文字设置面板，勾选“使用占位符文本填充新文字图层”(图 10-15)，点击确定，再使用文字工具就会自动填入“Lorem Ipsumg”字样的占位符文本了(图 10-16)。

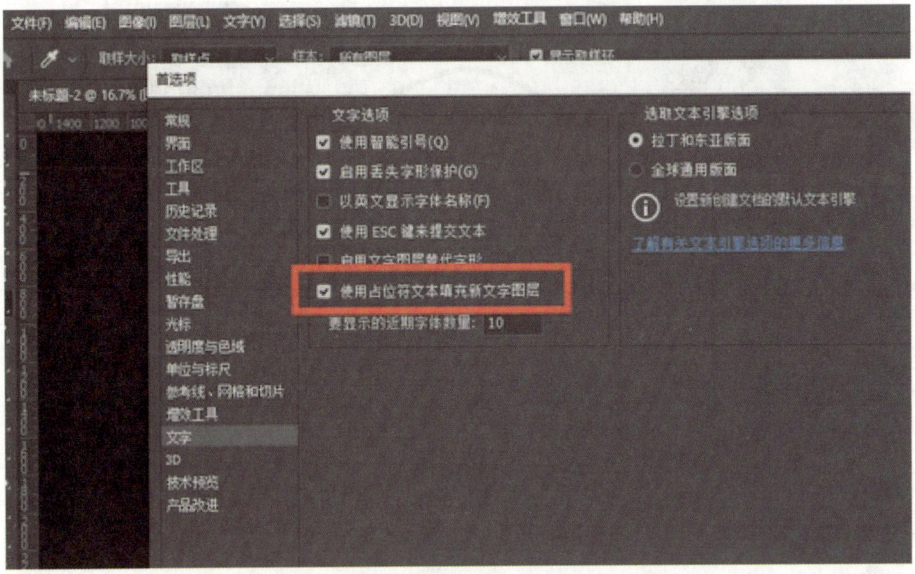

图 10-15　首选项文字设置面板

图 10-16 文字工具占位符

4. 文本框小加号

手动输入或者复制粘贴需要输入的文本，若虚线文本框右下角的方框中有个小加号，则说明文字没有显示完全，为了避免出现文字丢失的情况，此时需要对文本框的大小进行调整，将文本框拉大即可看到隐藏文字(图 10-17)。

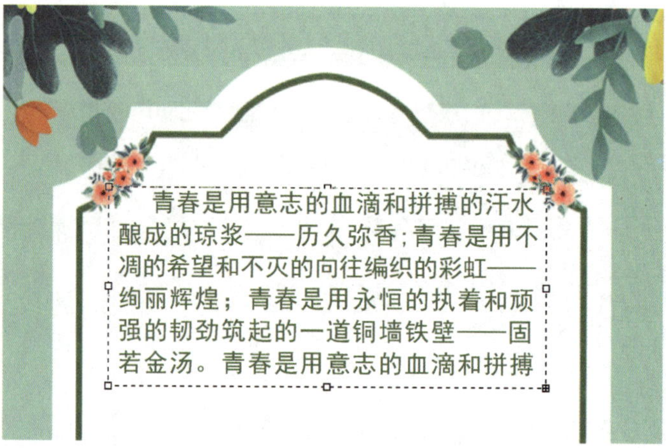

图 10-17 文本框有隐藏文字状态

5. 文字蒙版工具

在工具栏中找到文字工具里面的蒙版工具(快捷键 T)，使用它时先创建临时蒙版，提交之后就可以创建选区，作用是可以快速建立文字选区，效果如图 10-18 所示。

图 10-18　文字蒙版工具

6. 蒙版工具和文字工具区别

用文字工具打出来的字是实实在在的文字图层，而用文字蒙版工具得到的字是具有文字外形的选区，不具有文字的属性，也不会像文本工具那样生成一个独立的文字层，常利用文字蒙版工具制作一些镂空文字(图 10-19)。

图 10-19　文字蒙版工具制作镂空文字

三、字符面板的设置

用 PS 软件对文字进行排版布局时，部分区域会遇到文字数量过多的情况，例如美食菜单。为了确保图像的美观，需要对字符进行相应的调整，以便符合大部分人的审美。这时我们就会用到文字面板，常见的文字面板包含字体、字体大小、字间距、行距、缩放、颜色等属性(图 10-20、图 10-21)。

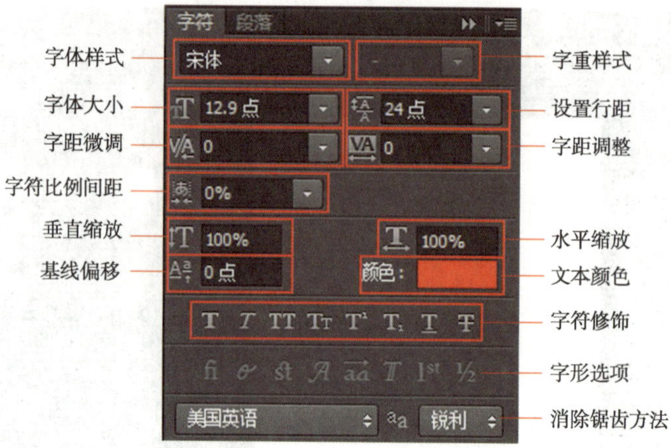

图 10-20　文字面板的设置

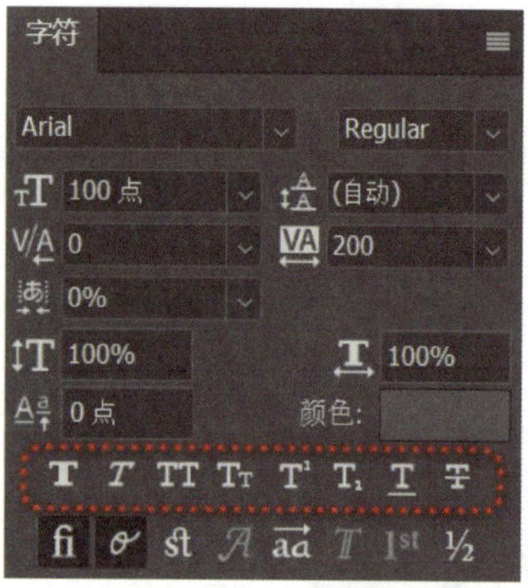

图 10-21　字符修饰按钮

字体样式：选择不同的字体类型，如宋体、黑体、Arial、Helvetica 等。

字重样式：用于选择某个字体的多个变体，比如常规(Regular)、斜体(Italic)、粗体(Bold)和粗斜体(Bold Italic)等。

字体大小：调整文本的大小，常用单位是点(pt)，一个点相当于 72ppi 图像中的 1/72 英寸。若要使用替代度量单位，可直接在"字体大小"文本框的数值后面输入单位，还可在"首选项/单位和标尺"中更改默认的文字度量单位。

设置行距：控制行与行之间的距离，通常以点为单位。

字距微调：字距微调是增加或减少特定字符对间距的过程，在两个字母之间单击后设置字距微调的值。

字距调整：调整字符间的空间，整体控制文本的疏密，字距调整是放宽或收紧选定文本或整个文本框中字符间距的过程，正值使字距变大，负值使字距变小。

垂直缩放：在某些版本中，可以改变文本的纵向比例。

水平缩放：改变文本的横向宽度，不改变字体高度。

基线偏移：相对于周围文本的基线上下移动所选字符，以手动方式设置分数字或调整图片字体位置时，基线偏移尤其有用。

文本颜色：用于设置文本的颜色，自定义文本颜色，可以是预设色也可以通过颜色选择器自定义。

仿粗体：将现有字体进行加粗处理。

仿斜体：如果选取的字体系列不包含粗体或斜体样式，可点击此处以应用模拟样式。

全部大写字母：将选定的字符更改为大写字母。

小型大写字母：快捷键 Ctrl+Shift+H，将选定的字符更改为小型大写字母。小型大写字母指的是与小写字母一样高的大写字母。

上标和下标：上标和下标文本是尺寸变小且相对基线上升或下降的文本，如果字体不包含上标或下标字符，利用这个功能可生成仿上标或仿下标字符。

下划线：为文字添加下划线。

删除线：给文字添加删除线。

小资料卡片

通过这些详细的设置，设计师可以创造出既专业又具有个性化的文本效果，满足不同设计项目的需求。字符面板的使用对于提升设计作品的文字表现力至关重要。

四、路径文字

路径文字是指创建在路径上的文字，文字会沿着路径排列，改变路径形状时，文字的排列方式也会随之改变。用于排列文字的路径可以是闭合式的，也可以是开放式的。一直以来，路径文字都是矢量软件才具有的功能，Photoshop 中增加了路径文字功能后，文字的处理方式就变得更加灵活了（图 10-22）。

图 10-22　路径文字的应用

1. 创建路径文字

（1）启动 Photoshop，然后通过点击“文件>新建”来创建一个新的工作文档。选择路径绘制工具，可以选择“钢笔工具”（P 键）来绘制自定义路径，或者使用“椭圆工具”“矩形工具”等，但需确保在顶部工具选项栏中设置“路径”模式，而非“形状”或“像素”模式。

（2）使用所选的工具绘制路径，在画布上绘制你想要文字跟随的路径。例如，如果想让文字沿圆形排列，可以使用椭圆工具画一个圆，但记得选择“路径”模式。

（3）绘制好路径后，选择文字工具切换到“横排文字工具”或“直排文字工具”，这取决于你想要文字的排列方向。

（4）将文字附加到路径上：将鼠标光标移动到路径上，光标旁边会出现一个弯曲的箭头图标。这时点击路径，光标就会跳到路径上，显示出输入文字的位置。

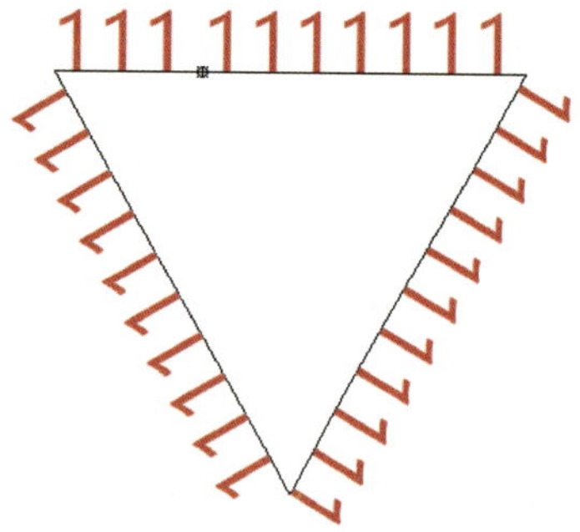

图 10-23　三角形路径文字

（5）在路径上点击并开始输入文字，文字会自动沿着路径排列(图 10-23)。

（6）文字输入完毕后，可以通过选项栏调整文字的字体、大小、颜色、对齐方式等属性。

（7）如果需要调整路径的形状，可以选择“直接选择工具”(A 键)来编辑路径上的锚点和方向线，若要编辑文字内容或格式，只需再次点击文字图层并使用文字工具进行修改并确认即可。

2. 路径文字操作技巧

（1）如果让文字沿着路径的边缘排列，则为“路径文字”，在路径上输入文字时，字符的基线始终与路径曲线相切，输入横排文字时，字符将垂直于基线，而输入直排文字时，文字方向会更改为与基线平行，如图 10-24 所示。

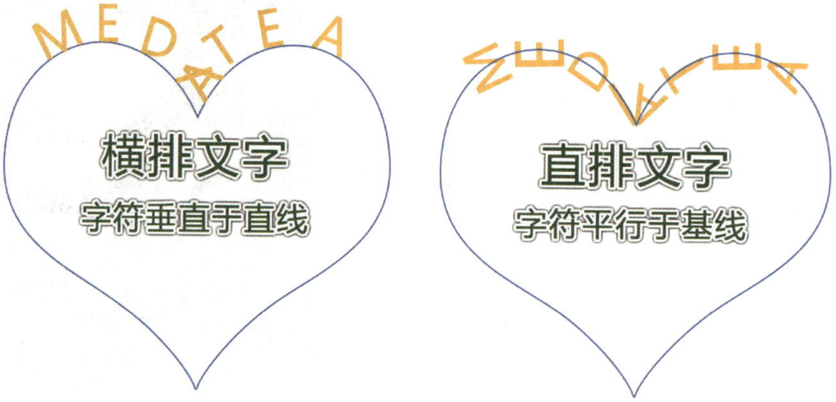

图 10-24　横排和直排路径文字

（2）可以使用任何一个文字工具(包括横排文字工具、直排文字工具、横排文字蒙版工具或直排文字蒙版工具)来创建路径文字，创建方法为首先定位指针，使文字工具的基线指示符位于路径上，单击路径上会出现插入点，即可输入文字。

（3）路径文字起点标识为×（图 10-25），是左对齐的边界点，若圆内有“+”号则表示后面还有部分文字未能显示出来，路径文字中点标识为◆，是用于居中对齐的点。

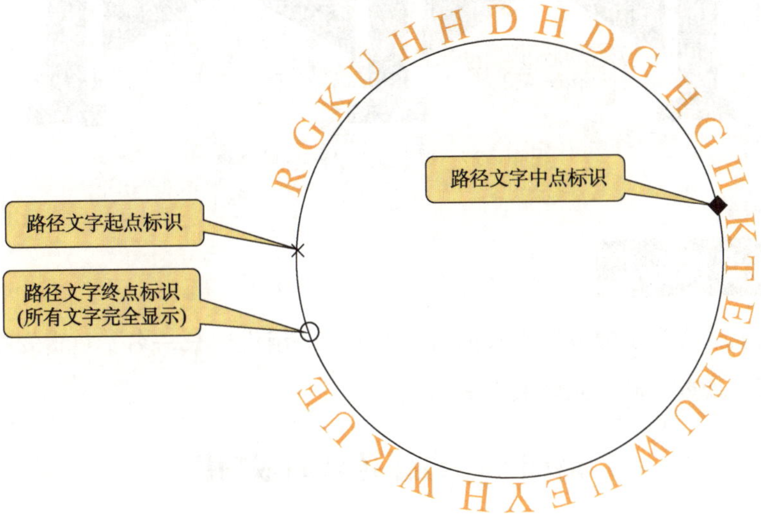

图 10-25　闭合路径文字展示

（4）在编辑文字的状态下，可按住 Ctrl 键拖动起点标识×，以确定路径文字的起点位置，按住 Ctrl 键拖动终点标识○，可确定路径文字的终点位置，当文字的长度越过了起点到终点的范围时，后面的文字将被隐藏（图 10-26）。

图 10-26　开放路径文字展示

（5）在文字为居中对齐时，按住 Ctrl 键拖动中点标识◆，可确定路径文字的中点位置，按住 Ctrl 键拖动任何一个标识横跨路径时，都可使文字沿路径翻转。

以上操作也可使用直接选择工具或路径选择工具来操作，选择直接选择工具或路径选择工具，并将鼠标指针置于文字之上时，指针会变为带箭头的“I”字形光标，如图 10-27 所示拖动以定位路径文字。

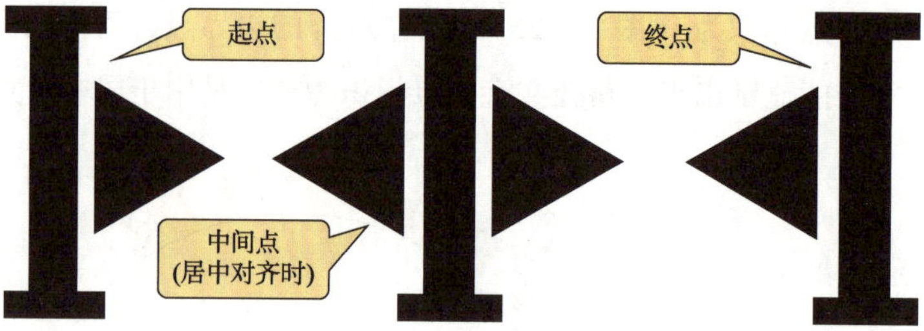

图 10-27　路径文字“I”字形光标

【任务实施】

根据班级人数将学生分成若干实训活动小组，每组设组长一名，负责安排、协调、督促小组完成实训任务，同时做好实训活动记录。

活动一　春暖花开海报制作

根据实训作业案例的具体要求，分析完成实训任务的操作步骤和知识要点。春暖花开海报素材如图 10-28 所示。

图 10-28　春暖花开海报素材

步骤一：新建画布并导入素材

（1）打开 PS 新建一个 960px×1440px 大小的画布。

（2）将给定素材置入画布，并适当调整大小。

（3）将新建画布保存一份名称为“春暖花开海报”psd 格式的源文件。

步骤二：海报背景制作

（1）将前景色设置为样图背景颜色，按住 Alt+Delete 组合键对新建画布填充前景色。

（2）将白底素材拖到 PS 中，将白底素材和画布一起选中，执行水平和居中对齐处理。

（3）将白底素材执行 Ctrl+J 复制一份，按住 Ctrl 键单击复制图层，缩览图生成选区，选择收缩 10 像素左右。

（4）新建图层，填充边框绿色，再次执行收缩 6 像素左右，删除中间部分色块，制作描边。

步骤三：排列海报文字

（1）使用点文字工具制作海报上方文字，利用文字工具属性面板完成字体颜色设置及字体大小、字间距设置。

（2）使用段落文字工具制作海报下方的文字，选择居中对齐方式，使用字符面板调整文字大小，也可以选中文字后，按住 Ctrl 键和 Shift 键的同时，再按逗号缩小字体，按句号放大字体。

（3）使用字符面板调整字间距和行间距，也可选中文字后按住 Alt 键，使用上下方向键调整行间距、左右方向键调整字间距。

（4）将春、暖、花、开素材全部导入 PS，一起调整春、暖、花、开四个素材的大小，利用参考线使四个文字上下左右都处于对齐状态，打组后对文字组执行水平居中对齐操作。

步骤四：其他素材排列

（1）将女孩的素材导入 PS，移动到合适的位置，调整至合适大小。

（2）将所有花素材导入 PS，调整大小和位置。

步骤五：图像的保存并提交作业

（1）在制作的过程中不断地按 Ctrl+S 键保存图像，此时制作过程步骤会保存在已经存储的 psd 格式的源文件中。

（2）图片制作完成后按 Ctrl+Shift+S 键另存一份 jpg 格式的图片提交作业（图 10-29）。

步骤六：学生讲解任务完成情况

组长抽取序号，并选出一名代表讲解本组的作业完成情况。

步骤七：师生点评

每个小组选出一名评委，对任务完成情况进

图 10-29　春暖花开报制作效果图

行打分，小组间互评，最后由教师进行点评。

活动二　关联销售页制作

根据【知识准备】中的相关资料，分析关联销售页制作的要点和步骤。关联销售页制作素材如图 10-30 所示。

图 10-30　关联销售页制作素材

步骤一：新建画布并导入素材

（1）新建一个 750px×2500px 大小的画布。

（2）将给定素材导入画布，并适当调整大小。

（3）保存一份名为“关联销售页”psd 格式的源文件。

步骤二：制作首屏促销页面

（1）在工具栏中找到矩形工具，在画布中画出一个矩形，将它的颜色调成图 10-31 的颜色。

（2）将素材中的猫头素材的小眼睛关掉，对它添加颜色叠加，并调到合适大小和位置。

（3）利用文字工具，打出“全场低至 8 折”“618 大放价”“限时疯抢”，打好文字后调整位置和字体。

（4）利用钢笔工具画出“限时疯抢”左侧的两个三角形和“大放价”右侧的两个三角形，再利用椭圆工具按住 Shift，画出一个圆形并将它改变颜色，调整合适的位置和大小，然后复制两份，重复上一步骤即可。

步骤三：制作价格趋势图和引导购买页面

(1) 利用文字工具，打出“大牌直降　钜惠不止”，利用圆角矩形工具，关掉填充，打开描边将半径调成 60px 画出一个图形。新建图层，利用文字工具打出“最高可省 660 元”。

(2) 在工具栏中找到钢笔工具，再在属性栏中找到路径并改成形状。

(3) 将描边打开，再将填充关掉，按住 Shift 键画出横和竖。

(4) 新建一个蒙版，在工具栏中找到椭圆工具，将描边打开，再将填充关掉，按住 Shift 键画出一个圆。再新建一个蒙版，将椭圆工具的填充打开，描边关掉，然后按住 Shift 键画出一个圆，将两个圆像上方图片一样放到一起。放好后选中两个圆的图层点击鼠标右键，点击栅格化，再点击合并图层。复制五份放到对应的位置。

(5) 点击钢笔工具，打开填充，关闭描边，在图上画出穿过三个圆的图形，画好后复制一份并选中(Ctrl+T)，右击水平反转，反转后调整整体位置。

(6) 利用矩形工具，按住 Shift 键画出一个正方形，再利用多边形工具将边数调成三，画出三角形，将两个形状放到对应的地方。

(7) 利用文字工具打出效果图片(图 10-31)的相对内容即可。

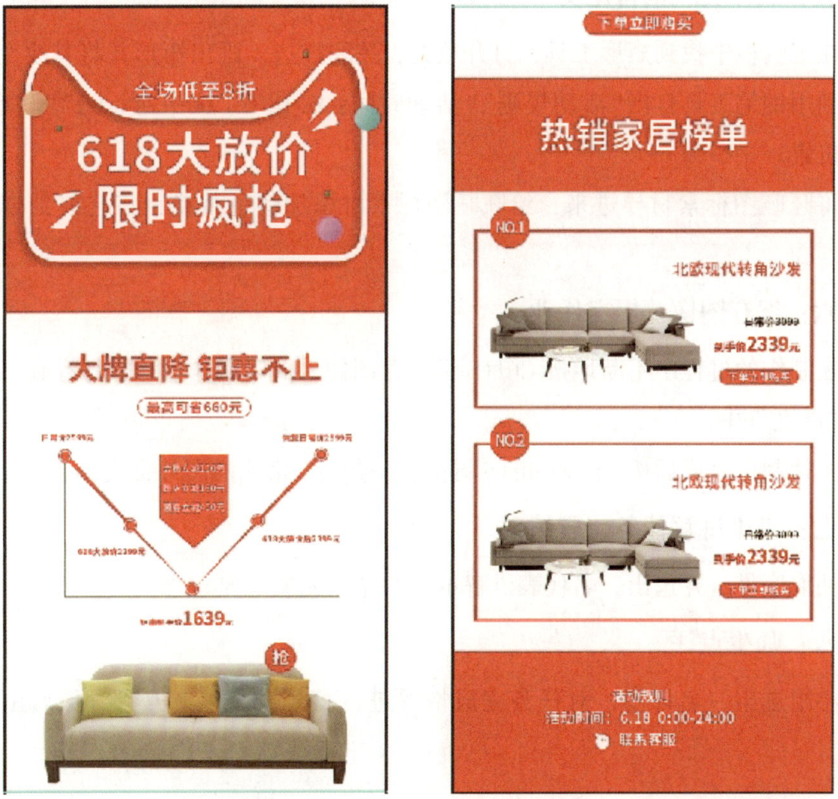

图 10-31　关联销售页制作效果图

步骤四：制作热销家具榜单

（1）将素材沙发(1)的小眼睛打开，调整大小和合适的位置，再利用椭圆工具按住Shift键画出圆形，调整到合适的位置和大小，利用文字工具打出“抢”，将其加粗并调整位置和大小。

（2）利用圆角矩形工具画出一个矩形，调整位置，利用文字工具打出“下单立即购买”，放到合适的位置。

（3）利用矩形工具画出一个矩形，放到合适的位置，再利用文字工具打出“热销家具榜单”，放到合适的位置。

（4）利用矩形工具，将描边打开填充关掉，画出一个矩形并打组。新建一个图层，利用椭圆工具按住Shift键画出圆形。新建一个图层，利用文字工具打上NO. 1放到画的圆中，再利用文字工具打出“北欧现代转角沙发”“日常价3099”“到手价2339元”。

（5）利用圆角矩形工具，把半径调成60px并画出矩形，画完后新建一个图层，利用文字工具打出“下单立即购买”，选中组Ctrl+J复制一份，向下移动到合适的位置，找到复制的文字NO. 1双击改成NO. 2。

步骤五：制作关联销售尾页

（1）在工具栏中找到矩形工具，打开填充，关闭描边，画出矩形并将其改变颜色，新建图层，利用钢笔工具打出“活动规则”“活动时间：6. 18 0：00—24：00”“联系客服”放到合适的位置。

（2）将旺旺图标素材导进来，给旺旺图标素材添加颜色替换，将它放到合适的位置即可。

步骤六：保存图像并提交作业

（1）在制作的过程中不断地按Ctrl+S键保存图像，此时制作过程会保存在已经存储的psd格式的源文件中。

（2）图片制作完成后按Ctrl+Shift+S键另存一份jpg格式的图片提交作业。

步骤七：学生讲解任务完成情况

组长抽取序号，并选出一名代表讲解本组的作业完成情况。

步骤八：师生点评

每个小组选出一名评委，对任务完成情况进行打分，小组间互评，最后由教师进行点评。

小资料卡片

制作关联销售页或详情页的时候，图片的宽度是固定的，往往长度无法确定，此时就需要根据作图的实际需要进行修改，如果画布尺寸过长，可以使用裁剪工具将多余的画布去掉；如果画布尺寸过短，可以利用图像画布调整功能，锁定上方后往下增加画布的尺寸。

【任务书】

任务书

任务内容	关联销售页制作
实训过程	
理论知识梳理	
实训过程总结	

教师记录、点评：

【巩固提高】

一、选择题

1. 在 Photoshop 中，可使用文字工具直接在图像中添加(　　)。

A. 点文字　　B. 段落文字　　C. 艺术文字　　D. 变形文字

2. 如果需要输入的文字较多，可以选择创建(　　)。

A. 点文字　　B. 段落文字　　C. 艺术文字　　D. 变形文字

3. 为了满足特殊编辑的需要，还可以创建选区文字或(　　)

A. 点文字　　B. 段落文字　　C. 艺术文字　　D. 路径文字

4. 若要将点文字转换为段落文本，可选择需要转换的文字图层，在其上(　　)鼠标右键，在弹出的快捷菜单中选择“转换为段落文本”命令即可。

A. 单击　　B. 双击　　C. 三击　　D. 不确定

5. (　　)是一个水平或垂直的文本行，即选择文字工具后在图像窗口中直接单击，然后输入的文本。

A. 点文字　　B. 段落文字　　C. 艺术文字　　D. 变形文字

6. (　　)的特点是点击一下画布即可书写，不能自动换行，可利用回车键完成换行。

A. 点文字　　B. 段落文字　　C. 艺术文字　　D. 变形文字

7. (　　)所有的字体都有字重。

A. 不是　　B. 是　　C. 偶尔　　D. 不确定

8. 字体大小选择最大是 72 点，手动输入最大值为(　　)，可通过自由变换执行放大缩小操作。

A. 1100 点　　B. 1200 点　　C. 1103 点　　D. 1296 点

9. (　　)的时候可以进行字体边缘样式和平滑度的调整。

A. 段落文字　　B. 艺术字体　　C. 大字体　　D. 小字体

10. (　　)可以放大和缩小文字。

A. Ctrl+Shift+，（。）　B. Ctrl+，（。）　C. Shift+，（。）　D. Shift+【（】）

二、填空题

1. 在文字编辑状态下，按住(　　　　)可以临时切换为移动工具。

2. 对文字图层填充(　　　　)可以改变文字颜色。

3. 段落文本是在文本框内输入的文字，它具有(　　　　)、可调整文字区域大小等优势。

4. 当进行画册、样本等设计时，经常需要输入较多的文字，这时可以把大段的文字输入(　　　　)中，以便对文字进行更多的控制。

5. 占位符作用是为段落文字提供(　　　　)。

6. 文本框右下角有小加号，说明文字(　　　　)，仍有部分文字由于文本框过小而处于隐藏状态。

7. 仍有部分文字由于文本框过小而处于隐藏状态，将文本框(　　　　)即可看到隐藏文字。

8. 调整行间距的快捷键为(　　　　)。

9. 调整字间距的快捷键为(　　　　)。

10. 工作路径四个字为斜体，证明此路径处于(　　　　)状态。

三、判断题

1. 为了满足特殊编辑的需要，还可以创建选区文字或路径文字。(　　)

2. 若要将点文本转换为段落文本，可选择需要转换的文字图层，在其上单击鼠标右键，在弹出的快捷菜单中选择“转换为段落文本”命令即可。(　　)

3. 若要将段落文本转换为点文本，则在弹出的快捷菜单中选择“转换为点文本”命令即可。(　　)

4. 点文本是一个水平或垂直的文本行，即选择文字工具后在图像窗口中直接单击，然后输入的文本。(　　)

5. 文字工具组包括横排文字工具和直排文字工具两个工具。(　　)

6. 点文字的特点是点击一下画布即可书写，能自动换行。(　　)

7. 字体大小选择最大是 72 点，手动输入最大值为 1296 点，可通过自由变换执行放大缩小操作。(　　)

8. Ctrl+Shift+,。可以放大和缩小文字。(　　)

9. 恢复文字编辑的方法为在文字工具下点击文字或双击文字图层。(　　)

10. 文本框右下角有小加号，说明文字没有显示完，仍有部分文字由于文本框过小而处于隐藏状态。(　　)

项目十一 图层混合模式和图层样式

【项目简介】

本章学习图层的混合模式和图层样式，图层混合模式是指一个图层与其下图层的色彩叠加方式，之前所使用的是正常模式，除了正常模式以外还有很多种混合模式，它们都可以产生迥异的合成效果。本章首先讲解混合模式组和每个组里不同混合模式的用途和特点，并举例说明不同混合模式能达成的视觉效果；其次介绍图层的样式，图层样式以斜面浮雕和内外阴影为主，通过图层混合模式和图层样式的学习，同学们能够简单快捷地合成图片并制作出各种立体投影、各种质感以及光影效果的图像特效。

【学习目标】

知识目标

了解图层混合模式的作用和激活图层混合模式的方法；
了解不同混合模式组的效果和最常用的混合模式。

能力目标

掌握斜面浮雕图层样式的参数设置和使用方法；
掌握内外发光以及阴影的参数设置和使用方法。

素养目标

在图层混合模式上下层配合学习中，培养团结互助的团队精神；
在图层样式绘制不同风格的图形学习中，培养勇于创新的职业精神。

【知识框图】

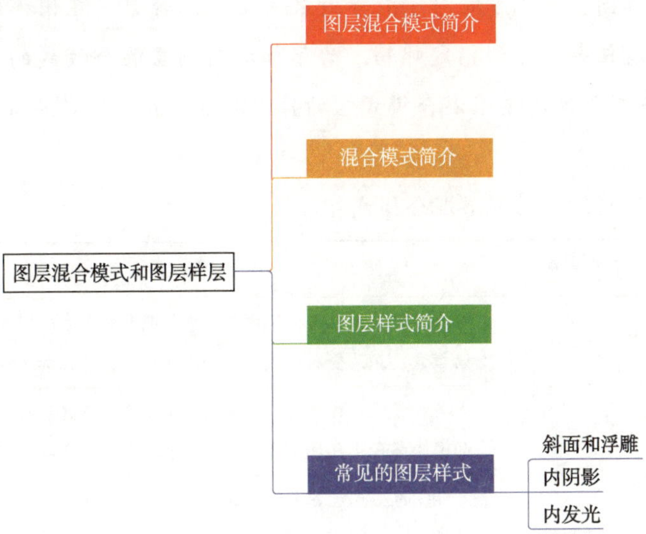

图 11-1　图层混合模式和图层样式

【任务描述】

图层样式是 Photoshop 中一项强大的功能，允许用户为图层对象、文本或形状添加各种视觉效果，如投影、内阴影、外发光、内发光、斜面和浮雕等，以增强图层的视觉吸引力。可以通过调整混合模式、不透明度、角度、距离、扩展和大小等参数来达到所需的效果。

案例一：白纸上用黑色墨水书写的毛笔字怎么去掉底色？白色去掉是被抠除背景了吗？

1. 情景设计

校园美工小达人彬彬和子博收到 XW 美工设计公司发放的图片处理任务，打开素材包发现有很多写在白纸上的毛笔字素材需要抠除背景，向来注重效率的子博看到要求 3 个小时内提交任务，于是赶紧放下手头的书本打开计算机开始操作，可是无论使用选区类工具还是使用钢笔工具，对于毛笔字边缘的抠除效果总是不尽如人意，正当子博愁眉苦脸艰难抠图的时候，彬彬已经做完所有图片准备打包发送了，子博赶紧询问怎么能这么快做完，为什么自己连一张图都还没有做完。彬彬让子博演示一下操作步骤，一下子就找到问题所在，反问子博一句：去白留黑需要抠图？

2. 任务描述

子博听到彬彬的问题恍然大悟，刚学的图层混合模式怎么忘了用了，于是赶紧重新梳理思路开始作图，一旦方向对了效率效果都会双向奔赴，在彬彬的帮助下两人三下五除二做完所有任务发送到指定邮箱。为了加深对图层混合模式的记忆，两人决定再次梳理一下PS软件所有图层混合模式组的作用和单个混合模式的特点。

3. 任务分解

步骤一：回顾总结常用图层混合模式组

序号	混合模式组	混合模式名称
1	加深混合组	可以使图像变暗，下方图层中的亮色被上方较暗的像素替代，包括变暗模式、正片叠底模式、颜色加深模式、线性加深模式
2	减淡混合组	与加深混合组相反，可以使图像变亮，下方图层中的暗色被上方较亮的像素替代，包括变亮模式、滤色模式、颜色减淡模式和线性减淡模式
3	对比混合组	50%的灰色完全消失，高于50%灰的像素会使底图变亮，低于50%灰的像素会使底图变暗，包括叠加模式、柔光模式、强光模式、亮光模式、线性光模式等

步骤二：回顾常用图层混合模式的用途

步骤三：混合模式记忆大比拼

分小组记忆并回答不同混合模式的用途。

步骤四：学生讲解任务完成情况

组长抽取序号，并选出一名代表讲解本组的任务完成情况。

步骤五：师生点评

案例二：如何利用形状工具配合图层样式绘制钟表？

1. 情景设计

本次课程项目实训是钟表图片的制作，彬彬和子博总结不同矩形工具的特点后，选择合适的工具配合渐变填充快速将基本图形绘制了出来，按照效果图要求完成既定的排版布局，在检查作业并上交的过程中发现两个问题，两个人做的斜面和浮雕样式的阴影颜色不太合适，而且小顾使用fx制作立体无法像效果图那么自然贴合。经过反复尝试终于找到了合适的颜色并降低了不透明度后才达到想要的效果，彬彬和子博为了避免以后再出现同样的问题，决定梳理一下项目实训的思路。

2. 任务描述

钟表图片制作首先需要用圆角矩形工具和椭圆工具画出需要的图层，利用图层样式来制作效果图显示的效果，根据效果图将素材执行自由变换后放在合适的位置，利用图层样式中的投影制作影子。其中特别需要注意的是要根据想要的效果调整图层样式面板的参数，直至达到效果图的样子；部分基本图层的样式是一样的，对于这样的情况不用单个设置，只需将已有的图层样式复制到别的图层即可。

3. 任务分解

步骤一：新建画布并存储文件

(1) 新建画布。

(2) 按 Alt+Delete 键对新建画布填充颜色。

步骤二：钟表耳朵制作方法

(1) 使用圆角矩形绘制图形。

(2) 使用斜面浮雕制作效果图。

步骤三：钟表底座制作

(1) 从中心点绘制直径为 630px 左右的正圆。

(2) 复制钟表耳朵的图层样式，粘贴到底座。

步骤四：钟表内渐变圆制作

(1) 从画布中心点分别绘制两个正圆，重命名为外圆和内圆。

(2) 使用渐变叠加图层样式制作效果图样式。

步骤五：红色表盘的制作

(1) 从画布中心点绘制正圆，描边关闭填充打开。

(2) 为新绘制表盘添加内阴影图层样式。

步骤六：表轴和指针的制作

(1) 绘制表轴、时针和分针，并添加斜面浮雕图层样式。

(2) 调整时针、分针及表轴的位置和图层顺序，最终呈现效果图样式。

步骤七：保存图像并提交作业

请结合案例一、二所给资料，预习课件内容，分析并讲述 PS 软件都有哪些混合模式组，各自的功能是什么，白纸上用黑色墨水书写的毛笔字怎么去掉底色，白色去掉是被抠除背景了吗，以及如何利用形状工具配合图层样式绘制钟表。

【知识准备】

在 Photoshop 中，图层混合模式被广泛应用，如用于调色、增强图像效果等，通过调整图层混合模式，可以轻松地改变图像的整体色调和氛围，或者突出图像的某些部分，图层混合模式是图像处理中非常重要的一个技术，掌握它可以为图像创作带来更多的可能性和创意空间。

图层样式是图像处理软件 Photoshop 中的一项图层处理功能，是使后期制作图片达到预期效果的重要手段之一。图层样式的功能强大，能够简单快捷地制作各种立体投影、各种质感以及光影效果的图像特效。与传统操作方法相比，图层样式具有速度更快、效果更精确、更强的可编辑性等优势。

一、图层混合模式简介

1. 混合模式

图层混合模式是在图像处理软件中，用来控制上下两个图层色彩叠加的一种方式，其主要功效是可以用不同的方法将对象颜色与底层对象的颜色混合，从而产生特殊的视觉效果，当将一种混合模式应用于某一对象时，在此对象的图层或组下方的任何对象上，都可看到混合模式的效果。图层混合模式的原理比较复杂，涉及颜色通道、色彩叠加的算法等。

2. 区分三个颜色名词

为了更好地理解混合模式的原理和效果，首先需要认识以下三个名词。

基色：图像中的原稿颜色，也就是我们要用混合模式选项时，两个图层中下面的那个图层中的像素颜色。

混合色：通过绘画或编辑工具应用的颜色，也就是我们要用混合模式命令时，两个图层中上面的那个图层中的像素颜色。

结果色：基色与混合色混合后得到的颜色。

3. 设置图层不透明度

通过设置图层的不透明度可以使图层产生透明或半透明效果，在图层面板右上方的“不透明度”数值框中输入数值来进行设置，范围是 0%~100%。不透明度值越小，就越透明；当不透明度值为 0%时，该图层将不会显示，完全显示其下面图层的内容。

在设计和编辑图像时，了解不透明度的概念非常重要，因为它可以影响图层叠加、混合和透视效果。不透明度通常以百分比表示，从 0%(完全透明)到 100%(完全不透明)。在实际操作中，使用不透明度可以实现许多效果。例如，通过调整图层的不透明度，可以使图像逐渐变得透明，从而实现淡入淡出的效果(图 11-2)。此外，不透明度还可以用于创建半透明的阴影效果、叠加图层以及制作透明的图标或标志。此外，在图层混合模式中，不透明度也扮演着重要的角色。

图 11-2　相同图片降低不透明度效果

4. 制作混合模式观察层

激活混合模式至少需两个图层，一个图层无法激活混合模式。为了更好地观察混合模式的作用，首先在 PS 中打开要编辑的图像，在图层面板中新建一个图层。在新建的图层上绘制或填充需要的颜色，在图层面板中选择需要混合的图层，并在图层面板中将图层的混合模式设置为需要的混合方式。调整图的不透明度和颜色属性，使之达到最终的混合效果，将素材中的风景导入 PS 软件(图 11-3)。

图 11-3　混合模式观察原图

在风景图片的上方添加黑白灰的色块(中性灰#808080)，转换为智能对象作为混合层。在此注意，形状图层直接合并会丢失颜色，所以整体选中转换为智能对象来作为观察层(图 11-4)。

图 11-4　混合模式观察原层

二、混合模式简介

图层混合模式是指对上一层图层与下一层图层的像素进行混合，从而得到一种新的图像效果。通常情况下，上层的像素会覆盖下层的像素。Photoshop 提供了二十多种不同的色彩混合模式，不同的色彩混合模式可以产生不同的效果(图 11-5)。

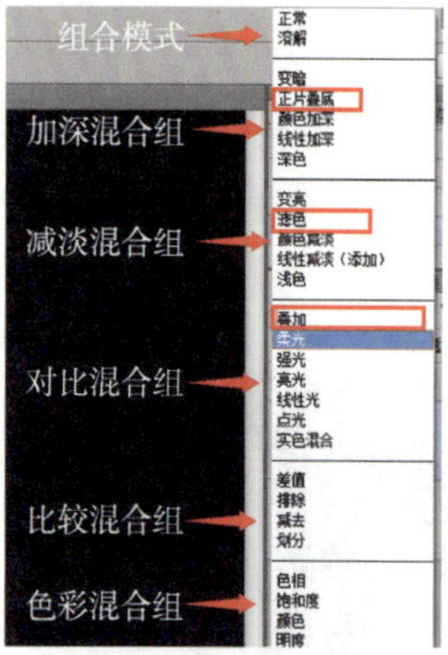

图 11-5　不同混合模式组合

1. 正常混合模式

正常模式下编辑每个像素，都将直接形成结果色，这是默认模式，也是图像的初始状态，此模式下，可以通过调节图层不透明度和图层填充值的参数，要不同程度地显示下一层的内容，只有降低图层的不透明度才能产生作用。

图 11-6 为正常模式降低不透明度的效果，图 11-7 为溶解模式降低不透明度的效果。

图 11-6　正常模式降低不透明度效果

图 11-7　溶解模式降低不透明度效果

溶解模式是用结果色随机取代具有基色和混合颜色的像素，取代的程度取决于该像素的不透明度，下一层较暗的像素被当前图层中较亮的像素所取代，达到与底色溶解在一起的效果。但是，根据任何像素位置的不透明度，结果色由基色或混合色的像素随机替换。因此，溶解模式最好同 PS 中的一些着色工具一起使用效果比较好，如画笔工具、橡皮擦工具等。

2. 加深混合组

加深组模式在混合时，将绘制的颜色与基色之间的亮度进行比较，亮于基色的颜色都被替换，暗于基色的颜色保持不变。在变暗模式中，查看每个通道的颜色信息，并选择基色与混合色中较暗的颜色作为结果色。

（1）加深混合组效果。

图 11-8 为制作观察层与风景图片执行正片叠底混合模式的效果，我们能够观察到通过混合之后，上方图层的白色部分消失，黑色部分保留。

（2）加深混合组应用。

加深混合组原理可总结为去白留黑，可使图像变暗，下方图层中的亮色被上方较暗的像素替代，其中正片叠底是去白留黑的最佳选择，如图 11-8 所示，可以利用加深混合组将两张图片融合，将上方素材的白色隐藏，达到类似抠图的视觉效果。利用正片叠底能非常轻松地去掉上方素材的白色，从图 11-9 中能看出对于合成白底黑色的毛笔字非常友好。

需要注意的是混合模式不是抠图，背景并没有去掉。

图 11-8 正片叠底混合模式对比展示图

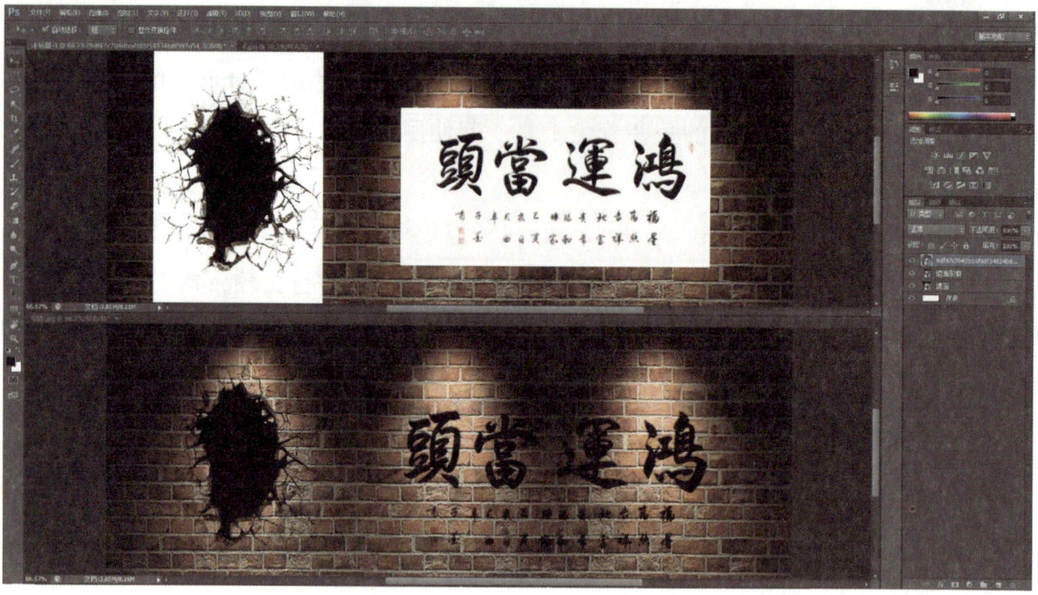

图 11-9 正片叠底混合模式应用

3. 减淡混合组

变亮混合模式与变暗混合模式的结果相反，通过比较基色与混合色，把比混合色暗的像素替换，不改变混合色亮的像素，从而使整个图像产生变亮的效果。可以清楚地看到，使用变亮模式，就是将两个图层互相比较，谁亮谁显示。

（1）减淡混合组效果。

图 11-10 为制作观察层与风景图片执行滤色混合模式的效果，我们能够观察到，通过混合之后，上方图层的黑色部分消失，白色部分保留。

图 11-10　滤色混合模式对比展示图

（2）减淡混合组应用。

减淡混合组可以使图像变亮，下方图层中的暗色被上方较亮的像素替代，其中滤色是去白留黑的最佳选择，可以利用减淡混合组将两张图片融合，将上方素材的黑色隐藏，达到类似抠图的视觉效果。利用滤色能非常轻松地去掉上方素材的黑色，从图 11-11 能看出对于合成光效特别友好。

减淡混合组的原理是去黑留白，它与加深混合组相反，可以使图像变亮，如图 11-11 所示光效，使用滤色加蒙版能够非常快速完美地将光效呈现出来。

滤色混合模式与正片叠底模式相反，它查看每个通道的颜色信息，将图像的基色与混合色结合起来产生比两种颜色都浅的第三种颜色，就是将绘制的颜色与底色的互补色相乘，然后除以 255 得到的混合效果。通过该模式转换后的效果颜色通常很浅，像是被漂白一样，结果色总是较亮的颜色。对图像进行处理时，有时候会有图片曝光不足、整体偏暗的现象，可使用滤色混合模式，图像整体会变亮。

滤色混合模式的工作原理是保留图像中的亮色，鉴于这个特点，通常在对丝薄婚纱进行处理时采用滤色混合模式。

图 11-11　滤色混合模式抠光效应用

4. 对比混合组

对比混合组叠加混合模式实际上是正片叠底模式和滤色混合模式的一种混合模式。该模式是将混合色与基色相互叠加，也就是说底层图像控制着上面的图层，可以使之变亮或变暗，比 50%暗的区域将采用正片叠底模式变暗，比 50%亮的区域则采用滤色混合模式变亮。

图 11-12 为观察层与风景图片执行叠加混合模式的效果，可以看到暗部区域会更暗，亮部区域更亮。

图 11-12　叠加混合模式对比展示图

5. 柔光混合模式

柔光混合模式的效果与发散的聚光灯照在图像上相似。该模式根据混合色的明暗来决定图像的最终效果是变亮还是变暗。如果混合色比基色更亮一些，那么结果色将更亮；如果混合色比基色更暗一些，那么结果色将更暗，使图像的亮度反差增大。如人物精修化妆，为了使色彩自然都是使用柔光混合模式。如图 11-13 为使用柔光为太阳叠加光效的效果图。

图 11-13　使用柔光为太阳叠加光效

6. 强光混合模式

强光混合模式是正片叠底模式与滤色混合模式的组合。它可以产生强光照射的效果，根据当前图层颜色的明暗程度来决定最终的效果是变亮还是变暗。如果混合色比基色更亮一些，那么结果色更亮；如果混合色比基色更暗一些，那么结果色更暗。这种模式实质上同柔光混合模式相似，区别在于它的效果要比柔光混合模式更强烈一些。在强光模式下，当前图层中比 50%灰色亮的像素会使图像变亮；比 50%灰色暗的像素会使图像变暗，但当前图层中纯黑色和纯白色将保持不变。其效果图如图 11-14 所示。

7. 亮光混合模式

亮光混合模式通过增加或减小对比度来加深或减淡颜色。如果当前图层中的像素比 50%灰色亮，则通过减小对比度的方式使图像变亮；如果当前图层中的像素比 50%灰色暗，则通过增加对比度的方式使图像变暗。亮光混合模式是颜色减淡模式与颜色加深模式的组合，它可以使混合后的颜色更饱和。其效果图如图 11-15 所示。

图 11-14　强光混合模式效果图

图 11-15　亮光混合模式效果图

8. 线性光混合模式

线性光混合模式是线性减淡模式与线性加深模式的组合。线性光混合模式通过增加或降低当前图层颜色亮度来加深或减淡颜色。如果当前图层中的像素比 50% 灰色亮，可通过增加亮度使图像变亮；如果当前图层中的像素比 50% 灰色暗，则通过减小亮度使图像变暗。与强光混合模式相比，线性光混合模式可使图像产生更高的对比度，也会使更多的区域变为黑色或白色。其效果图如图 11-16 所示。

图 11-16　线性光混合模式效果图

9. 差值混合模式

差值混合模式将混合色与基色的亮度进行对比，用较亮颜色的像素值减去较暗颜色的像素值，所得差值就是最后效果的像素值，相同的区域显示为黑色，不同的区域显示为灰度层次或彩色。当图层中包含白色，白色区域会使底层图像反相，而黑色不会对底层图像产生影响，如图 11-17 所示，在胶片下面新建白色图层，使用差值混合模式能将胶片的真实影像显示出来。

图 11-17　差值混合模式显示胶片效果

10. 色相混合模式

色相混合模式是选择基色的亮度和饱和度值与混合色进行混合而创建的效果，混合后的亮度及饱和度取决于基色，但色相取决于混合色，色相混合原理是将色彩的色相、饱和度和亮度替换给下方图层，注意执行色相换色操作的时候，背景只能是黑白灰，不能带有颜色。如图 11-18 所示，使用色相混合模式给背景为无颜色的小车换颜色，如背景有颜色可以配合蒙版使用。

图 11-18　色相混合模式更改小车颜色

三、图层样式简介

图层样式是图像处理软件 Photoshop 中的一项图层处理功能，图层样式的功能强大，能够简单快捷地制作各种立体投影、各种质感以及光影效果的图像特效，图层样式具有速度更快、效果更精确、更强的可编辑性等优势。

1. 图层样式功能

Photoshop 提供了不同的图层混合选项即图层样式，有助于为特定图层上的对象应用效果，图层样式是应用于一个图层或图层组的一种或多种效果。可以应用 Photoshop 附带提供的某一种预设样式，或者使用“图层样式”对话框来创建自定义样式，应用图层样式十分简单，可以为包括普通图层、文字图层和形状图层在内的任何种类的图层应用图层样式。

2. 打开图层样式方法

要添加图层样式，就需要先打开“图层样式”对话框，Photoshop 为用户提供了多种打开“图层样式”对话框的方法。例如：①通过命令打开；②通过按钮打开；③通过双击图层面板右侧空白处添加。

3. 图层样式的作用和特点

图层样式被广泛地应用于各种效果制作当中，其主要体现在以下几个方面：

（1）通过不同的图层样式选项设置，可以很容易地模拟出各种效果。这些效果利用传统的制作方法会比较难以实现，或者根本制作不出来。

（2）图层样式可以被应用于各种普通的、矢量的和特殊属性的图层上，几乎不受图层类别的限制。

(3) 图层样式具有极强的可编辑性，当图层中应用了图层样式后，会随文件一起保存，可以随时进行参数选项的修改。

(4) 图层样式的选项非常丰富，通过不同选项及参数的搭配，可以创作出变化多样的图像效果。

(5) 图层样式可以在图层间复制，移动，也可以存储成独立的文件，使工作效率最大化。

4. 图层样式的优点

(1) 应用的图层效果与图层紧密结合，即如果移动或变换图层对象文本或形状，图层效果就会自动随着图层对象文本或形状移动或变换。

(2) 图层效果可以应用于标准图层、形状图层和文字图层。

(3) 可以为一个图层应用多种效果。

(4) 可以从一个图层复制效果，然后粘贴到另一个图层上。

5. 图层样式对话框(图 11-19)

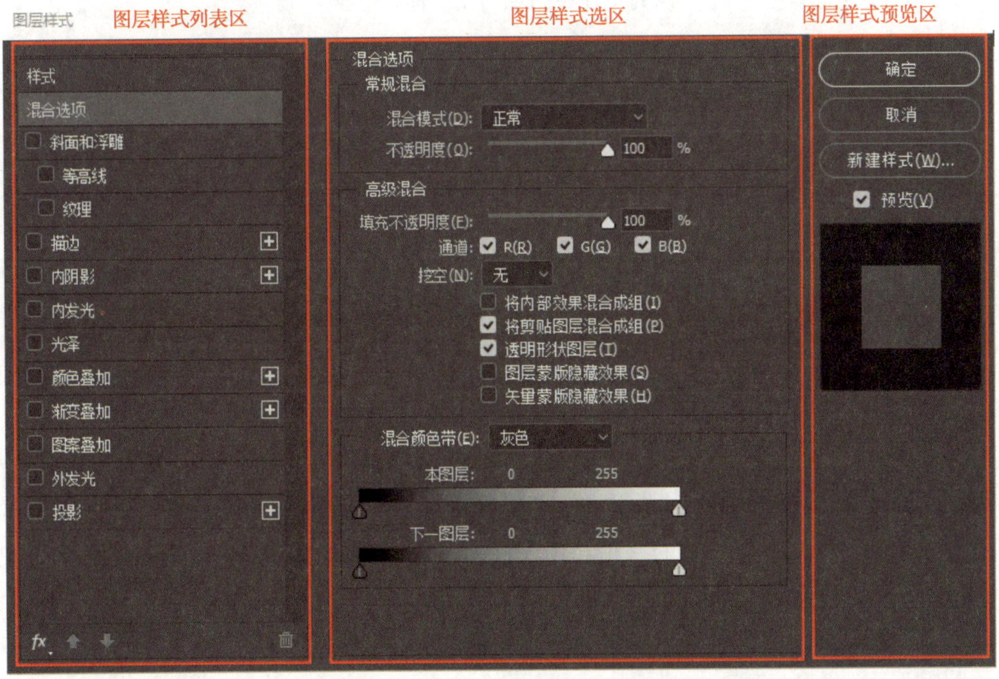

图 11-19 图层样式对话框

(1) 图层样式列表区：在该区域中列出了所有图层样式，要同时应用多个图层样式，只需勾选图层样式名称左侧的选框即可；要对某个图层样式的参数进行编辑，直接单击该图层样式的名称(字)，即可在对话框中间的选项区显示出其参数设置。图层样式可进行叠加处理。

（2）图层样式选区：在选择不同图层样式的情况下，该区域会即时显示出与之对应的参数设置。

（3）图层样式预览区：在该区域中可以预览当前所设置的所有图层样式叠加在一起时的效果。

（4）设置为默认值、复位为默认值：前者可以将当前的参数保存成默认的数值，以便在后面应用，而后者可以复位到系统或之前保存过的默认参数。小知识：不要轻易选择设置为默认值，如果渐变或者其他效果不显示可以选择复位为默认值找回。

6. 复制与粘贴图层样式

（1）选择"图层"→"图层样式"→"拷贝图层样式"→"粘贴"。

（2）在图层上单击鼠标右键→"拷贝图层样式"→"粘贴"。

（3）按住 Alt 键，将图层直接拖动至目标图层，如果不按相当于剪切。

7. 删除图层样式

（1）将图层样式选中，直接拖动到垃圾桶。

（2）在图层上单击右键，执行"清除图层样式"命令。

（3）选择 "图层"→"图层样式"→"清除图层样式"。

8. 为图层组设置图层样式

PS 新增为组添加图层样式的功能，建立组后先选择图层组，再进行图层样式设置。

小知识：低版本要对图层样式添加滤镜，需要将图层带图层样式转化为智能对象，在图层栏会有显示，且双击滤镜可进行修改。

四、常见的图层样式

1. 斜面和浮雕

执行"图层"→"图层样式"→"斜面和浮雕"命令，或单击"图层"面板底部的"添加图层样式"按钮，在弹出的菜单中选择"斜面和浮雕"，弹出"图层样式"对话框。Photoshop 中的"斜面和浮雕"是图层样式的一种，用于模拟三维立体效果，使平面的图像元素呈现出凹凸起伏的质感，增加视觉深度和立体感，需要注意的是，"描边浮雕"选项时，必须同时添加"描边"图层样式，否则不会得到任何浮雕效果(图 11-20)。

（1）样式：在此分别选择"外斜面""内斜面""浮雕效果""枕状浮雕""描边浮雕"等选项。

（2）方法：在下拉菜单中可以选择"平滑""雕刻清晰""雕刻柔和"等选项。

（3）深度：控制"斜面和浮雕"图层样式的深度，数值越大，效果越明显。如图 11-21 所示是分别设置数值为 20%、100%时的对比效果。

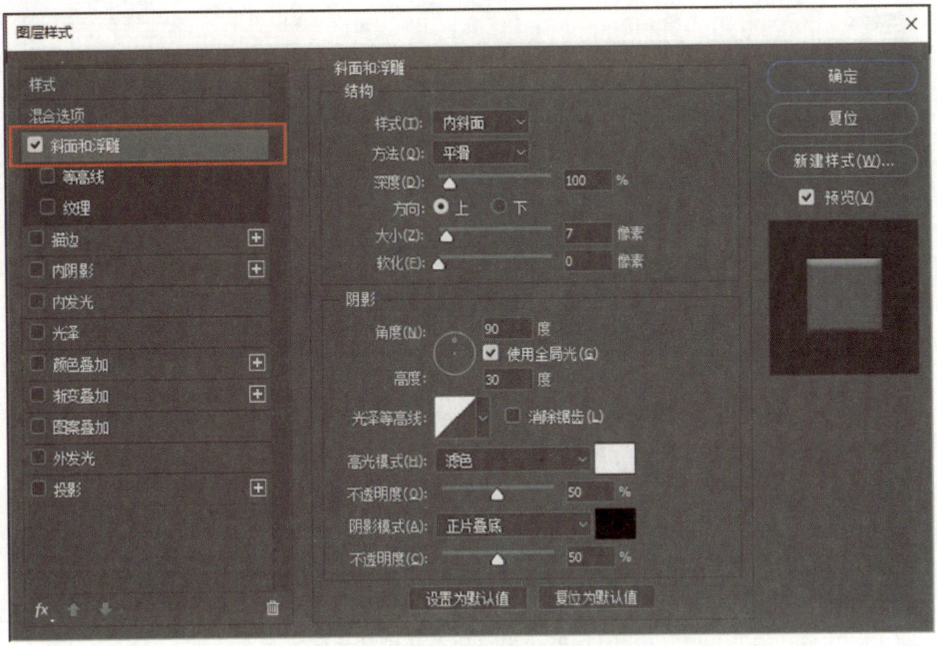

图 11-20　斜面浮雕图层样式对话框

图 11-21　斜面和浮雕图层样式效果图

(4) 方向：在此可以选择“斜面和浮雕”图层样式的视觉方向。如果单击“上”单选按钮，在视觉上呈现凸起效果；如果单击“下”单选按钮，在视觉上呈现凹陷效果。

(5) 软化：此参数控制“斜面和浮雕”图层样式亮调区域与暗调区域的柔和程度。数值越大，则亮调区域与暗调区域越柔和。

(6) 高光模式、阴影模式：可以控制斜面或浮雕效果的高光或阴影部分的显示效果。

(7) 光泽等高线：等高线是用于制作特殊效果的一个关键性因素。

2. 描边

使用“描边”图层样式(图 11-22)，可以用“颜色”“渐变”“图案”为当前图层中的图像勾绘轮廓。

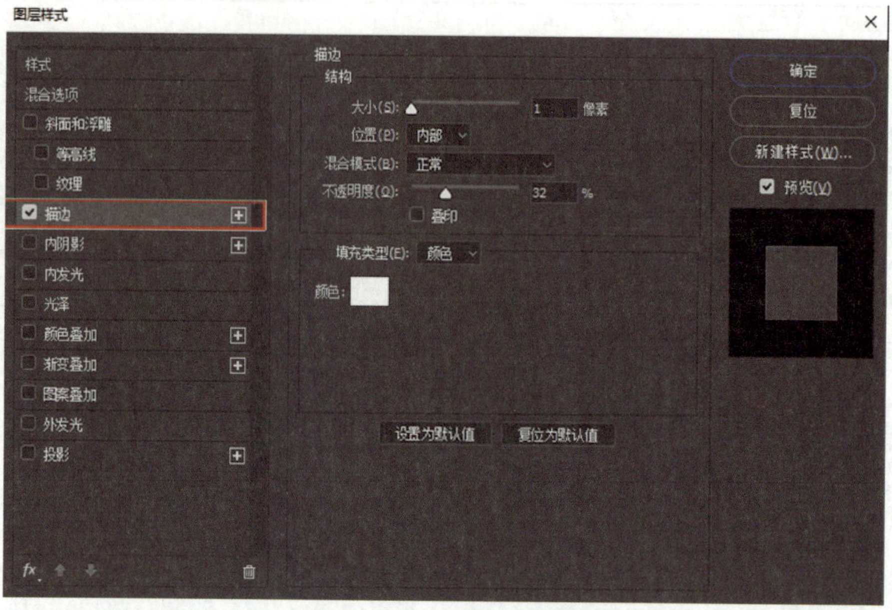

图 11-22　描边图层样式对话框

大小：用于控制描边的宽度。数值越大，则生成的描边宽度越大。

位置：在其下拉菜单中可以选择“外部”“内部”“居中”三个位置选项。

填充类型：在其下拉菜单中可以设置描边的类型，包括“颜色”“渐变”“图案”三个选项。可以使用描边图层样式来模拟金属的边缘。

如图 11-23 为描边图层样式效果图。

图 11-23　描边图层样式效果图

3. 内阴影

Photoshop 的内阴影功能是其图层样式工具集中的一项强大功能，允许用户为选定图层的内容添加内部阴影效果，从而增强图像的立体感、深度和层次，内阴影模拟的是光源照射在图层对象内部边缘时产生的阴影效果，仿佛光源从外部穿透物体表面并在内部产生微弱的阴影。这种效果常用于文本、图形、形状或其他设计元素，为原本扁平的视觉元素赋予三维立体感，使其看起来更具有空间位置和材质质感。内阴影图层样式对话框如图 11-24所示。

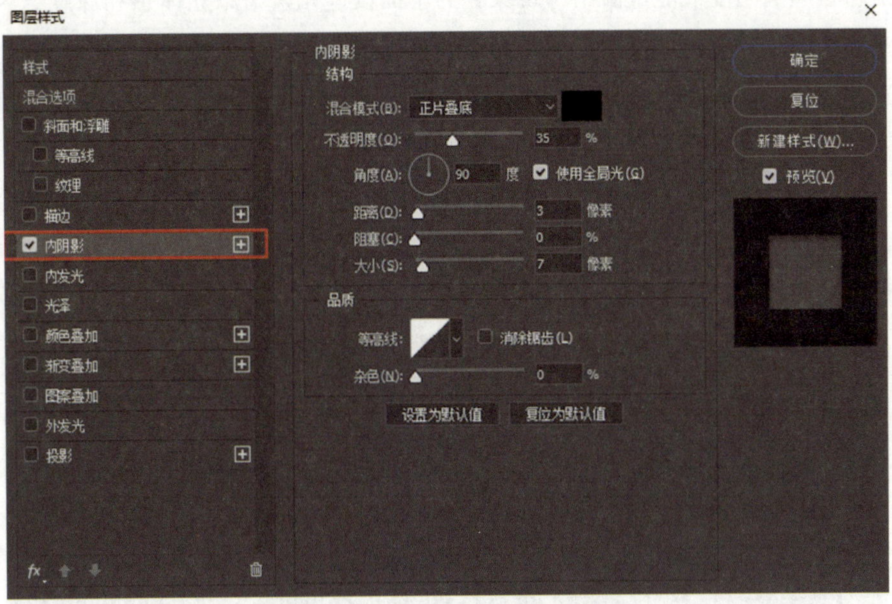

图 11-24　内阴影图层样式对话框

阻塞：内阴影的范围。

混合模式：通常将其设置为“正片叠底”或“线性加深”，以使阴影变暗。

距离：距离滑块更改图像和阴影之间的距离。

大小：通过柔化阴影的边缘来更改光源的外观大小。设置为 0px 时，阴影的大小与对象的形状完全相同。随着尺寸的增加，阴影以 1px 的增量增长。

不透明度：设置为 0%完全透明，设置为 100%则完全不透明。

内阴影图层样式效果图如图 11-25 所示。

图 11-25　内阴影图层样式效果图

4. 内发光

内发光用于为选定图层的内容添加内部光源效果，使图像边缘或内部区域呈现出柔和的发光或光晕效果。内发光不仅可以增强图像的视觉吸引力，还能有效地模拟光源照射、高光反射、材质透明度或能量溢出等现象，为平面设计元素增添立体感和深度。内发光模拟的是光源从图层对象内部发出，或是光线透过半透明或发光材质从内部边缘散射出来的效果。这种效果通常表现为边缘周围或整个填充区域带有柔和的、扩散的光晕，可以是均匀的色彩过渡，也可以是带有纹理的渐变。内发光广泛应用于文本、形状、图标、按钮、logo 设计及各种创意图像处理中，以提升视觉层次和艺术表现力。内发光图层样式对话框如图 11-26 所示。

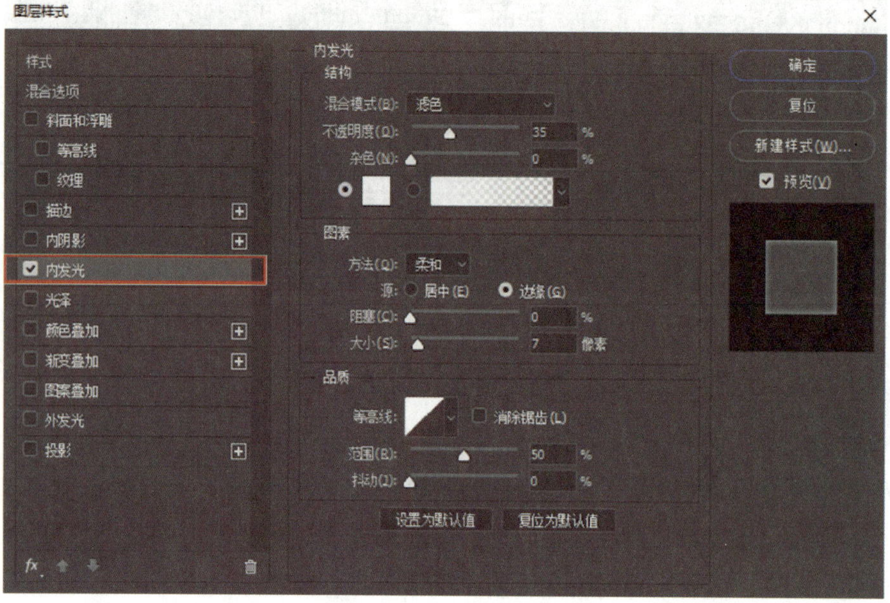

图 11-26　内发光图层样式对话框

发光颜色：设置内发光的具体颜色。默认为白色，表示明亮的发光效果，但可根据设计主题或个人喜好选择其他颜色，甚至使用透明度较低的彩色发光以匹配整体调色方案或营造特殊氛围。

样式：决定发光是基于图层边缘（“内边缘”）还是基于整个填充区域（“居中”）。选择“内边缘”时，发光仅出现在边缘附近；选择“居中”时，发光则均匀分布在整个填充区域。

阻塞：发光的面积。

大小：内发光的柔和程度

不透明度：控制内发光部分显示多少的程度。

杂色：杂色值越小，颗粒感越弱。

等高线：设置内发光的显示风格，也可以通过改变曲线的形状来实现。

范围：对范围应用等高线。

抖动：随机性发光的渐变。

图 11-27 为内发光图层样式效果图。

图 11-27　内发光图层样式效果图

5. 颜色叠加

选择“颜色叠加”图层样式，可以为图层叠加某种颜色，此图层样式的参数设置非常简单，只需在其中设置一种叠加颜色，并设置所需要的“混合模式”及“不透明度”即可。PS 颜色叠加工具能够很好地用其他颜色替换图层本身的颜色，使图片效果看上去更加完善，其优势就是保护了图层原本的颜色不受损坏。颜色叠加图层样式对话框如图 11-28 所示。

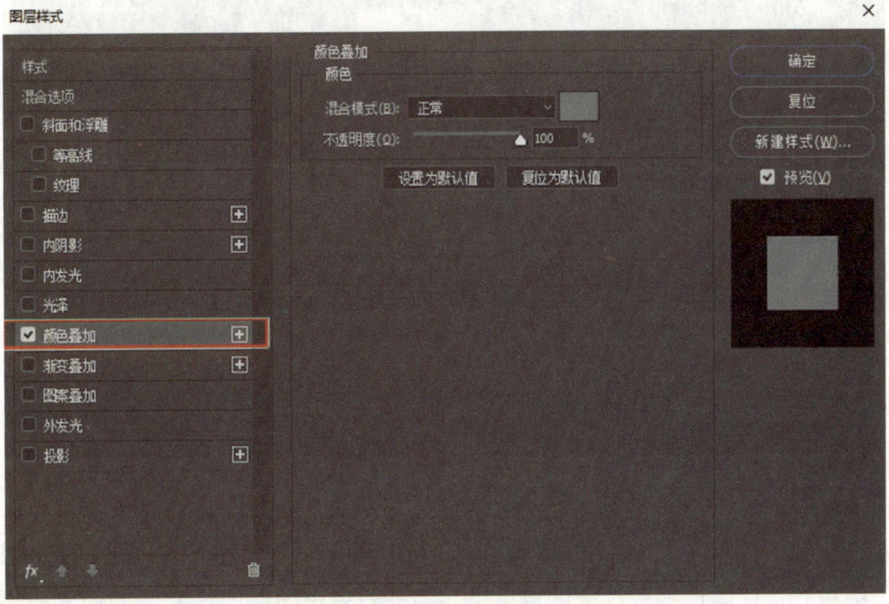

图 11-28　颜色叠加图层样式对话框

在实际使用中，颜色叠加图层样式其实并非那么单一，它不仅可以为图层替换颜色，还可以通过调节透明度和混合模式得到我们想要的效果(图 11-29)。

图 11-29　颜色叠加图层样式效果图

6. 渐变叠加

使用“渐变叠加”图层样式，可以为图层叠加渐变效果，其原理和颜色叠加一样，都是在图层上加一种颜色，只不过这里的颜色不是单一的，而是有各种颜色，并且这些颜色按照一定的规律排列起来，就形成了渐变。渐变叠加图层样式对话框如图 11-30 所示。

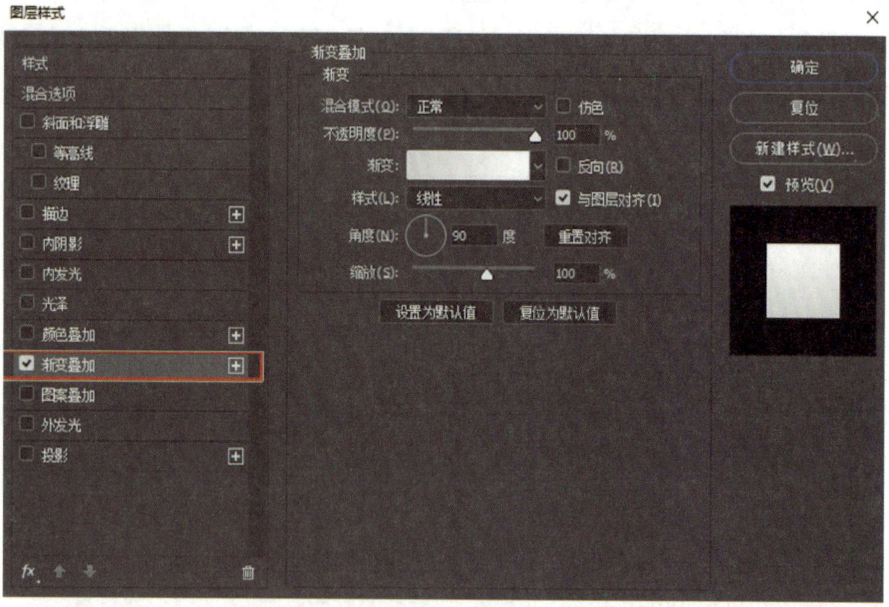

图 11-30　渐变叠加图层样式对话框

样式：在此下拉菜单中可以选择“线性”“径向”“角度”“对称的”“菱形”5 种渐变样式。

与图层对齐：在此选项被选中的情况下，渐变效果由图层中最左侧的像素应用至其最右侧的像素。

图 11-31 为渐变叠加图层样式效果图。

图 11-31　渐变叠加图层样式效果图

7. 图案叠加

使用“图案叠加”图层样式，可以在图层上叠加图案，其中的参数及选项与前面讲解的图层样式相似。跟颜色叠加和渐变叠加一样，都是在图层上添加一个样式，只不过这里不添加颜色了，而是添加图案，用图案来覆盖这个图层。其对话框和效果图分别如图 11-32 和图 11-33 所示。

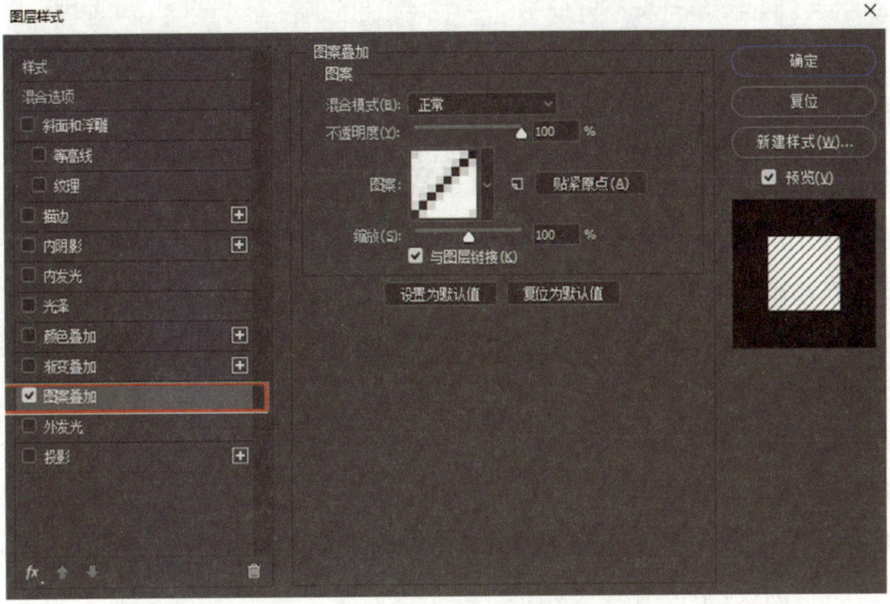

图 11-32　图案叠加图层样式对话框

图 11-33　图案叠加图层样式效果图

8. 投影

使用“投影”图层样式，可以为图层添加投影效果，添加投影效果后，图层的下方会出现一个轮廓和图层的内容相同的“影子”，这个影子有一定的偏移量，默认情况下会向右下角偏移。投影的默认混合模式是正片叠底，不透明度 75%。投影图层样式对话框如图 11-34 所示。

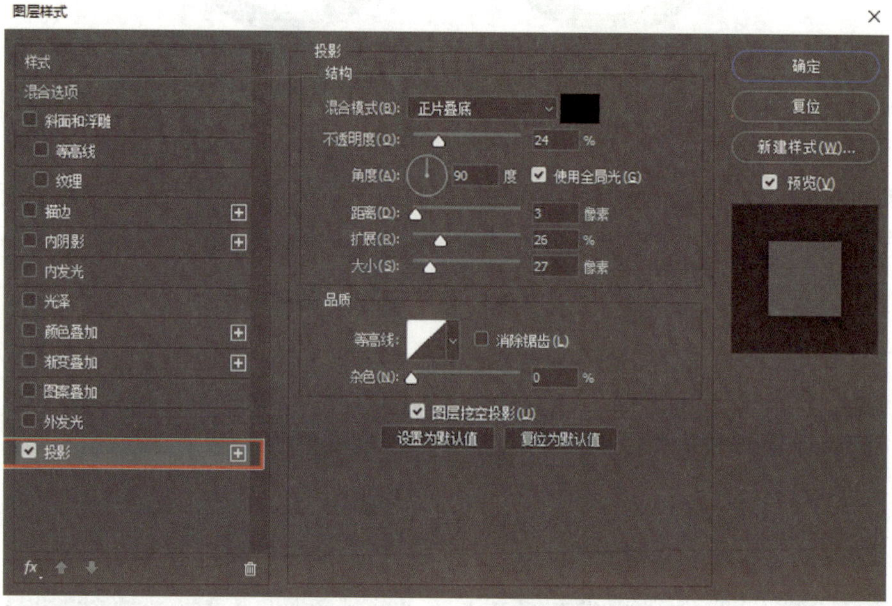

图 11-34　投影图层样式对话框

扩展：在此输入数值，可以增加投影的投射强度。数值越大，则投射的强度越大。

大小：此参数控制投影的柔化程度的大小。数值越大，则投影的柔化效果越明显；反之，则越清晰。

等高线：使用等高线可以定义图层样式效果的外观，其原理类似于“曲线”命令中曲线对图像的调整原理。单击此下拉列表按钮，将弹出“等高线”列表，可在该列表中选择等高线的类型，在默认情况下 Photoshop 自动选择线性等高线。

如图 11-35 为投影图层样式效果图。

图 11-35　投影图层样式效果图

【任务实施】

根据班级人数将学生分成若干实训活动小组，每组设组长一名，负责安排、协调、督促小组完成实训任务，同时做好实训活动记录。

活动一　常用混合模式记忆大比拼

根据【知识准备】中的相关资料，分析常用图层混合模式特点和用途。

步骤一：回顾总结常用图层混合模式组

序号	混合模式组	混合模式名称
1	加深混合组	可以使图像变暗，下方图层中的亮色被上方较暗的像素替代，包括变暗模式、正片叠底模式、颜色加深模式、线性加深模式
2	减淡混合组	与加深混合组相反，可以使图像变亮，下方图层中的暗色被上方较亮的像素替代，包括变亮模式、滤色模式、颜色减淡模式和线性减淡模式
3	对比混合组	50%的灰色完全消失，高于50%灰的像素会使底图变亮，低于50%灰的像素会使底图变暗，包括叠加模式、柔光模式、强光模式、亮光模式、线性光模式等

步骤二：回顾常用图层混合模式用途

1. 加深混合组

变暗模式：自动检测红、绿、蓝三种通道的颜色信息，选择基色或混合色中较暗的作为结果色，其中比结果色亮的像素将被替换掉，比结果色暗的像素将保持不变。

正片叠底模式：自动检测红、绿、蓝三种通道的颜色信息并将基色与混合色复合，结果色也是选择较暗的颜色，任何颜色与黑色混合将产生黑色，与白色混合保持不变，用黑色或白色以外的颜色绘画时，绘画工具绘制的连续描边产生逐渐变暗的颜色。

线性加深模式：自动检测红、绿、蓝三个通道中的颜色，通过减少亮度使基色变暗以反映混合色。

2. 减淡混合组

变亮模式：自动检测红、绿、蓝三个通道的颜色信息，并且选择基色或混合色中较亮的颜色作为结果色。比混合色暗的像素将被替换，比混合色亮的像素保持不变。

滤色模式：自动检测红、绿、蓝三个通道的颜色信息，并将混合色的互补色与基色复合，结果色总是较亮的颜色，用黑色过滤时颜色将保持不变。

颜色减淡模式：自动检测红、绿、蓝三个通道的颜色信息，并通过减小对比度使基色变亮以反映混合色。

3. 对比混合组

叠加模式：用于复合或过滤颜色，具体取决于基色，图案或颜色在现有的像素上叠加，同时保留基色的明暗对比，不替换基色，但基色与混合色相混以反映原色的亮度或暗度。

柔光模式：使颜色变暗或变亮，具体取决于混合色，此效果与发散聚光灯照在图像上相似。

强光模式：用来复合或过滤颜色，具体取决于混合色。

线性光模式：通过减小或增加亮度来加深或减淡颜色，具体取决于混合色，如果混合色比 50%的灰色亮，则通过增加亮度使图像变亮，如果混合色比 50%的灰色暗，则通过减小亮度使图像变暗。

步骤三：混合模式记忆大比拼

分小组记忆并回答不同混合模式的用途。

步骤四：学生讲解任务完成情况

组长抽取序号，并选出一名代表讲解本组的任务完成情况。

步骤五：师生点评

每个小组选出一名评委，对任务完成情况进行打分，小组间互评，最后由教师进行点评。

小资料卡片

图层样式是图形设计软件中一个非常重要的功能，它允许用户在单个图层上添加多种视觉效果，而不需要永久改变原始图像或对象。这一功能广泛应用于 Photoshop、Illustrator、Sketch 等设计工具中，极大地丰富了设计作品的表现力和创意空间。

活动二　利用图层样式绘制钟表

根据实训作业案例的具体要求，分析完成实训任务的操作步骤和知识要点。

步骤一：新建画布并存储文件

（1）新建一个 900px×900px 大小的画布，分辨率为 72dpi，颜色模式为 RGB。

（2）将前景色设置为样图背景颜色，并按 Alt+Delete 键为新建画布填充前景色。

（3）点击菜单栏“文件”，选择“保存”命令存储一份名称为“钟表”psd 格式的源文件。

步骤二：钟表耳朵制作方法

（1）根据效果图展示，首先点开圆角矩形工具，将上方的圆角半径改为 25px，绘制长度为 600px、高度为 270px 的矩形。

（2）点击右方图层下方的 fx 斜面和浮雕图层样式，调整斜面和浮雕里的参数，将结构大小改为 16px、软化为 0px、角度改为 90 度，阴影模式为正片叠底，颜色改为黑红色并降低不透明度。

（3）点击右方图层下方的 fx 投影图层样式，混合模式为正片叠底，将颜色改为高饱和低明度的暗红色、不透明度设为 90%左右，角度改为 90 度左右，距离改为 15px，扩展为 0%、大小改为 21px。

步骤三：钟表底座制作

（1）新建参考线找出画布的中心点，按住 Alt 键和 Shift 键的同时，从中心点绘制直径为 630px 左右的正圆。

（2）调整钟表耳朵的位置，使钟表耳朵和底座的位置如效果图所示，注意要调整钟表耳朵的位置，钟表底座不要动。

（3）复制钟表耳朵的图层样式粘贴到底座。

步骤四：钟表内渐变圆制作

（1）按住 Alt 键和 Shift 键的同时，从画布中心点分别绘制两个直径为 480px 和 410px 左右的正圆，重命名为外圆和内圆。

（2）打开刚绘制的外圆，渐变叠加图层样式，渐变角度设置为 90 度，编辑渐变颜色，双击色条打开渐变编辑器，更改颜色左边的色标为白色、右边的色标为粉白色，具体颜色参考效果图。

（3）打开刚绘制的内圆渐变叠加图层样式，渐变角度设置为 90 度，编辑渐变颜色，双击色条打开渐变编辑器，更改颜色左边的色标为深灰色、右边的色标为浅灰色，具体颜色参考效果图。

步骤五：红色表盘的制作

（1）按住 Alt 键和 Shift 键的同时，从画布中心点绘制直径为 300px 的正圆，描边关闭填充打开，颜色参考效果图的红色。

（2）打开新绘制表盘内阴影的图层样式，颜色改为暗红色并降低不透明度，阴影角度改为 90 度，距离为 15px、阻塞为 0%、大小为 90px。

步骤六：表轴和指针的制作

（1）按住 Alt 键和 Shift 键的同时，从画布中心点绘制直径为 50px 的正圆。

（2）打开新绘制表轴斜面和浮雕图层样式，将斜面和浮雕大小改为 5px，角度改为 90 度，阴影模式正片叠底颜色改为暗红色，降低不透明度。

（3）绘制一个大小为 145px×10px 左右的圆角矩形，重命名为分针，将表轴的图层样式复制给分针，复制分针图层，执行自由变换调小后重命名为时针。

（4）调整时针、分针及表轴的位置和图层顺序，使最终呈现如效果图所示。

步骤七：保存图像并提交作业

（1）在制作的过程中不断地按 Ctrl+S 键保存图像，此时制作过程会保存在已经存储的 psd 格式的源文件中。

（2）图片制作完成后按 Ctrl+Shift+S 键另存一份 jpg 格式的图片提交作业（图 11-36）。

图 11-36　钟表效果图

步骤八：学生讲解任务完成情况

组长抽取序号，并选出一名代表讲解本组任务完成情况。

步骤九：师生点评

每个小组选出一名评委，对任务完成情况进行打分，小组间互评，最后由教师进行点评。

【任务书】

任 务 书

任务内容	利用图层样式绘制钟表
实训过程	
理论知识梳理	
实训过程总结	
教师记录、点评：	

【巩固提高】

一、选择题

1. 图层混合模式是指对上一层图层与下一层图层的像素进行(　　)，从而得到一种新的图像效果。

A. 盖印　　B. 合并　　C. 分离　　D. 混合

2. Photoshop 提供了(　　)多种不同的色彩混合模式，不同的色彩混合模式可以产生不同的效果。

A. 二十　　B. 三十　　C. 四十　　D. 五十

3. 通过设置图层的(　　)，可以使图层产生透明或半透明效果。

A. 不透明度　　B. 明度　　C. 填充　　D. 显示隐藏

4. 在“图层”面板右上方的“不透明度”数值框中输入数值来进行设置，范围是(　　)。

A. 0%~50%　　B. 0%~100%　　C. 50%~100%　　D. 不确定

5. 图层不透明度值越小就越透明；当不透明度值为0%时，该图层将不会显示，而完全显示其(　　)的内容。

A. 下面图层　　B. 上方图层　　C. 其他选项卡　　D. 不确定

6. 激活混合模式至少需(　　)图层，一个图层无法激活混合模式。

A. 三个　　B. 两个　　C. 四个　　D. 不确定

7. 加深混合组的作用是可以使图像(　　)，使下方图层中的亮色被上方较暗的像素替代。

A. 变好看　　B. 变亮　　C. 变暗　　D. 不确定

8. 减淡混合组与加深混合组相反，可以使图像(　　)，使下方图层中的暗色被上方较亮的像素替代。

A. 变好看　　B. 变亮　　C. 变暗　　D. 不确定

9. 混合模式不是抠图，背景并(　　)去掉。

A. 不确定　　B. 偶尔　　C. 已经　　D. 没有

10. 以下(　　)不是描边的类型。

A. 颜色　　B. 渐变　　C. 图案　　D. 加粗

二、填空题

1. 减淡混合组原理：(　　　)，可以用来实现抠图的效果。

2. 对比混合组原理：50%的灰色完全消失，高于50%灰的像素会使底图(　　　)，低于50%灰的像素会使底图(　　　)。

3. 比较混合组原理：相同的区域显示为(　　　)，不同的区域显示为灰度层次或(　　　)。当图层中包含白色，白色区域会使底层图像反相，而黑色不会对底层图像产生影响。

4. 色彩混合组原理：将色彩的色相、饱和度和亮度，替换给(　　　)。

5. 执行色相操作的时候，背景只能是(　　　)，不能带有颜色。

6. 加深混合组(　　　)去白留黑效果最好，比如毛笔字的抠图。

7. 减淡混合组(　　　)去黑留白效果最好，比如光效素材的抠图。

8. 颜色叠加不仅可以为图层替换颜色，还可以通过调节(　　　)和(　　　)得到我们想要的效果。

9. 要添加图层样式，就需要先打开(　　　　)对话框。

10. 斜面和浮雕深度：上下指的是光影关系，起伏高低的程度通过调整(　　　　)等参数来控制。

三、判断题

1. 斜面浮雕光源的角度，勾选全局光所有图层的光源位置统一。(　　)

2. 通过设置图层的不透明度可以使图层产生透明或半透明效果。(　　)

3. 当不透明度值为0%时，该图层将不会显示，而完全显示其下面图层的内容。(　　)

4. 激活混合模式至少需两个图层，一个图层无法激活混合模式。(　　)

5. 加深混合组作用：可以使图像变暗，使下方图层中的亮色被上方较暗的像素替代。(　　)

6. 混合模式相当于抠图，背景已经去掉。(　　)

7. 对比混合组叠加更强烈，柔光比较温柔。(　　)

8. 比较混合组原理：相同的区域显示为黑色，不同的区域显示为灰度层次或彩色。(　　)

9. 执行色相操作的时候，背景只能是黑白灰，不能带有颜色。(　　)

10. 线性光混合模式是线性减淡模式与线性加深模式的组合。(　　)

项目十二

台前幕后的蒙版世界

【项目简介】

本章学习 Photoshop 中各种蒙版，包括快速蒙版、图层蒙版、剪贴蒙版和矢量蒙版的作用和使用方法，学习上图下形的剪贴蒙版以及上形下图的矢量蒙版的区别和使用方法。蒙版是学习图片合成的基础，所有的图片合成都会用到蒙版，学习 PS 有这么一句话叫作“得蒙版者得天下”，可见蒙版在图像处理中的重要作用，蒙版可以用来遮挡图层中不需要显示的内容，可以用来融合多张图片，可以针对选区进行精细化的调整。熟练掌握蒙版对后续做图像合成、修图等工作会有很大的帮助。

【学习目标】

知识目标

了解快速蒙版和图层蒙版的作用和使用方法；

了解剪贴蒙版和矢量蒙版的作用和使用方法。

能力目标

掌握剪贴蒙版和矢量蒙版的区别，能新建并删除各种蒙版；

掌握用画笔、渐变工具以及选区制作蒙版的方法。

素养目标

在黑色蒙版的创建中，激发学生逆向思维的能力；

在各种蒙版的使用中，培养学生创新思维的能力。

【知识框图】

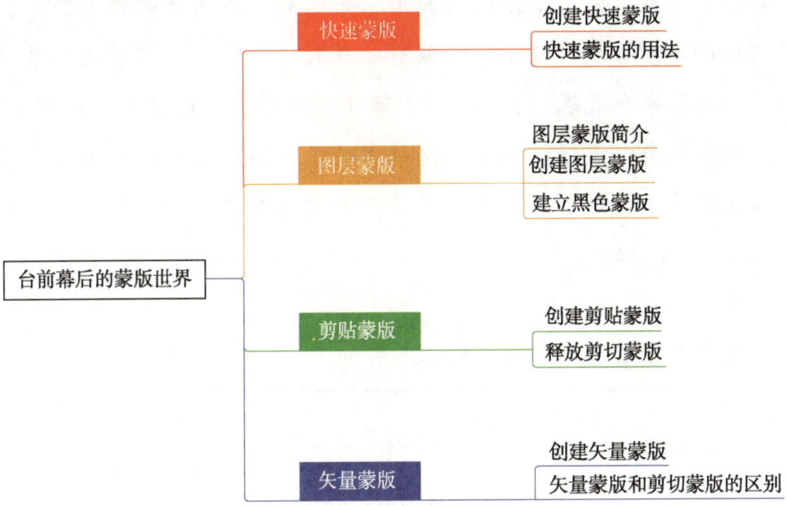

图 12-1　台前幕后的蒙版世界

【任务描述】

本次课程项目实训为口红海报制作，梳理常用蒙版有哪些，图层蒙版都有什么作用，主要涉及的知识点是蒙版的使用以及图层样式和调整图层的使用，利用矩形工具绘制台面，利用剪贴蒙版给台面布光，使用图层样式给台面制作精细化的效果，使用图层样式制作圆环的立体化效果，使用剪贴蒙版制作圆环背景图片，等等。本次课程项目实训相对比较综合，考查的知识点比较多，制作步骤也相对烦琐，请予以重视。

案例一：常用蒙版有哪些？图层蒙版都有什么作用？

1. 情景设计

校园美工小达人彬彬和子博收到 XW 美工设计公司下发的设计图片，根据任务要求两人需要对很多素材进行添加蒙版或者修改操作，于是彬彬和子博每人分一半的任务开始了热火朝天的操作，噼里啪啦的鼠标和键盘声音仿佛在为他们熟练的操作技能喝彩鼓掌，经过半个小时的努力彬彬已经将处理好的素材打包，回头看到子博任务还没有完成一半，这是因为本次任务涉及很多创建各种蒙版方面的知识，而子博还没有搞清楚各种蒙版的功能和用法。

2. 任务描述

PS 蒙版类型有很多，不同蒙版类型的特点不一样，不同蒙版类型的操作步骤也不一样，比如剪贴蒙版可以利用下方图层的形状来限制上方图层的内容显示，只展示蒙版形状内的图像部分，从而实现精准的裁剪效果或创造特定形状的图像展示区域。为了提高图片处理的效率和效果，我们必须了解不同蒙版类型的特点并认识它们的区别，彬彬看到子博对蒙版类型掌握得不是很熟练影响了作图的速度，本着团队合作互相帮助的原则，将 XW 美工设计公司下发的设计图片做完发送之后，马上跟子博一起梳理 PS 软件常用的蒙版类型的特点。

3. 任务分解

步骤一：分析矢量蒙版和剪贴蒙版的不同点

序号	蒙版	作　用
1	矢量蒙版	矢量蒙版利用矢量图形的特性，通过钢笔工具、形状工具等创建的路径来精确控制图层内容的可见区域
2	剪贴蒙版	将图片、纹理或颜色填充限定在特定矢量形状、文本或另一图层的轮廓内
3	两者区别	矢量蒙版可以通过直接编辑矢量路径来调整形状、大小和位置，保持边缘的清晰度和可编辑性

步骤二：分析常用蒙版的用途

图层蒙版：图层蒙版用来进行精确的抠图，尤其是处理边缘细节复杂或带有半透明元素的图像，如头发、烟雾等。它能够保持原图层的完整性，同时允许用户隐藏或显示特定区域，实现图像的无缝合成。

剪贴蒙版：通过在剪贴蒙版控制的图层上应用图层样式(如阴影、光泽、描边等)，可以为底层形状或文本添加丰富的视觉效果，同时保持整体的可控性和易编辑性。

矢量蒙版：矢量蒙版基于矢量图形，因此可以提供边缘清晰、与分辨率无关的选择区域。这对于需要高度精确选择和编辑的图像处理工作非常有用，例如产品照片的精细化剪裁、标志设计或图形元素的隔离，而且在缩放时不会损失质量。

步骤三：利用剪贴蒙版制作星空枫叶

步骤四：学生讲解任务完成情况

组长抽取序号，并选出一名代表讲解本组的讨论结果和任务完成情况。

步骤五：师生点评

每个小组选出一名评委，对任务完成情况进行打分，小组间互评，最后由教师进行点评。

案例二：如何利用图层蒙版制作倒影，制作倒影渐变色选择有什么要求？

1. 情景设计

已经通过面试的彬彬和子博每天利用业余时间为 XW 美工设计公司作图片，这天收到古典风口红图片制作任务，收到任务后两人马上热火朝天地进入工作状态，当子博想要给商品添加倒影时，感觉自己做得不是很自然，于是询问了彬彬，彬彬让他使用图层蒙版制作倒影，子博尝试后果然做出的倒影很自然，那么，图层蒙版到底是如何制作倒影的呢？

2. 任务描述

根据上课学习的内容，图层蒙版使用灰阶来控制图层的透明度，黑色代表完全隐藏，白色代表完全显示，灰色则是不同程度的半透明，这样可以实现平滑的过渡效果。先将需要制作倒影的素材复制一份进行翻转，再降低不透明度，然后使用图层蒙版采用黑色到透明的渐变以达到非常自然丝滑的投影效果，完成这一任务之后，彬彬和子博一致觉得最近收到的任务越来越复杂，为了提高以后的工作效率，两人决定再好好梳理一下古典风口红图片制作的步骤。

3. 任务分解

步骤一：新建画布并存储文件

步骤二：红台面绘制和布光

(1) 利用矩形工具绘制台面，使用剪贴蒙版给台面布光。

(2) 使用图层样式给台面制作精细化的效果。

步骤三：制作口红背景圆环

(1) 使用图层样式制作圆环的立体化效果。

(2) 使用剪贴蒙版制作圆环背景图片。

步骤四：制作口红主体

(1) 调整口红色相/饱和度。

(2) 给口红制作投影倒影和阻塞阴影。

步骤五：调整扇子色相/饱和度

步骤六：制作文字和其他素材

(1) 利用剪贴蒙版给文字添加金色效果。

(2) 利用钢笔工具给图片添加光效。

步骤七：保存图像并提交作业

【知识准备】

蒙版是一种遮盖图像的工具，通俗来说就是用蒙版盖住部分图像，控制图像的显示或者隐藏，同时保护原始素材不被破坏，方便后续的修改。PS 软件涉及四种蒙版，分别是快速蒙版、图层蒙版、剪贴蒙版、矢量蒙版。

一、快速蒙版

1. 快速蒙版的作用

快速蒙版是 Photoshop 中一个强大的功能，允许用户迅速创建临时蒙版效果，使特定图像区域得以分离和操作。它允许用户使用画笔工具创建和调整选择，与使用选择工具手动绘制区域不同，可以使用画笔来绘制希望选择的区域。快速蒙版模式背后的原理简单而巧妙：当进入快速蒙版模式时，画布变成了一个“蒙版”，未选中的区域呈半透明的阴影颜色（通常为红色），而选中的区域保持其正常颜色。蒙版以灰度值操作，用黑色绘制将添加到蒙版（表示未选中的区域），用白色绘制将从蒙版中减去表示选中的区域，快速蒙版的按钮位于工具栏的下方，如图 12-2 所示。

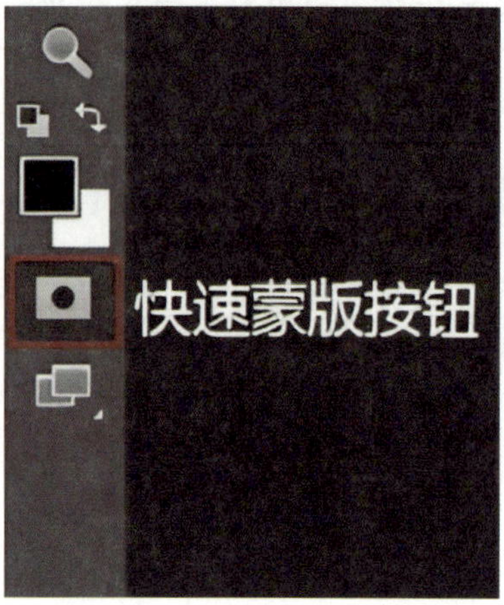

图 12-2　工具栏快速蒙版按钮

快速蒙版是一种选区工具，结合画笔工具使用，形成大致的选区，快速蒙版的结果是选区，通常用于底色纯净、抠图不复杂的图片，用快速蒙版去自定义任意选区比基本选框工具更灵活，快速蒙版提供了一种动态方式来调整选区，允许用户使用画笔或其他绘图工具进行自由绘制、擦除或填充，以扩大或缩小选区范围，这种交互方式比单纯使用选框、套索或魔术棒等基础选择工具更为精准且便于微调。

2. 两种快速蒙版进入方式

（1）进入快速蒙版（快捷键 Q）→使用部分绘制工具（包括画笔、矩形、套索、渐变、油漆桶等）绘制颜色→退出快速蒙版（再次按快捷键 Q）时出现选区。

（2）选区状态下→进入快速蒙版（快捷键 Q）→修改颜色范围→退出快速蒙版（再次按快捷键 Q），出现修改范围后的选区。

（3）快速蒙版≠选区，这是两个概念。但快速蒙版的结果＝选区。因为快速蒙版里可以使用各种绘制工具来体现颜色，这是选区里（蚂蚁线）没有的功能。但快速蒙版绘制颜色后，颜色与选区相关，退出快速蒙版时出现选区，因此它的结果是选区（图 12-3）。

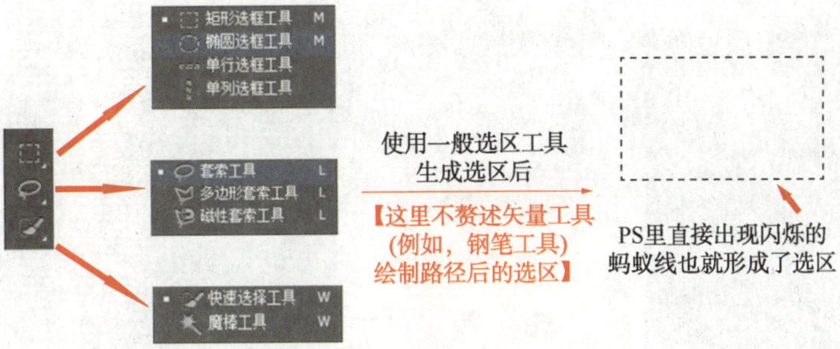

图 12-3 其他生成选区的工具汇总

3. 快速蒙版的用法

快速蒙版是 Photoshop 中的一个特殊工作环境，它将当前的选区转换为半透明的红色蒙版覆盖在图像上，这种红色覆盖表示未被选中的区域，而未被红色覆盖的原图像部分代表已选中的区域。在快速蒙版模式下，用户可以使用绘画工具(如画笔、橡皮擦、渐变等)以编辑蒙版的方式自由地添加或删除选区，就像直接在图像上绘制一样。这种直观的视觉反馈使得用户能够精确调整选区边界，特别是在处理复杂形状或需要平滑过渡的边缘时特别有用，使用快速蒙版的基本步骤如下：

(1) 打开素材，快速蒙版未激活状态如图 12-4 所示。

图 12-4 快速蒙版未激活状态

(2) 点击快速蒙版按钮进入快速蒙版模式，激活快速蒙版后，图层会变成红色，如图 12-5所示。

(3) 使用画笔工具拖动鼠标在图层上涂抹，如图 12-6 所示。

(4) 涂抹完成之后，再次按快速蒙版按钮退出，同时画笔涂抹过的地方就会自动建立选区，如图 12-7 所示。

图 12-5　快速蒙版激活状态

图 12-6　画笔工具涂抹主体

图 12-7　退出快速蒙版生成选区

4. 快速蒙版快捷键

按下键盘上的“Q”键。此时，界面会切换到快速蒙版模式，工具栏下方的状态栏通常会显示“快速蒙版”字样，同时图像窗口中会呈现出红色半透明遮罩覆盖在非选区部分，默认颜色为红色，但可以通过偏好设置进行自定义；然后按下键盘上的“B”键，在画面上进行涂抹，涂抹完成后再按“Q”键退出蒙版工具，即可生成选区（图 12-8）。

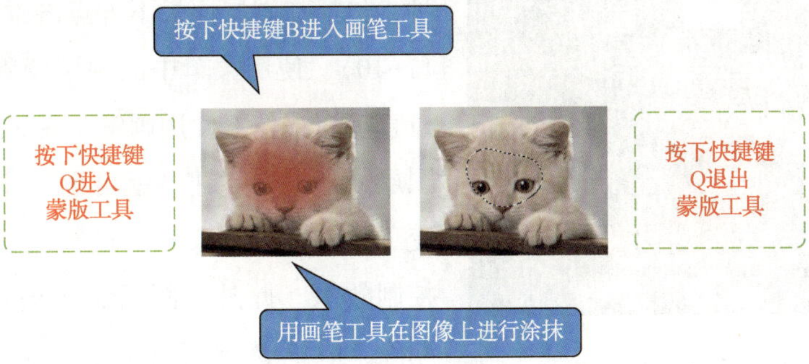

图 12-8　快速蒙版快捷键使用方法

小资料卡片

快速蒙版是基于通道原理实现的，它将选区转换为灰度图像，黑色代表选区外，白色代表选区内，灰色代表选区边缘的羽化效果。

双击工具栏中的“以快速蒙版模式编辑”按钮，可以打开“快速蒙版选项”对话框（图 12-9）。

被蒙版区域：是指选区之外的图像区域，将“色彩指示”设置为“被蒙版区域”后，选区之外的图像将被蒙版颜色覆盖，而选中的区域完全显示图像。

所选区域：是指选中的区域，如果将“色彩指示”设置为“所选区域”，则选中的区域将被蒙版颜色覆盖，未被选择的区域显示为图像本身的效果。

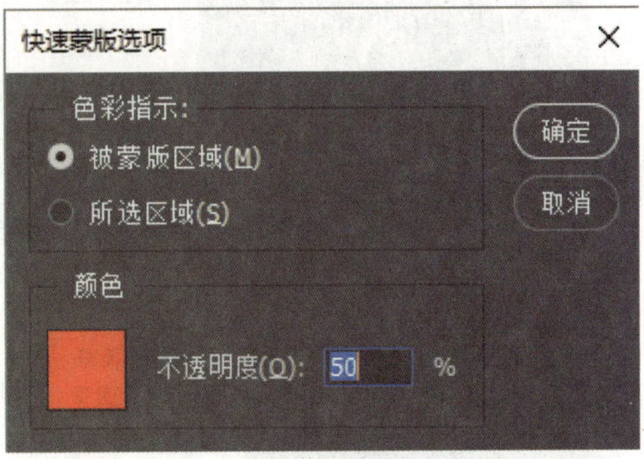

图 12-9　快速蒙版选项对话框

二、图层蒙版

1. 图层蒙版简介

图层蒙版是在当前图层上面覆盖一层玻璃片，这种玻璃片有透明的、半透明的、完全不透明的，图层蒙版是 Photoshop 中一项十分重要的功能。用各种绘图工具在蒙版(玻璃片)上涂色(只能涂黑白灰色)，涂黑色的地方蒙版变为完全透明的，看不见当前图层的图像。涂白色则使涂色部分变为不透明的，可看到当前图层上的图像，涂灰色使蒙版变为半透明，透明的程度由涂色的灰度深浅决定。

图 12-10　添加蒙版按钮

在 Photoshop 中给图层添加蒙版的方法有多种，包括在图层面板下方点击添加蒙版按钮(图 12-10)、使用菜单中的图层蒙版选项，或者通过直接在图像上使用画笔工具涂抹来创建蒙版。图层蒙版一旦创建，就可以使用画笔工具、渐变工具等直接在蒙版上进行编辑，实现精细的控制效果。此外，图层蒙版还可以进行停用、删除、取消链接等操作，以满足不同的编辑需求。

2. 建立白蒙版/黑蒙版

在 Photoshop 中，可以通过在图层面板中选择图层，选中图层，执行“图层→图层蒙版→显示全部”命令可建立一个白色蒙版(图 12-11)，执行“图层→图层蒙版→隐藏全部”命令可建立一个黑色蒙版。

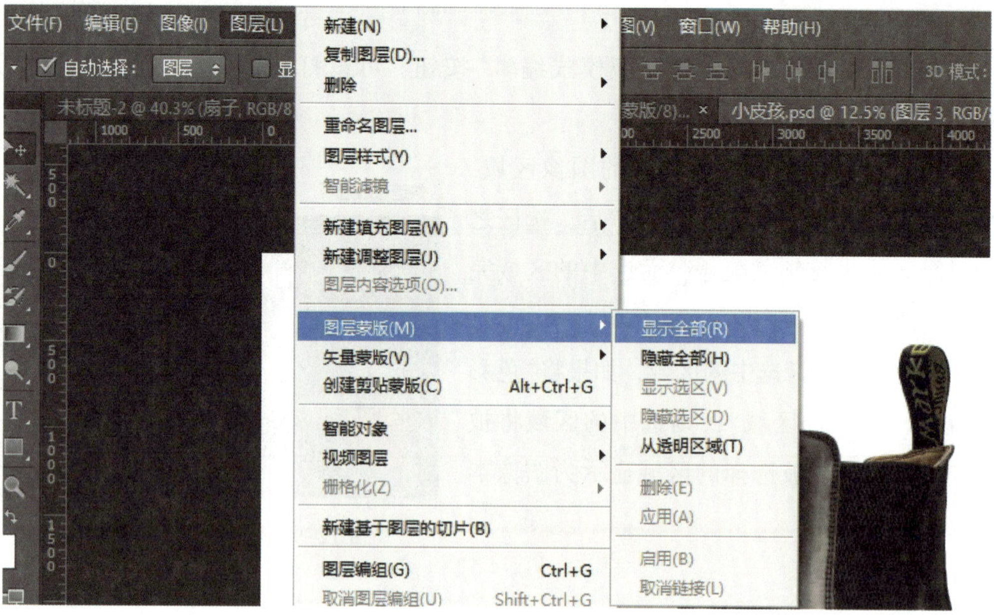

图 12-11　建立白色蒙版/黑色蒙版

3. 编辑蒙版

一旦蒙版被添加到图层上，就可以使用各种工具对其进行编辑。例如，可以使用画笔工具在蒙版上涂抹黑色或白色来增加或减少图层的可见区域。黑色使图层对应区域变为透明，而白色使该区域变为不透明。灰色则会产生半透明的效果，透明度由灰度的深浅决定。此外，还可以使用渐变工具在蒙版上创建渐变效果，以实现更平滑的过渡。

4. 调整蒙版属性

蒙版属性包括浓度、羽化、边缘调整和色彩范围等，这些属性可以进一步控制蒙版的外观和行为。例如，降低浓度的数值可以使蒙版边缘更加柔和；增加羽化值可以让边缘过渡更加自然；调整边缘设置可以精细控制蒙版边缘的形状；色彩范围允许根据颜色范围选择蒙版的部分。

5. 删除蒙版

选中蒙版执行“图层→图层蒙版→删除”命令就可以删除蒙版。在图层面板中将蒙版拖拽至删除按钮上也可以删除蒙版。

6. 从选区中建立蒙版

创建一个选区，在图层面板中单击“添加蒙版”按钮可创建一个基于选区的白色蒙版。创建一个选区，在图层面板中按住 Alt 键单击“添加蒙版”按钮可创建一个基于选区的黑色蒙版(图 12-12)。

7. 停用/启用图层蒙版

在图层蒙版上单击鼠标右键，在弹出的菜单中选择“停用图层蒙版”选项可以暂时关闭蒙版，这个时候，蒙版上会出现一个红色的×。蒙版被停用后，在图层蒙版上单击鼠标右键，在弹出的菜单中选择“启用图层蒙版”选项就可以恢复蒙版的作用了(图 12-13、图 12-14)。

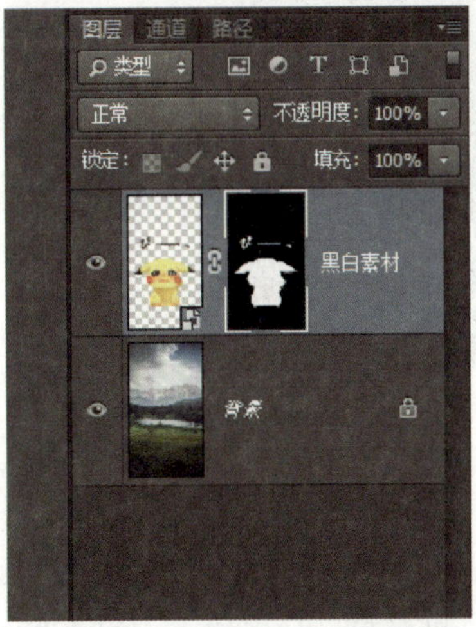

图 12-12 从选区中建立蒙版

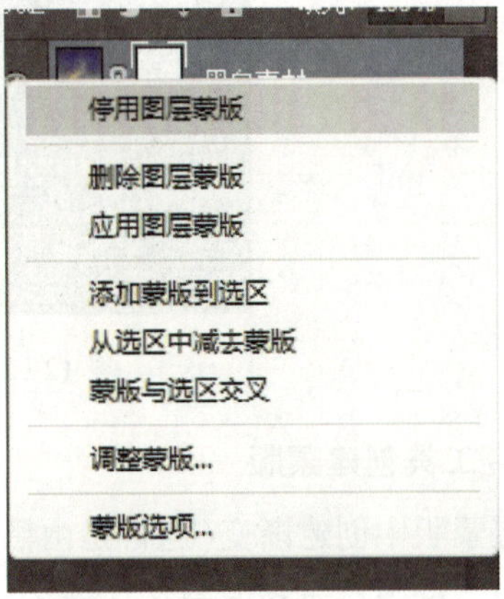

图 12-13 停用白蒙版/黑蒙版

图 12-14　停用的图层蒙版

8. 笔刷法创建蒙版

画笔工具可以灵活地控制蒙版，精准地描绘出显示或隐藏的范围，操作方法就是使用黑色、灰色或白色画笔在蒙版中涂抹。在使用画笔涂抹的时候一定要注意选中的是蒙版（而非图层）。此外，在涂抹时可以根据需求选用不同的画笔笔刷，如图 12-15 所示，烟尘的蒙版部分就是用柔边的画笔涂抹出来的。

图 12-15　笔刷法创建蒙版

9. 渐变工具创建蒙版

在图层蒙版中创建渐变（通常是由黑到白），可以让图片快速、自然地融合起来。渐变的起始位置、结束位置和渐变的长度都会影响融合的效果。如果第一次创建渐变的效果不理想，可以尝试多创建几次，如图 12-16 就是用渐变工具融合两张图片做成的。

10. 进入图层蒙版

为了更好地对蒙版进行编辑，有时候我们需要进入图层蒙版的内部(图 12-17)进行操作，进入图层蒙版的方法为，按住 Alt 键点击蒙版，退出图层蒙版也是按住 Alt 键点击蒙版，进入蒙版可以执行某些操作，比如冰块抠图。

图 12-16　渐变工具创建蒙版

图 12-17　进入图层蒙版

11. 建立黑色蒙版

当合成图片需要遮挡的部分比较少时，最好建立白色蒙版，但有时需要遮挡部分比较多，建立白色蒙版需要涂抹的区域太多，会导致作图效率低下，因此这时就需要建立黑色蒙版，然后用白色画笔将需要显示的部分涂抹出来即可，创建黑色蒙版按住 Alt 键点击图层面板下方添加蒙版按钮即可(图 12-18)。

图 12-18　建立黑色蒙版

三、剪贴蒙版

创建剪贴蒙版是一种常见的图像编辑技术，它允许根据一个图层或多个图层的形状或透明度来控制另一个图层的内容显示，一旦创建了剪贴蒙版，图层的内容将仅在与基底图层非透明区域重叠的部分显示。

1. 剪贴蒙版的作用

剪贴蒙版可以用其形状遮盖其他图稿，因此使用剪贴蒙版，只能看到蒙版形状内的区域，从效果上来说，就是将图稿裁剪为蒙版的形状。剪贴蒙版是使用下面图层(基底图层)中图像的形状来控制上层图像(内容图层)的显示区域，也就是说上层图像只能透过下层图

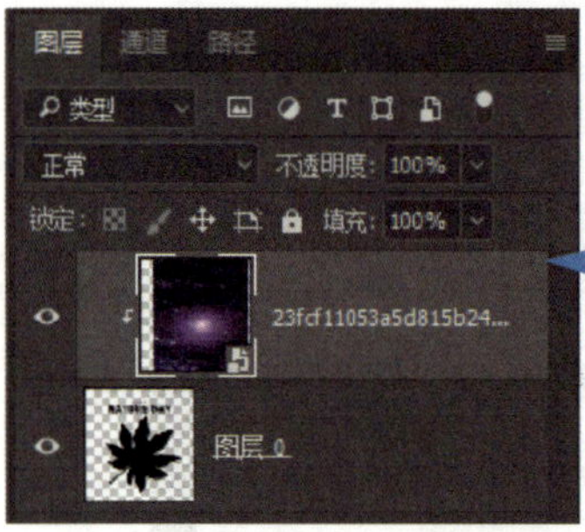

图 12-19　剪贴蒙版

像显示出来(图 12-19)。

2. 创建剪贴蒙版

剪贴蒙版原理是将上层图层置于下层图层内，它们必须是上下层关系，下方图层可以是形状、图层、画笔、文字、智能对象。创建剪贴蒙版的方法为：上图层右击选择创建剪贴蒙版(图 12-20)；或按住 Alt 键，在上下图层之间移动，出现方框带箭头形状，单击鼠标左键。

3. 释放剪贴蒙版

如果想删除剪贴蒙版，可以选择菜单栏点击“释放剪贴蒙版”来实现(图 12-21)，或者按住 Alt 键，将鼠标放在已经创建剪贴蒙版的两个图层之间点击即可完成释放，也可以使用快捷键 Ctrl+Alt+G 创建/释放剪贴蒙版。

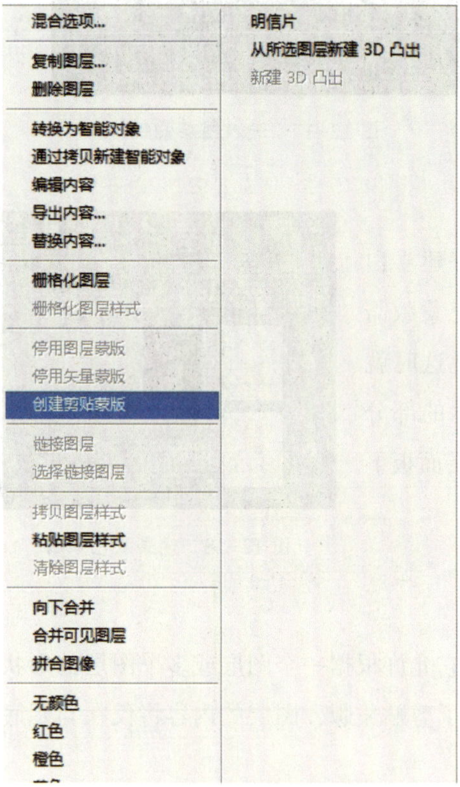

图 12-20　创建剪贴蒙版

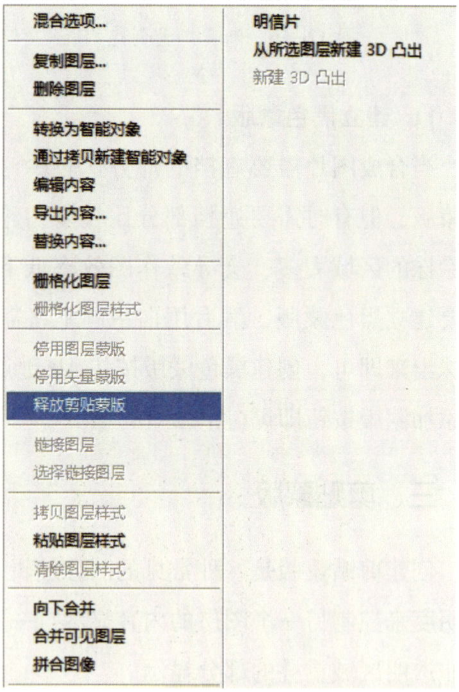

图 12-21　释放剪贴蒙版

4. 可以将多个图层剪贴进同一图层

可以同时多个图层进行剪贴蒙版，上方图层不能隔过中间图层剪贴进下方图层，但可以和中间图层一起剪贴进下方图层，如图 12-22 所示。

图 12-22 多个图层剪贴进同一图层

5. 不显示剪贴蒙版的情况

在创建剪贴蒙版的过程中，有时已经创建完成但是剪贴图层无法出现在下方的形状中，出现这样的情况有可能存在以下问题。图层样式中的三个叠加效果不显示剪贴蒙版：颜色叠加、图案叠加、渐变叠加。当下方图层添加了以上三种图层样式，则无法使用剪贴蒙版的功能(图 12-23)。

图 12-23 不显示剪贴蒙版的情况

四、矢量蒙版

矢量蒙版也叫路径蒙版，指的是可以任意放大或缩小的蒙版，不因放大或缩小操作而影响清晰度，矢量蒙版利用PS的矢量工具(如钢笔工具、矩形工具、椭圆工具、自定义形状工具等)来绘制路径，这些路径可以创建出非常精确的边缘，特别适用于具有硬边或复杂曲线的图像元素，比如logo、文字、几何形状等。

1. 矢量蒙版用途

(1) 通过路径控制图像的显示区域，但是仅能用于当前图层。

(2) 矢量蒙版中创建的形状是矢量图，可以使用钢笔工具和形状工具进行编辑修改，从而改变蒙版的遮罩区域，也可以对它任意缩放而不必担心产生锯齿。

(3) 不只是用来抠图，还可以用来做字体设计。

2. 创建矢量蒙版

矢量蒙版的内容为一个矢量图形，可通过两种方法创建：一种是直接绘制形状，创建带矢量蒙版的形状图层；另一种是先绘制路径，然后将其转为矢量蒙版。采用第二种方式时，可隐藏当前图层中路径之外的区域，显示下层图像(图12-24)。

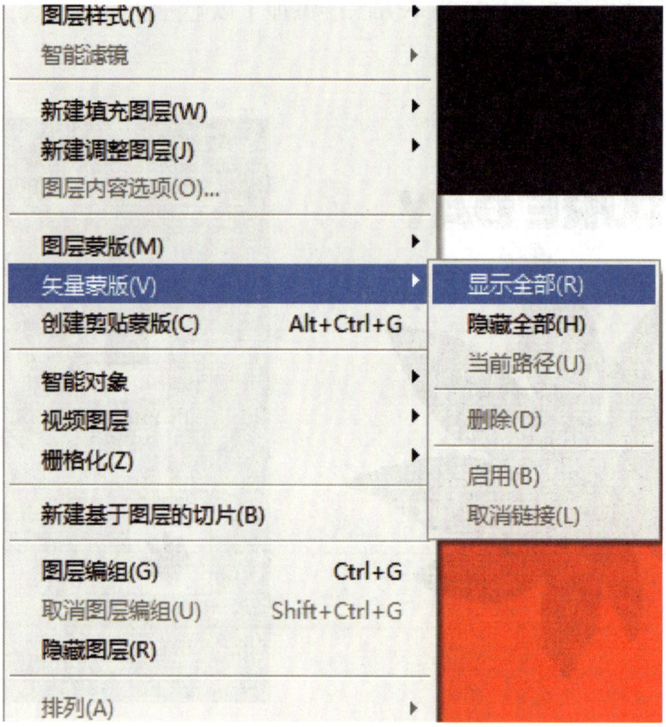

图12-24　矢量蒙版设置

与普通图层蒙版相比，由于矢量蒙版中保存的是矢量图形，因此，它只能控制图像的透明与不透明，而不能制作半透明效果，并且用户无法使用“渐变”“画笔”等工具编辑矢量蒙版。矢量蒙版的优点是用户可以利用“直接选择工具”“钢笔工具”等路径编辑工具来调整矢量蒙版的形状。

（1）打开素材图片，绘制矢量路径，如图 12-25 所示。

图 12-25　绘制矢量路径

（2）将路径创建为矢量蒙版，如图 12-26 所示。

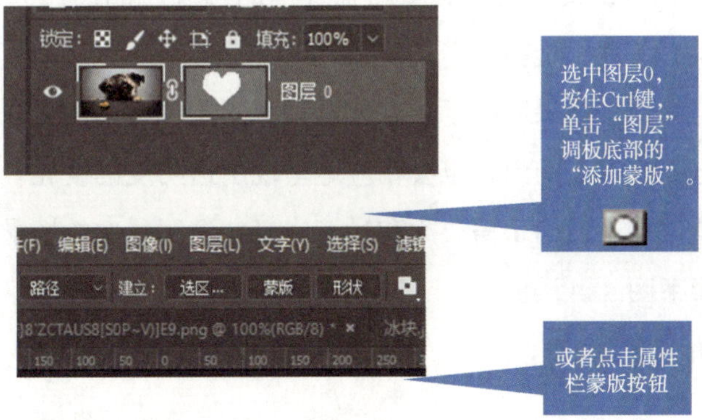

图 12-26　将路径转化为矢量蒙版

（3）矢量蒙版创建完成，如图 12-27 所示。

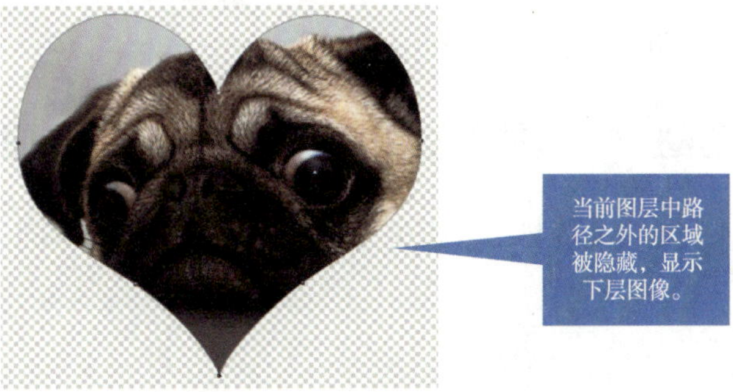

图 12-27　矢量蒙版创建完成

3. 矢量蒙版和剪贴蒙版的区别

矢量蒙版创建方式：基于矢量路径创建。使用 Photoshop 中的矢量工具(如钢笔工具、矩形工具、自定义形状工具等)绘制路径，该路径会作为蒙版决定图层内容的显示区域。矢量路径的特点是边缘清晰、可无限缩放且能够进行精确的几何编辑。

剪贴蒙版创建方式：依赖图层间的相对关系。通常至少需要两个图层：上方的"剪贴蒙版图层"和下方的"基底图层"。剪贴蒙版图层的内容仅在其不透明区域与基底图层重叠的部分得以显示，其余部分被隐藏。创建剪贴蒙版时，是将上方图层的形状或透明度作为模板来裁剪下方图层的内容。

矢量蒙版编辑方法：主要通过矢量工具进行。可以修改路径的锚点、曲线、形状等，或者添加、删除路径段。编辑过程中，路径的精确性和可扩展性得以保持。

剪贴蒙版编辑方法：侧重于改变上方剪贴蒙版图层的内容或不透明度。这包括修改图层中的像素信息、调整图层的混合模式、更改图层的不透明度或填充等属性。剪贴蒙版本身不直接编辑，而是通过编辑构成其形状的图层内容来间接调整蒙版效果。

矢量蒙版效果与表现：呈现的效果是基于矢量路径的边界，要么完全显示路径内部的图层内容(路径内为白色)，要么完全隐藏路径外部的内容(路径外为黑色)。矢量蒙版不支持中间色调，即没有灰度、透明度。

剪贴蒙版效果与表现：效果取决于上方剪贴蒙版图层的透明度变化。当剪贴蒙版图层有灰度过渡时，下方基底图层的内容也会相应地呈现出透明度的变化。剪贴蒙版可以实现更平滑、渐变的遮罩效果，适用于需要柔和过渡或复杂透明层次的场景。

矢量蒙版：上形下图。

剪贴蒙版：上图下形。

【任务实施】

根据班级人数将学生分成若干实训活动小组，每组设组长一名，负责安排、协调、督促小组完成实训任务，同时做好实训活动记录。

活动一　总结矢量蒙版和剪贴蒙版的不同

根据【知识准备】中的相关资料，分析矢量蒙版和剪贴蒙版的不同。

步骤一：分析矢量蒙版和剪贴蒙版的不同点

序号	蒙版	作　用
1	矢量蒙版	矢量蒙版利用矢量图形的特性，通过钢笔工具、形状工具等创建的路径来精确控制图层内容的可见区域。特别适合需要硬边和高精度的选择，如标志设计、字体效果或图形元素的隔离
2	剪贴蒙版	将图片、纹理或颜色填充限定在特定矢量形状、文本或另一图层的轮廓内，可以创造出各种合成效果，如将图片嵌入复杂形状或文本中
3	两者区别	矢量蒙版可以通过直接编辑矢量路径来调整形状、大小和位置，保持边缘的清晰度和可编辑性。 剪贴蒙版的形状依赖于作为蒙版的图层内容，通常通过调整该图层的形状、大小或透明度来间接修改蒙版效果

步骤二：分析常用蒙版的用途

图层蒙版：图层蒙版用来进行精确的抠图，尤其是处理边缘细节复杂或带有半透明元素的图像，如头发、烟雾等。它能够保持原图层的完整性，同时允许用户隐藏或显示特定区域，实现图像的无缝合成。

剪贴蒙版：通过在剪贴蒙版控制的图层上应用图层样式(如阴影、光泽、描边等)，可以为底层形状或文本添加丰富的视觉效果，同时保持整体的可控性和易编辑性。

矢量蒙版：矢量蒙版基于矢量图形，因此可以提供边缘清晰、与分辨率无关的选择区域。这对于需要高度精确选择和编辑的图像处理工作非常有用，例如产品照片的精细化剪裁、标志设计或图形元素的隔离，而且在缩放时不会损失质量。

步骤三：剪贴蒙版制作星空枫叶

1. 新建画布导入素材

- 新建画布的尺寸选择 800px×800px。
- 从素材中把枫叶和两张星空素材导入 PS 中。

2. 抠出枫叶和文字

- 利用魔棒工具点击空白部分创建背景选区并删除。
- 在图层面板中将两张星空素材放在枫叶素材的上方。

3. 创建剪贴蒙版并调整

- 对两张星空素材图层右键单击创建剪贴蒙版。
- 使两张星空素材全部剪切进下方枫叶素材。
- 根据自己喜欢的排列方式调整星空位置(图 12-28)。

图 12-28　星空枫叶效果图

步骤四：学生讲解任务完成情况

组长抽取序号，并选出一名代表讲解本组的任务完成情况。

步骤五：师生点评

每个小组选出一名评委，对任务完成情况进行打分，小组间互评，最后由教师进行点评。

小资料卡片

剪贴蒙版常用于文字镂空效果、形状图片嵌套、复杂图层边缘控制等，非常适合制作创意合成、图标设计、UI 界面设计。删除剪贴蒙版不会影响原始图层数据，它提供了一种灵活且高效的方式来控制图像和图形元素的展现，极大地丰富了设计的可能性。

活动二　古典风口红图片制作

根据实训作业案例的具体要求，分析完成实训任务的操作步骤和知识要点。古典风口红图片制作素材如图 12-29 所示。

步骤一：新建画布并存储文件

（1）新建一个 750px×1000px 大小的画布，分辨率为 72dpi，颜色模式为 RGB。

（2）用矩形工具绘制背景，颜色设置为效果图红色，从素材中找到底纹并导入 PS，参考效果图降低不透明度数值。

图 12-29　古典风口红图片制作素材

（3）点击菜单栏“文件”，选择“保存”命令存储一份名称为“古典风口红”psd 格式的源文件。

步骤二：红台面绘制和布光

（1）利用矩形工具画出一个长方形，颜色为红色，使用钢笔工具在下方中间添加一个锚点，往下移动锚点，形状参照效果图，重命名为“台面”。

（2）将刚才画出的矩形再复制一份，颜色改为浅白色，制作台面描边，给描边图层添加图层样式斜面和浮雕外发光，具体数值参照效果图。

（3）给复制出来的描边图层添加蒙版，利用黑色画笔将后方的描边去除。

（4）在台面下方创建矩形，重命名为“光影”，颜色填充参照效果图，使得台面图层能够覆盖光影图层。

（5）新建图层，剪切进光影图层，利用白色画笔工具在新建图层上涂抹，中间部分涂抹高光，两侧区域涂抹阴影，给光影图层制作立体化效果(图 12-30)。

图 12-30　红台面绘制和布光

步骤三：制作口红背景圆环

（1）按住 Shift 键绘制直径为 600px 左右的正圆，关闭填充打开描边，描边颜色为黄色，描边粗细为 3px。

（2）给圆环添加斜面和浮雕、内发光、外发光和投影图层样式，具体数值参考如图 12-31～图 12-34。

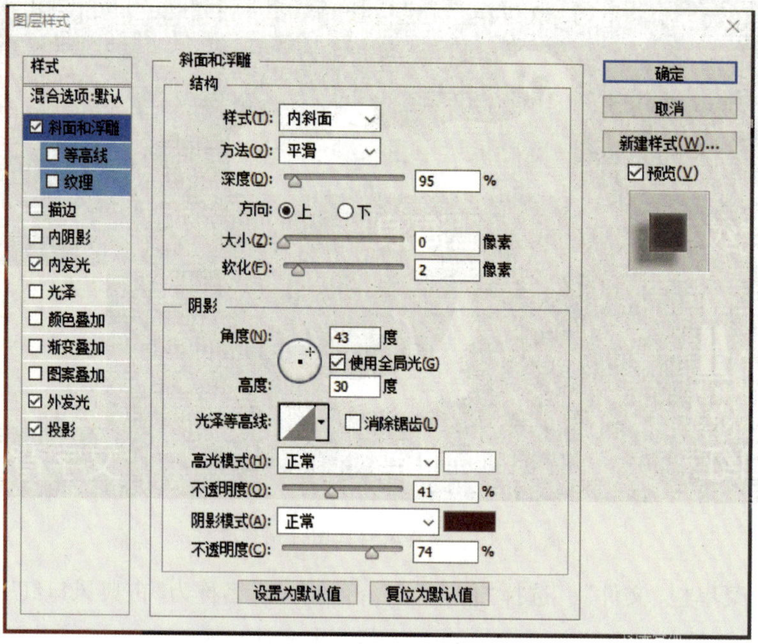

图 12-31　斜面和浮雕图层样式参数值

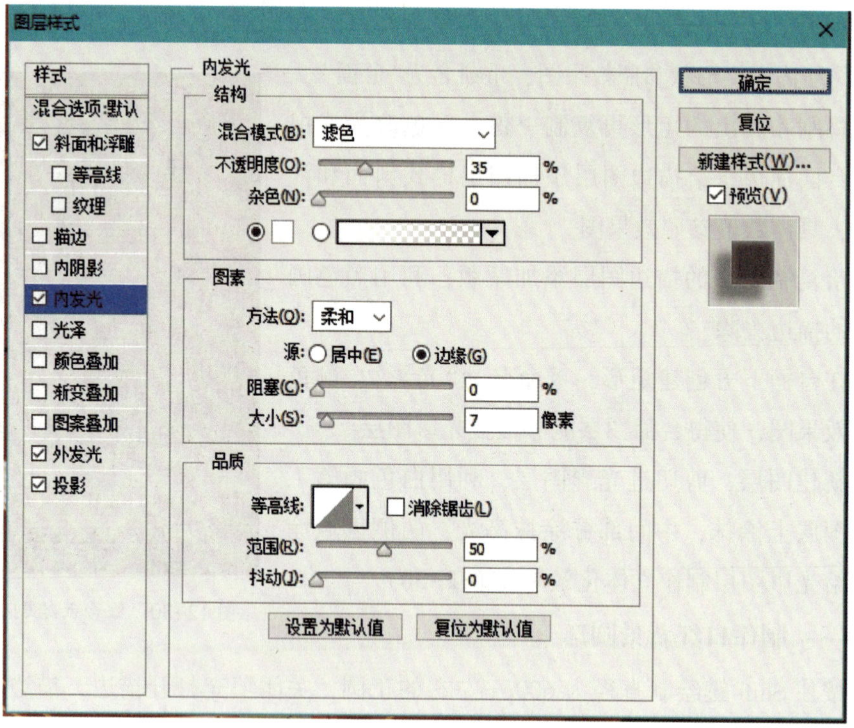

图 12-32　内发光图层样式参数值

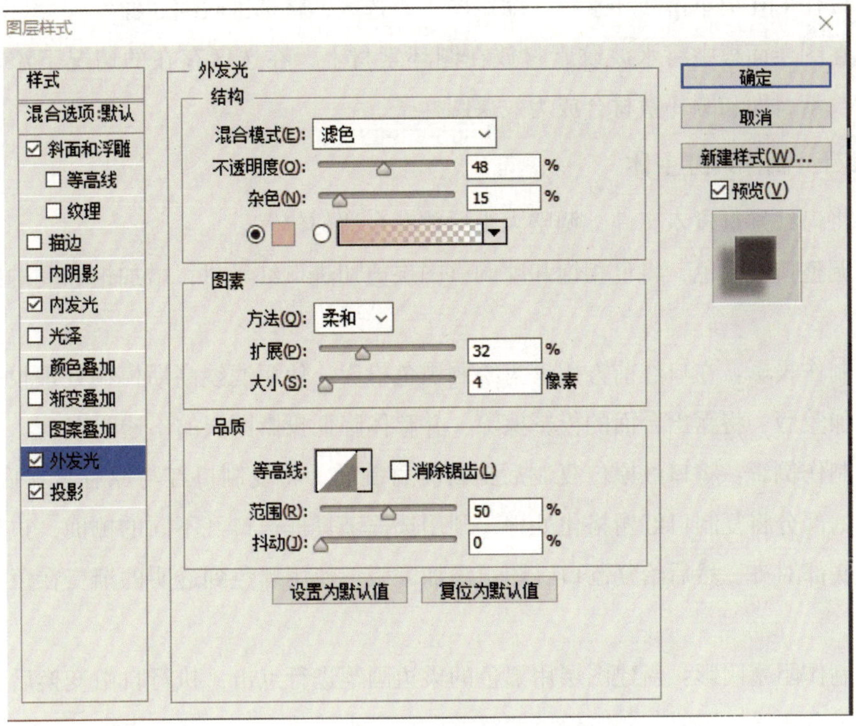

图 12-33 外发光图层样式参数值

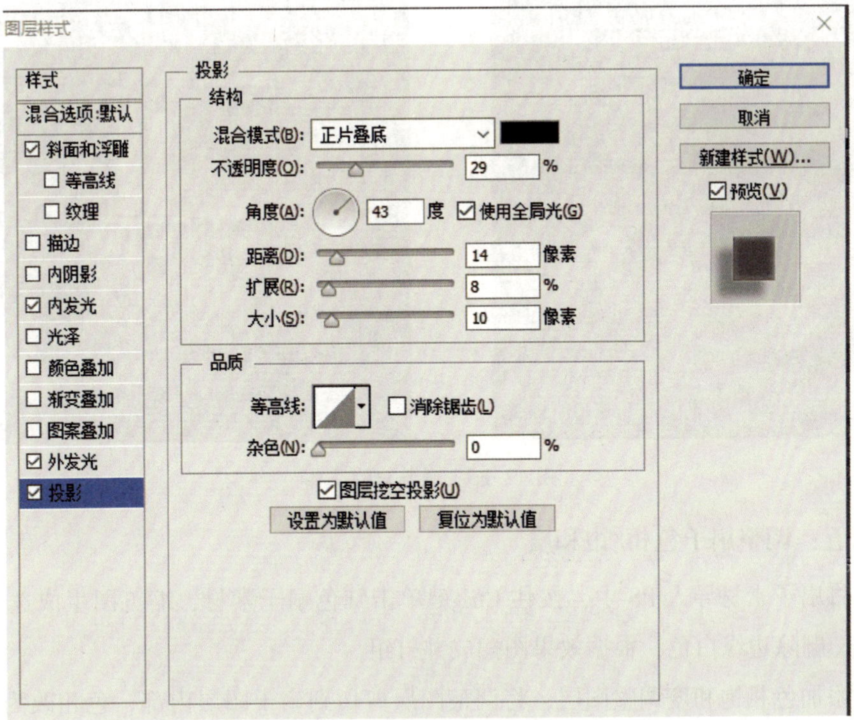

图 12-34 投影图层样式参数值

（3）按住 Ctrl 键单击圆环素材，缩览图生成选区，将选区收缩 3 像素。

（4）在图层面板中将水波纹素材放在圆环素材上，在选区存在的情况下添加图层蒙版，水波纹素材即和圆环素材合成为效果图样子。

步骤四：制作口红主体

（1）将口红素材置入文件，调整大小后放在合适的位置。

（2）调整口红颜色，将色相饱和度调整图层剪切进口红素材，增加饱和度的同时降低明度。

（3）制作投影：在口红前方用钢笔绘制黑色投影，使用滤镜高斯模糊处理投影，给投影图层添加蒙版，将露出台面的投影擦除，并整体降低投影图层的不透明度。

（4）制作倒影：将口红原位复制后执行垂直旋转，将复制口红与原有素材底部对齐，无法贴合的部分将复制口红栅格化处理，利用选框工具框选口红不同的侧面，执行斜切效果让口红底部对齐，然后给复制口红图层添加蒙版，使用黑色到透明的渐变在蒙版给口红制作倒影。

（5）制作阻塞阴影：新建图层用黑色的柔边画笔进行点击，执行自由变换后压扁缩小放到口红下方边缘，同时复制三份，调整方向和大小后放入其他下方边缘(图 2-35)。

图 12-35　制作口红主体

步骤五：调整扇子色相/饱和度

（1）将扇子素材导入 PS 中，按住 Ctrl 键单击红色扇子素材，缩览图生成选区，将选区收缩 3px 删除边缘白色，根据效果图摆放并打组。

（2）添加色相饱和度调整图层，将调整图层剪切到扇子图层内部，色相改为 8，饱和度改为 11，明度改为−12%(图 12-36)。

图 12-36　调整扇子色相/饱和度

步骤六：制作文字和其他素材

（1）利用文字工具将效果图中文字录入文件中，调整文字大小、颜色和间距。

（2）将文字背景置入文件，放到主题文字的上方。

（3）使用剪贴蒙版将文字背景剪切进主题文字，并给文字添加投影效果。

（4）将仙鹤素材导入，放在合适的位置。

（5）利用钢笔工具勾勒两束光效如效果图所示，将光效进行高斯模糊并降低不透明度。

步骤七：保存图像并提交作业

（1）在制作的过程中不断地按 Ctrl+S 键保存图像，此时制作过程会保存在已经存储的 psd 格式的源文件中。

（2）图片制作完成后按 Ctrl+Shift+S 键另存一份 jpg 格式的图片提交作业（图 12-37）。

图 12-37　古典风口红图片

步骤八：学生讲解任务完成情况

组长抽取序号，并选出一名代表讲解本组任务完成情况。

步骤九：师生点评

每个小组选出一名评委，对任务完成情况进行打分，小组间互评，最后由教师进行点评。

【任务书】

任 务 书

任务内容	古典风口红图片制作
实训过程	
理论知识梳理	
实训过程总结	
教师记录、点评：	

【巩固提高】

一、选择题

1. 快速蒙版是一种(　　)，结合画笔工具使用，形成大致的选区。

A. 移动工具　　B. 选区工具　　C. 套索工具　　D. 文字工具

2. 退出快速蒙版，可点击工具栏(　　)按钮。

A. 快速蒙版　　B. 选区工具　　C. 套索工具　　D. 文字工具

3. 快速蒙版快捷键为(　　)。

A. B　　B. A　　C. QBQ　　D. QBB

4. 双击快速蒙版，可以更改快速蒙版建立的(　　)。

A. 大小　　B. 选区形式　　C. 位置　　D. 羽化

5. 图层蒙版原理为(　　)隐藏，白色显示。

A. 蓝色　　B. 绿色　　C. 红色　　D. 黑色

6. 图层面板最下面有一排小按钮，其中(　　)长方形里边有个圆形的图案，它就是添加图层蒙版按钮。

A. 第一个　　B. 第二个　　C. 第三个　　D. 不确定

7. 蒙版和(　　)很相像，而且可以重复操作。

A. 橡皮擦　　B. 画笔　　C. 移动工具　　D. 选框工具

8. 暂停蒙版使用：按住(　　)键，单击图层蒙版缩览图。

A. Alt　　B. Shift　　C. Ctrl　　D. 不确定

9. 进入图层蒙版：按住(　　)键单击蒙版。

A. Alt　　B. Shift　　C. Ctrl　　D 不确定

10. 退出图层蒙版：按住(　　)键单击蒙版。

A. Alt　　B. Shift　　C. Ctrl　　D. 不确定

二、填空题

1. 激活快速蒙版的方法为点击工具栏快速蒙版按钮，虚线变为(　　　　)，图层面板变为红色。

2. 快速蒙版快捷键：QBQ，(　　　　)更改颜色，资深设计人员潜意识中红色就是蒙版。

3. 双击快速蒙版，可以更改快速蒙版(　　　　)。

4. 黑色蒙版的创建方法：按住(　　　　)键新建蒙版。

5. 黑色蒙版的使用：隐藏部分比较多，(　　　　)的时候可以用黑色蒙版。

6. 蒙版修图：可以利用高斯模糊处理上方图层，此时需要显示的图层比较少，需要隐藏的部分比较多，如使用常规蒙版需要(　　　　)。

7. 一般情况下蒙版的使用都是用黑画笔涂抹，不同情况下反向操作，可以(　　　　)，提升图片效果。

8. 创建剪贴蒙版时，是将上方图层的形状或透明度作为模板来裁剪下方图层的内容。

9. 剪贴蒙版是使用下面图层(　　　　)中图像的形状来控制上层图像(　　　　)的显示区域，也就是说上层图像只能透过下层图像显示出来。

10. 剪贴蒙版原理是将上层图层置于(　　　　)，它们必须是上下层关系。

三、判断题

1. 上图层右击选择创建剪贴蒙版，或按住 Alt 键，在上下图层之间移动，出现方框带箭头形状，单击鼠标左键。(　　)

2. 可以同时多个图层进行剪贴蒙版。(　　)

3. 上方图层不能隔过中间图层剪切进下方图层，但可以和中间图层一起剪切进下方图。(　　)

4. 剪贴蒙版可以适用以下图层：位图图层、智能对象图层、形状图层、文字图层。(　　)

5. 选中蒙版执行“图层→图层蒙版→删除”命令就可以删除蒙版。(　　)

6. 图层样式中的颜色叠加效果可以显示剪贴蒙版。(　　)

7. 矢量蒙版的内容为一个矢量图形。(　　)

8. 矢量蒙版也叫路径蒙版，指的是可以任意放大或缩小的蒙版，不因放大或缩小操作而影响清晰度。(　　)

9. 进入蒙版可以执行某些操作，比如冰块抠图。(　　)

10. 蒙版结合渐变工具可以制作倒影。(　　)

项目十三

商品图片之色彩调整

【项目简介】

本章学习图片色彩调整的基础知识，如色彩原理、光影的基础知识、调整图层的作用和使用方法，以及根据调色需求和原有光影，选择合适的调色工具和方法对图片进行色彩调整；认识一级调色和二级调色的区别，一级调色关注整体属性调整，如亮度和对比度、色阶和饱和度，让图像更生动自然，二级调色注重局部区域调整，如色彩平衡和曲线、可选颜色，让图像富有层次感和立体感。通过本章的学习，同学们可以掌握这些调色工具的使用，学习图片调色的基本流程，打造色彩和结构合理的精美图片。

【学习目标】

知识目标

了解不同的色彩模式的应用以及色彩三要素的组成；

了解商品图片调色的步骤和调色大致思路。

能力目标

掌握调整图层的打开方式以及相关的参数设置；

掌握一级调色和二级调色的调整内容和使用区别。

素养目标

在单个图层调色调整图层剪贴蒙版的使用中，培养学生的创新思维；

在调整图层的打开和使用中体会调色的重要性，提升学习动力。

【知识框图】

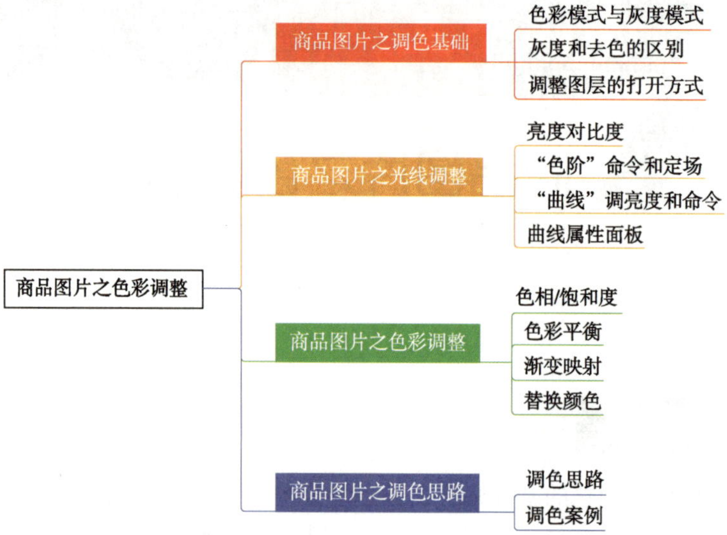

图 13-1　商品图片之色彩调整

【任务描述】

本次课程项目实训是给人物天空图片调色，调色过程首先涉及图片整理光影的调整，以及部分内容如青山和草地素材的色相调整，需要用到色阶和色相、饱和度等调整图层来实现，然后将两个素材利用蒙版合成，蒙版合成过程中需要用到选区，合成之后使用调整图层来调色，并用剪贴蒙版单独控制天空的色彩变动，同时使用滤镜和混合模式制作帽子的镜头光。本次课程项目实训涉及的任务点比较多，请认真完成每一步操作。

案例一：调整图层哪些是用来调光的，哪些是用来调色的？每个调整图层的作用是什么？

1. 情景设计

本次课程项目实训是给图片调色，笑泽按照脑海里的知识对图片按部就班地进行处理，小顾的叹气声引起了笑泽的关注，原来小顾对调整图层的功能和使用方法不是很熟悉，看着图片光影有问题想调整但是无从下手，笑泽说磨刀不误砍柴工，先要跟小顾总结一下调整图层的作用和使用方法，哪些调整图层是调光的，哪些是调色的，各自都有什么用途呢。

2. 任务描述

根据上课学习的内容，小顾和笑泽开始梳理调整图层的作用，一部分是用来调整影调的，一部分是用来调整色调的。首先把这两部分区分出来，这样在看到图片光影和色调出问题的时候，能够想到从哪去调整图层；其次对各个调整图层的功能进行细分，看各自都能达成什么样的效果。

3. 任务分解

步骤一：总结调整图层分类

步骤二：分析调整图层的用途

(1) 曲线：菜单栏“图像>调整>曲线”。

(2) 色阶：菜单栏“图像>调整>色阶”。

(3) 亮度对比度：菜单栏“图像>调整>亮度对比度”。

(4) 颜色平衡：菜单栏“图像>调整>色彩平衡”。

(5) 阴影/高光：菜单栏“图像>调整>阴影/高光”。

(6) 锐化清晰：菜单栏“滤镜>锐化>USM 锐化”。

步骤三：总结调整图层的作用

步骤四：学生分组记忆并讲解调整图层用途

组长抽取序号，并选出一名代表讲解本组的讨论和记忆结果。

步骤五：师生点评

每个小组选出一名评委，对任务完成情况进行打分，小组间互评，最后由教师进行点评。

案例二：如何针对一个图层调色而不影响调整图层以下的其他图层？怎么给调整图层设置剪贴蒙版？

1. 情景设计

本次课程项目实训是为人物风景图片调色。天空合成时，小顾使用色阶和色相饱和度调整图层给素材调色的时候，发现下方原图的颜色也跟着一起变化，小顾心想自己只是想调整天空的颜色，不想让人物和背景颜色跟着一起变化，他反复尝试都无法达成想要的效果，转头看到笑泽已经做好作业上交了，不甘落后的小顾赶紧求助，如何针对一个图层调色而不影响调整图层以下的其他图层？

2. 任务描述

根据上课学习内容，需要在合成天空部分素材后给天空部分素材调色，使合成的两部分完美融合。要想单独给天空部分调色，需要将给天空素材调色的调整图层剪贴进天空素材中，如果没有做剪贴蒙版，则调整的是所有下方图层的颜色；为了提高自己修图的效率，小顾在创建调整图层的剪贴蒙版后，跟笑泽一起梳理本次课程项目实训的步骤，以提升自己的修图调色水平。

3. 任务分解

步骤一：导入素材并存储文件

步骤二：调整图片整体影调

(1) 使用亮度对比度调整图层加强亮度，再使用曲线使画面整体提亮。

(2) 使用S形曲线加强图片的明暗对比，此时整体画面偏暗。

步骤三：调整图片整体色调

(1) 使用色相饱和度自动选择功能，点击青山部分，提高青山部分饱和度。

(2) 使用色相饱和度自动选择功能，点击小草部分，提高黄色小草的饱和度。

步骤四：合成天空并调色

利用蒙版选区和蒙版合成天空素材，并对天空素材进行调色。

使用调整图层给天空素材调色，必须剪贴进天空素材中(重点)。

步骤五：添加帽子镜头光

利用滤镜和混合模式给帽子添加镜头光。

步骤六：添加其他装饰元素

给图像制作描边素材。

添加文字素材。

步骤七：保存图像并提交作业

(1) 在制作的过程中不断地按Ctrl+S键保存图像，此时制作过程会保存在已经存储的psd格式的源文件中。

(2) 图片制作完成后按Ctrl+Shift+S键另存一份jpg格式的图片提交作业。

请结合案例一、二所给资料，预习课件内容，分析并讲述调整图层哪些用来调光哪些用来调色，以及每个调整图层的作用是什么，并在组内交流比赛，同时在梳理活动二调色步骤的基础上，强化修图的理论知识。

【知识准备】

调色的作用是通过专业的工具和技术，对图像的色彩进行精细调整，以达到最佳的视觉效果，在 Photoshop 中，调色是一项重要的技术，它涉及对图像色彩的调整，包括但不限于亮度、对比度、色调等。通过这些调整，可以显著改善图像的视觉效果，使其更加吸引人。调色不仅限于改变图像的整体色调，还包括对局部色彩的精确调整，以及通过特定的调色工具和技术来增强图像的特定效果。

一、商品图片调色基础

1. 色彩模式

Photoshop 中的色彩模式主要包括 RGB 模式、CMYK 模式、Lab 模式以及灰度模式，这些模式分别适用于不同的图片处理要求和场景。RGB 模式是一种在计算机、手机等屏幕显示中使用的色彩模式，通过红(Red)、绿(Green)、蓝(Blue)三种基色的相互混合来表现所有颜色。CMYK 模式是用于印刷的色彩模式，它基于青色(Cyan)、洋红色(Magenta)、黄色(Yellow)和黑色(Black)四种颜色的组合来实现色彩的输出。Lab 模式是一种独立于设备的颜色空间，广泛用于图像编辑和色彩校正中，因为它能够提供比 RGB 模式更广的色域覆盖范围。灰度模式则只包含亮度信息，不包含任何颜色信息，适用于需要强调图像明暗对比度的情况。各种色彩模式可以通过菜单栏图像模式进行更改，如图 13-2 所示。

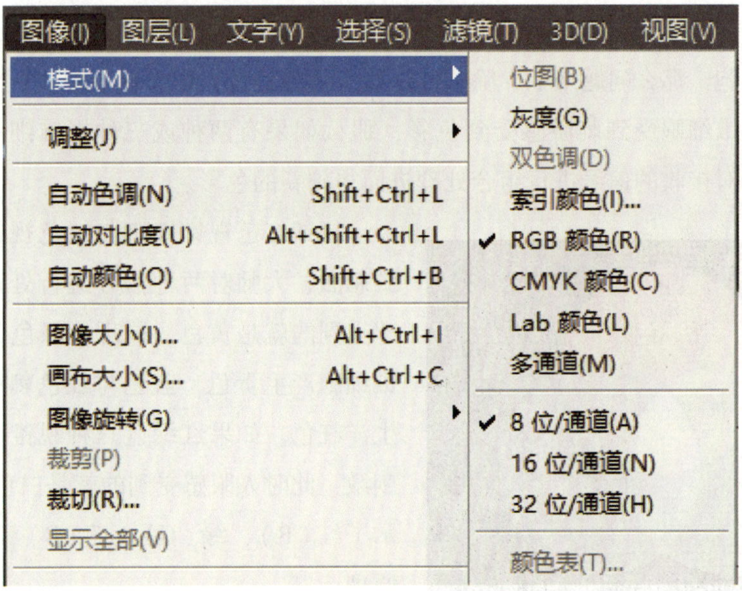

图 13-2 更改图像色彩模式的方法

2. 加色模式：RGB

RGB 色彩模式是一种颜色标准，是通过对红(R)、绿(G)、蓝(B)三个颜色通道的变化以及它们相互之间的叠加来得到各式各样的颜色的，RGB 即代表红、绿、蓝三个通道的颜色，这个标准几乎包括了人类视力所能感知的所有颜色，是应用最广的颜色系统之一，本章重点讲解 RGB 加色模式调色原理。

在讲解 RGB 调色原理之前先回想一下著名的三棱镜色散实验，一束白光通过三棱镜折射后分解为由红、橙、黄、绿、青、蓝、紫七种颜色形成的光谱。这个实验表明了白色光线是由不同色彩的光线相互叠加而成的(图 13-3)。

图 13-3　三棱镜色散实验

假如此时有一道红色光线射入人眼，那么只有红色视锥细胞会受到刺激产生神经冲动，大脑就会判断现在看到的颜色是红色。同理绿色光线刺激绿色视锥细胞，蓝色光线刺激蓝色视锥细胞，那么问题来了，除了红绿蓝之外的颜色人眼怎么感受到呢？前面说的都是只有一种视锥细胞受到刺激感受到色彩，那么如果有两种或三种视锥细胞同时受到刺激，大脑就会对接收的信号进行组合处理进而得到新的色彩。

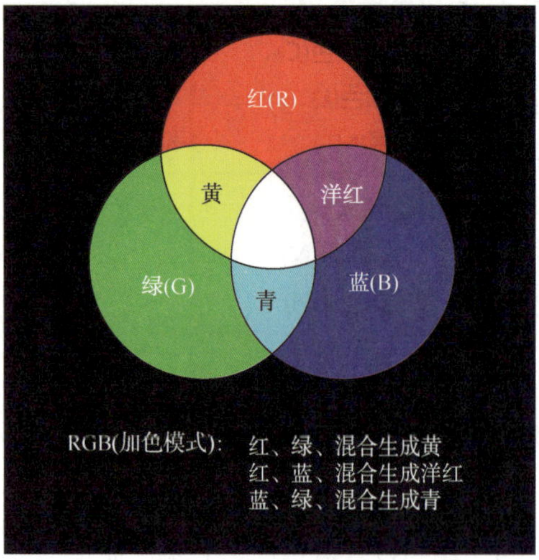

图 13-4　三原色的叠加原理

比如红色视锥细胞与绿色视锥细胞同时受到刺激，大脑对两种信号进行处理，此时人眼感受到的就是黄色。同理，绿色与蓝色刺激视锥细胞产生青色，蓝色与红色刺激视锥细胞产生洋红色。如果红绿蓝三种视锥细胞同时受到刺激，此时人眼感受到的就是白色。图 13-4 展示了红(R)、绿(G)、蓝(B)三原色的叠加原理。

红色与绿色叠加得到黄色，绿色与蓝色叠加得到青色，蓝色与红色叠加得到洋红色，红、绿、蓝三色叠加得到白色。在此基础上我们还可以通过改变红(R)、绿(G)、蓝(B)三种颜色的强度进行叠加，我们用0~255来表示不同等级光线的强度，这样就能组合出千变万化的色彩了。换句话说，任意色彩都是由不同强度等级的红(R)、绿(G)、蓝(B)三种颜色叠加而成，这就是为什么把RGB色彩模式称为加色模式。

可以设想这样一个场景来验证加色模式，在一个封闭的没有窗户的小房间里，关闭所有的灯，我们看到只有漆黑一片，开一盏红灯往墙上打光可以看到红色，开一盏绿灯可以看到绿色，开一盏蓝灯可以看到蓝色，将红灯与绿灯交错，就看到了黄色，将三盏灯交错就看到了白色，灯光没有照到的地方就是黑色(图13-5)。

图13-5　灯光三原色叠加原理

3. 减色模式：CMYK

自然界拥有千变万化的色彩，在实际的油墨印刷中不可能对每一种色彩都制定一种油墨，只能定义几种基本油墨，然后通过不同比例的油墨混合叠加得到各种色彩，因此制定了基于油墨印刷的CMYK色彩模式(图13-6)。

CMYK代表印刷上用的四种颜色，C代表青色(Cyan)，M代表洋红色(Magenta)，Y代表黄色(Yellow)，K代表黑色(Black)。因为在实际应用中，青色、洋红色和黄色很难叠加形成真正的黑色，最多不过是褐色而已。因此才引入了K——黑色。黑色的作用是强化暗调，加深暗部色彩。

下面讲一下为什么印刷油墨采用青(C)、品(M)、黄(Y)三色而不是其他颜色。

图13-6　CMYK色彩模式

我们日常看到的物体大部分是不发光的，之所以能看见物体并能分辨出颜色，是因为它们反射了光线。当白色光线照射到一个物体上时，这个物体将吸收一部分光线，并将剩下的光线进行反射，反射光线的颜色就是所看见的物体颜色。

看图 13-7 的中间部分，假设在一张白纸上涂一块青色的油墨，油墨本身不发光，人眼看到油墨的青色是因为白光照射到上面后，白光中的红光被油墨吸收，反射出来的绿光与蓝光叠加后形成青色。同理，洋红色油墨吸收绿色光，反射红光与蓝光叠加形成洋红色；黄色油墨吸收蓝色光，反射红光与绿光叠加形成黄色。也就是说青色油墨只吸收红光，洋红色油墨只吸收绿光，黄色油墨只吸收蓝光。换句话说，红色与青色、绿色与洋红色、蓝色与黄色是互相对立的，也就是互补色。

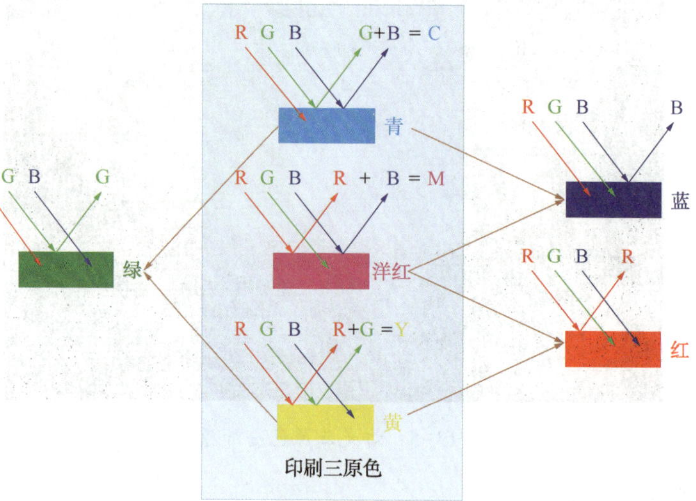

图 13-7　CMYK 模式色彩原理

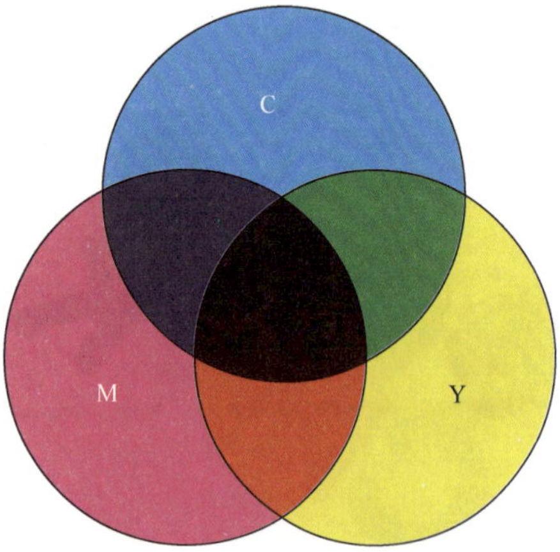

图 13-8　CMYK 模配色原理

知道了三种油墨的特点就可以根据需要进行调配了，如果想得到纯红色需要油墨吸收掉白光中的绿光与蓝光，根据前面的结论，使用洋红色与黄色油墨可以吸收掉这两种光线，因此洋红色油墨与黄色油墨叠加得到红色。同理，青色油墨与黄色油墨叠加得到绿色，青色油墨与洋红色油墨叠加得到蓝色(图 13-8)。

4. 色相/饱和度：HSL

H 色相(Hue)对应色相环(图 13-9)一周 360°上的不同颜色，用 0°~360°表示，S 饱和度(Saturation)表示颜色的纯度，L 亮度(Lightness)表示颜色的亮度，用 0%~100%表示。

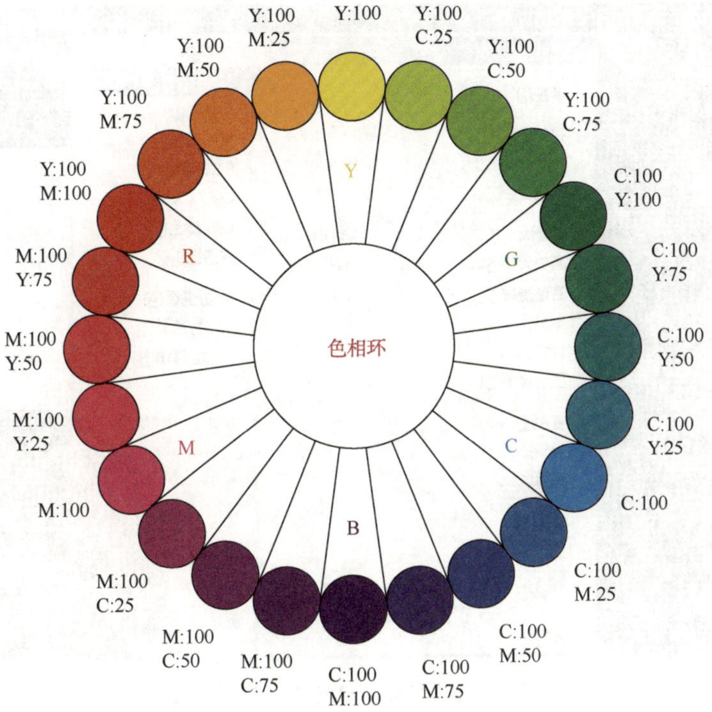

图 13-9　色相/饱和度色相环

HSL 色彩模式是基于人眼直观感受建立的一种色彩模式，理解起来比较简单，在各类图像软件中对应的调色工具使用起来也比较容易。

RGB 加色模式是由黑到白，在没有光的地方，把红、绿、蓝三种光一点一点往上加便得到了需要的颜色。

CMYK 减色模式是由白到黑，在一张白纸上，把青、洋、黄三种油墨一点一点往上加，把不需要的光吸收掉，最后得到需要的颜色。

掌握色彩原理的基本知识是学习后期调色的基础，理解色彩的变化规律就能摆脱各类修图案例中的参数束缚，让想象力有更大的发挥空间，调出心目中理想的色彩。

5. 灰度模式

灰度模式是一种特殊的图像模式，它使用单一色调（通常是黑色到白色的过渡）来表现图像的明暗关系。在灰度模式中，图像的每个像素都由一个灰度值表示，这个值可以是 0（黑色）到 255（白色）的任何值，从而实现了从黑到白的平滑过渡。

（1）将图像转换为灰度模式。

将图像转换为灰度模式是一个简单的操作。首先，打开 Photoshop 并加载你想要转换的图像。其次，在菜单栏中选择“图像>模式>灰度”（图 13-10）。在弹出的对话框中选择“扔掉”或“拼合”，以完成灰度处理，所有的颜色信息都会被删除，只保留亮度信息。

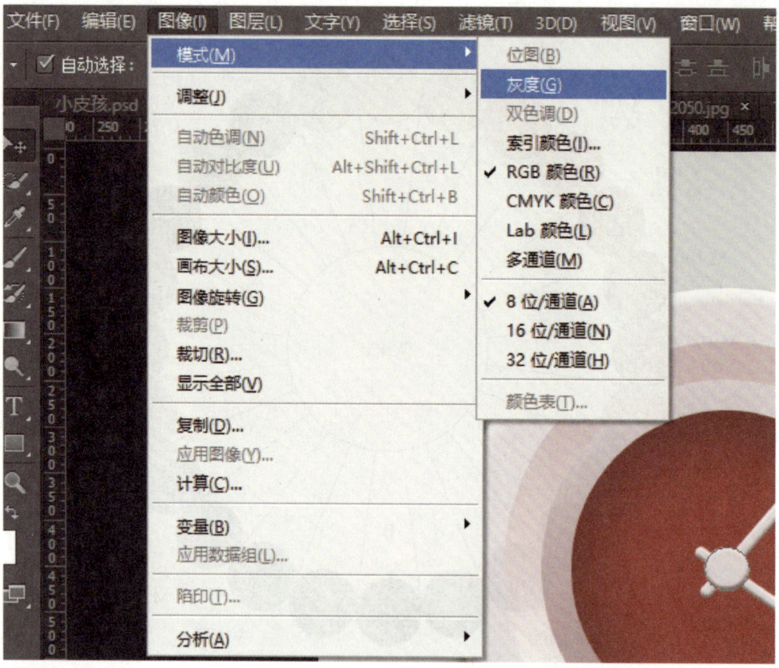

图 13-10　图像转换为灰度模式方法

（2）灰度模式优点。

它能够提供高品质的黑白图像，通过 256 级灰度来表现图像的明暗细节，这种模式非常适合将彩色图像转换为黑白照片效果，因为它能够保留原始图像的亮度层次，同时去除色彩信息（图 13-11）。

图 13-11　灰度模式下色彩变化

（3）灰度模式不可逆。

需要注意的是，一旦图像被转换为灰度模式，其颜色信息就会丢失，且无法再转换回彩色模式而不丢失原有的颜色信息。因此在转换之前如果可能的话，最好先备份原始图像。

(4) 灰度和去色的区别。

去色是把图像的饱和度降到最低，不影响色彩模式，对于之后的颜色使用没有影响，去色改变的是当前图层，灰度模式改变的是整个选项卡的颜色模式(图 13-12)。

图 13-12　左侧红色在灰度模式下显示为右侧灰色

小资料卡片

色彩三要素共同作用决定了我们看到的任何颜色的外观，PS 软件提供多种工具和调整选项，允许用户精确控制图像中的色彩三要素，从而实现丰富的视觉效果和专业的色彩校正，掌握这些要素是进行图像编辑、色彩管理和创意设计的关键。

二、调整图层的使用

Photoshop 是一款功能强大的图像处理软件，无论是图像修复、图像编辑还是图像合成，都可以通过使用各种工具和特效来实现，其中调整图层是 Photoshop 中常用的功能之一，它可以对图像进行颜色、亮度、对比度等方面的调整，下面将详细介绍一些常用的调整图层及其使用技巧。

调整图层在图层面板中以一种特殊类型的图层存在，它不对底层图像直接进行修改，而是通过应用色彩和色调调整的“滤镜”效果来改变图像的外观，这些调整是附加在原图之上的，因此可以随时编辑、删除或隐藏，而不会影响原始像素。

1. 创建调整图层

通过菜单：选择“图层>新建调整图层”，从中选取需要的调整图层类型(图 13-13)。

图层面板：在图层面板底部，点击“创建新的填充或调整图层”图标，选择相应的调整选项。

快捷键：部分调整图层有对应的快捷键，如曲线 Ctrl+M、色阶 Ctrl+L，但最终仍需通过菜单完成非破坏性创建。

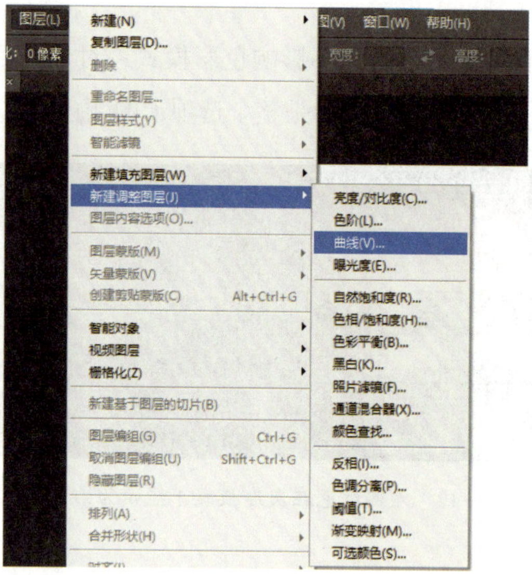

图 13-13 创建调整图层的方法

2. 调整图层之亮度/对比度

打开亮度/对比度调整图层时会弹出一个名为“亮度/对比度”的对话框，在这里可以通过移动滑块或直接输入数值来调整图像的亮度和对比度(图 13-14)。

亮度滑块：向右拖动增加亮度，使图像整体变亮；向左拖动减少亮度，使图像变暗。

对比度滑块：向右拖动增加对比度，扩大图像中明暗区域的差别，使图像看起来更鲜明；向左拖动减少对比度，缩小这种差别，使图像趋于平缓。

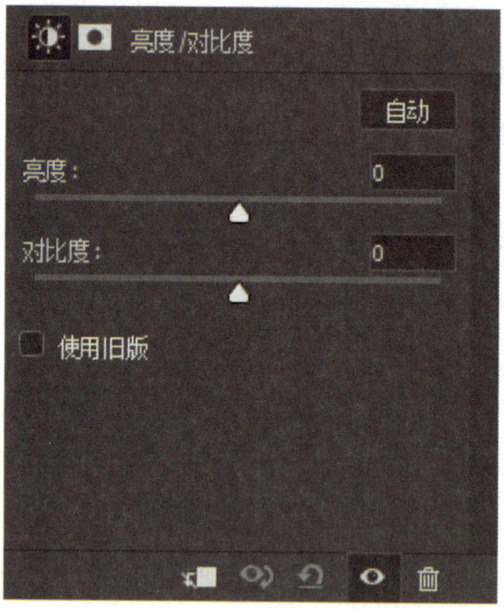

图 13-14 亮度/对比度调整图层

3. 调整图层之曲线

曲线工具允许用户通过调整图像的亮度曲线来改变图像的亮度和对比度。曲线的横坐标代表输入值(原始亮度)，纵坐标代表输出值(调整后的亮度)，通过在曲线上添加控制点并调整这些点的位置，可以改变图像中不同区域的亮度和对比度。

(1)“曲线”命令调整光影。

Photoshop 中的“曲线”命令是一个非常强大的工具，用于调整图像的亮度、对比度和色彩。用户可以通过拖动曲线或输入数值来调节图片的效果，从而达到调整图片亮度和对比度的目的。使用“曲线”命令时，可以选择“图像>调整>曲线”来打开曲线调整对话框，或者使用快捷键 Ctrl+M 直接调出曲线对话框。此外，还可以通过调整图层的方式添加曲线调整，这样做的优点是可以避免在原图上直接修改导致的不可逆操作。

曲线调整命令不仅可以用于整体调整，还可以进行局部调整，主要针对光影和色调两个方面。它允许用户在图像色调曲线上任意一点进行调整，使得其成为选项最丰富、功能最强大的颜色调整工具之一。此外，曲线工具整合了“色阶”“亮度/对比度”等多个命令的功能。曲线上可以添加 14 个控制点，移动这些控制点可以对色彩和色调进行非常精确的调整，按 Shift 键点击可以选中并控制多个控制点，点击 Delete 键可以删除控制点，或者用鼠标点击后扔掉，其中 X 轴代表调整前的数值，Y 轴代表调整后的数值，上下方向键可以移动控制点实现微调。

(2)“曲线”调亮度要点。

作用：调整局部画面信息。

线条信息：曲线左下部分代表暗部区域，右上部分代表亮部区域。

调整方法：用鼠标左键点击定点，然后拖动，往上提调亮，往下压调暗。

上弦线：整体提亮(常用)。

下弦线：整体压暗(常用)。

S 线：加强对比(不常用)。

(3) 曲线属性面板。

预设和自动：基本达不到调整效果，不常用。

小手：用来调整局部画面亮度信息，点击画面需要调整的位置，鼠标不松手，上下滑动即可调整，松开鼠标后，调整曲线上自动出现的定点即可调整。

定场：黑白灰定场，与色阶相同。

编辑点以修改曲线：常用的显示和调整模式。

绘制曲线：高手专属，一般会使用手绘板进行调整。

平滑曲线值：使曲线更平滑(图 13-15)。

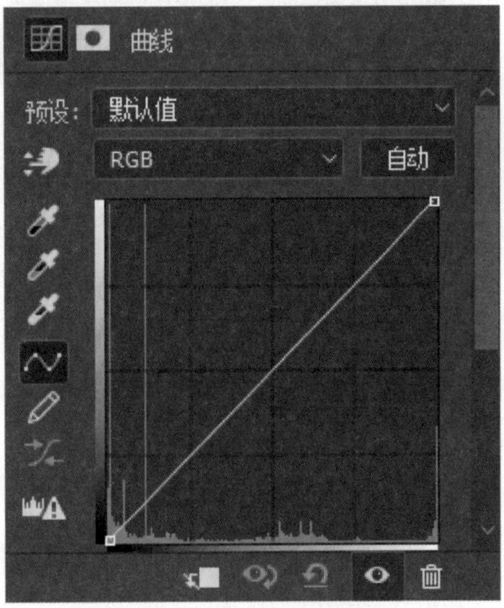

图 13-15 曲线调整图层

4. 调整图层之色阶

色阶调整图层是一种用于调整图像的亮度和对比度的工具，通过调整色阶的输入和输出，可以使图像的亮度范围更加均匀，增加图像的对比度，在 Photoshop 的图层面板中，点击“创建调整图层”按钮，选择“色阶”来创建色阶调整图层，在弹出的色阶调整对话框中，可以通过拖动黑色、灰色和白色的调节滑块来调整图像的亮度范围(图 13-16)。

5. 调整图层之色彩平衡

色彩平衡调整图层用于调整图像的整体颜色平衡，通过调整色彩平衡可以增强或减弱相应颜色的饱和度和亮度，在图层面板中点击“创建调整图层”按钮，选择“色彩平衡”来创建色彩平衡调整图层，在调整对话框中，可以通过移动滑块来改变图像中红色、绿色和蓝色的饱和度和亮度(图 13-17)。

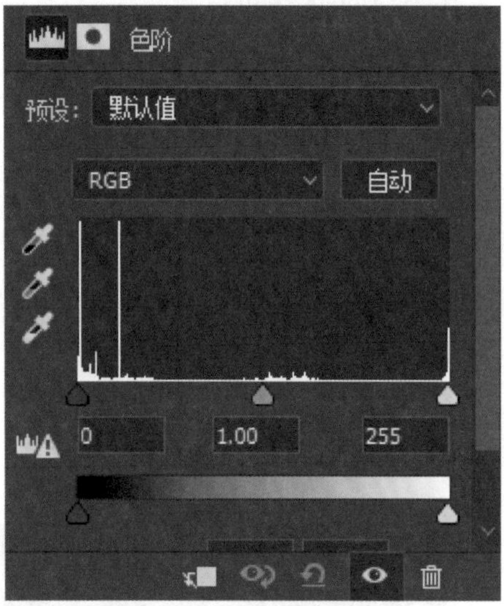

图 13-16　色阶调整图层

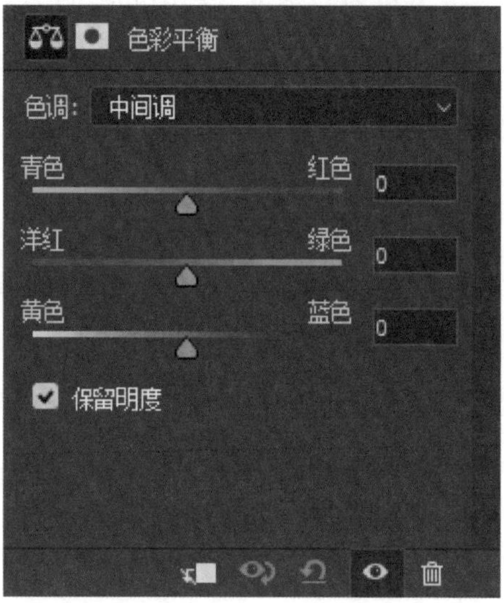

图 13-17　色彩平衡调整图层

6. 调整图层之色相/饱和度

色相/饱和度调整图层用于调整图像的色相、饱和度和明度，在图层面板中，点击“创建调整图层”按钮，选择“色相/饱和度”来创建色相/饱和度调整图层，在调整对话框中可以通过拖动滑块来改变图像的色相、饱和度和明度，此外还可以使用目标工具来选择并调整图像中特定颜色的饱和度(图 13-18)。

7. 调整图层选项卡下方按钮(图 13-19)

A：剪贴蒙版：可以对单个图层进行调整，否则调整的是下方所有可见图层。

B：查看上一状态。

C：复位到调整默认值。

D：切换图层可见性，与图层面板左侧隐藏按钮相同。

E：删除本调整图层。

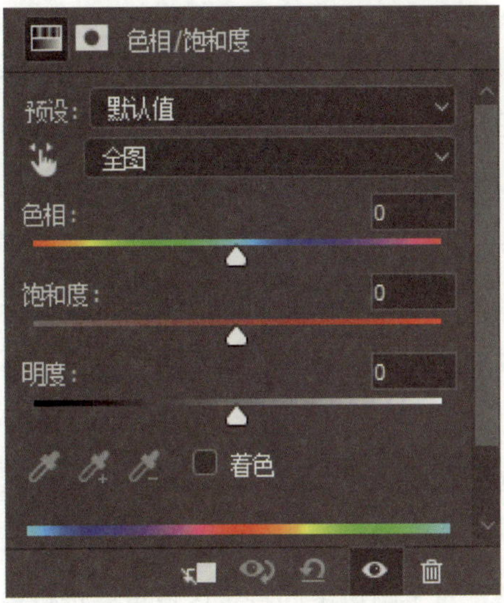

图 13-18　色相/饱和度调整图层

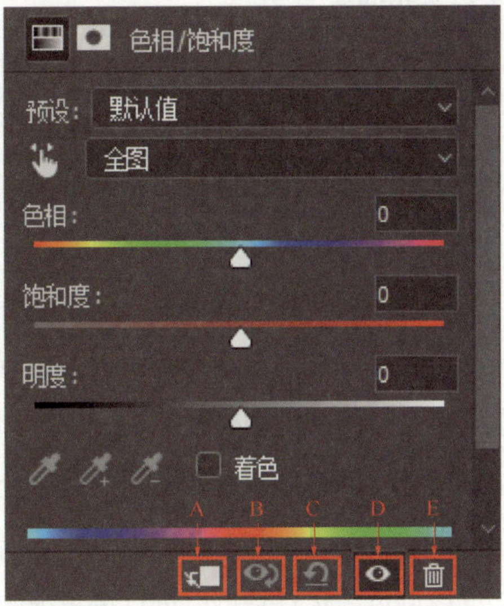

图 13-19　调整图层选项卡下方按钮

三、区别一级调色和二级调色

一级调色和二级调色是 Photoshop 中两个重要的调色功能，它们在调色过程中有着不同的应用场景和效果，根据需求和场景，可选择合适的调色工具和方法。一级调色通常在拍摄后进行基础调整，二级调色通常在基础调整后进行局部优化提升，熟练掌握这些调色工具和方法可获得更好的图像处理效果。

1. 一级调色

一级调色通常是指在图像输入 Photoshop 之后，最先进行的色彩调整，它主要涉及的是全局色彩的调整，包括亮度、对比度、色温、色调等基本参数的调整，一级调色的目的是确定图像的基本色调和影调，为后续的二级调色打下基础。

在一级调色中，常见的操作包括：

亮度/对比度调整：通过调整亮度/对比度，可以改变图像的整体明暗程度和对比度。

色温/色调调整：通过调整色温/色调，可以改变图像的整体色调和色彩倾向。

饱和度调整：通过调整饱和度，可以改变图像的色彩鲜艳程度和饱和度。

一级调色的优点是操作简单、直观，可以快速地调整整个图像的基本色调和影调，但一级调色的缺点是难以进行精细的局部调整，对于某些局部的色彩和影调变化无法做到精确的控制。

2. 二级调色

二级调色是在一级调色的基础上，对图像进行更精细的色彩调整，它主要涉及的是局部色彩的调整，包括选区色彩、通道色彩、图层色彩等局部范围的调整，二级调色的目的是对一级调色后的图像进行更精细的局部调整，以达到更加完美的色彩效果。

在二级调色中，常见的操作包括：

选区色彩调整：通过选择图像中的特定区域，可以对选区内的色彩进行单独的调整。

通道色彩调整：通过调整每个颜色通道的亮度、对比度和色彩平衡，可以分别对每个颜色通道进行精细的调整。

图层色彩调整：通过在不同的图层上叠加不同的色彩效果，可以实现对图像局部区域的色彩调整。

二级调色的优点是可以进行更精细的局部调整，对于图像中的特定区域可以进行单独的色彩修饰和优化。但二级调色的缺点是需要更多的操作步骤和技巧，需要具备一定的 Photoshop 软件操作技能才能进行准确的调整。

3. 一级调色和二级调色的区别

在调色过程中，有着明显的区别和特点，一级调色主要涉及全局色彩的调整，操作简单、直观；二级调色则涉及更精细的局部调整，需要更多的操作技巧。同时一级和二级调色结果也有着明显的区别，一级调色结果通常更注重整体色调和影调的控制，以营造出特定的氛围和情感；二级调色结果更注重局部细节和色彩的修饰，以达到更加完美的色彩效果。在实际应用中，一级和二级调色通常会结合使用，先进行一级调色确定基本色调和影调，再根据需要进行二级调色的局部调整，以达到最佳的视觉效果。

总之，一级和二级调色是 Photoshop 后期处理中非常重要的技能，它们各有特点和应用范围，掌握好一级和二级调色的方法和技巧，可以让我们在后期处理中更加得心应手地打造出完美的视觉效果。

四、光影色调调整实例

调色一般情况下首先要调影调，然后再调色调，接下来就以实际图片为例，展示图片调整的数值和结果。

1. 亮度/对比度调整光影

原图问题分析：图片整体发暗，而且灰蒙蒙的，需要用亮度/对比度进行调整，提升亮度，加大对比度，同时提高饱和度，具体数值设置和效果如图 13-20 所示。

图 13-20　亮度/对比度调整光影

2. “色阶”滑块调光影

色阶的基本功能是通过直方图来描述整张图片的明暗信息，其中黑色三角代表最暗的地方(纯黑)，白色三角代表最亮的地方(纯白)，使用“色阶”命令可以调整图像的高光、中间调、暗调的强度级别，校正色调范围和色彩平衡(快捷键 CTRL+L，通道抠图时经常用到)。

原图问题分析：从左到右的滑块分别代表黑、白、灰的像素信息，图 13-21 上图的色阶直方图，黑色滑块上方颜色信息缺失，将黑色滑块向右移动，即可得到图 13-21 下图。

图 13-21　“色阶”滑块调光影

3. “色阶”定场调光影

色阶浮动面板左侧有三个小吸管，分别代表黑白灰三种颜色，选择相应的吸管在图片中进行吸取，为颜色的定场，图 13-22 左图用黑色小吸管在图片黑色部分吸取，即得图 13-22 右图。

如果图片非常暗，可以用定白场，定场后继续调节滑块以达到最佳效果，除了滑块和吸管，还点击右侧“自动”按钮调整色阶(不常用)。

图 13-22 “色阶”定场调光影

小资料卡片

Photoshop 中色阶命令是一个非常强大的调色工具，它主要用于调整图像的高光、中间调和阴影的强度级别。通过使用色阶，用户可以调整图像的色调、对比度和色彩平衡，甚至矫正图像的白平衡。通过色阶定场，用户可以有效控制图像的明暗分布，优化图像质量，使其看起来更加鲜明、对比度更强，或是根据创作需求调整为特定的视觉风格。

4. “色阶”直方图调整光影

图 13-23 上图色阶直方图黑色和白色信息都无缺失，但画面整体偏白，需将灰色色块向右调整，得到正常状态的图 13-23 下图。

5. “阴影/高光”调整光影

使用“阴影/高光”命令可以修复图像中过亮或过暗的区域，从而使图像尽量显示更多的细节，打开图片素材，选择“图像>调整>阴影/高光”命令，打开“阴影/高光”对话框，设置图像的阴影数量和高光数量，单击“确定”按钮(图 13-24)。

图 13-23 “色阶”直方图调整光影

图 13-24 “阴影/高光”调整光影

6. 色相/饱和度调整颜色

要打开并使用色相/饱和度功能，在菜单栏中选择“图像>调整>色相/饱和度”命令。在打开的对话框中，可以选择调整范围，比如全图、当前图层或选区内的颜色。图 13-25 和图 13-26 是利用色相/饱和度改变左图玫瑰花颜色为右图的数值设置。

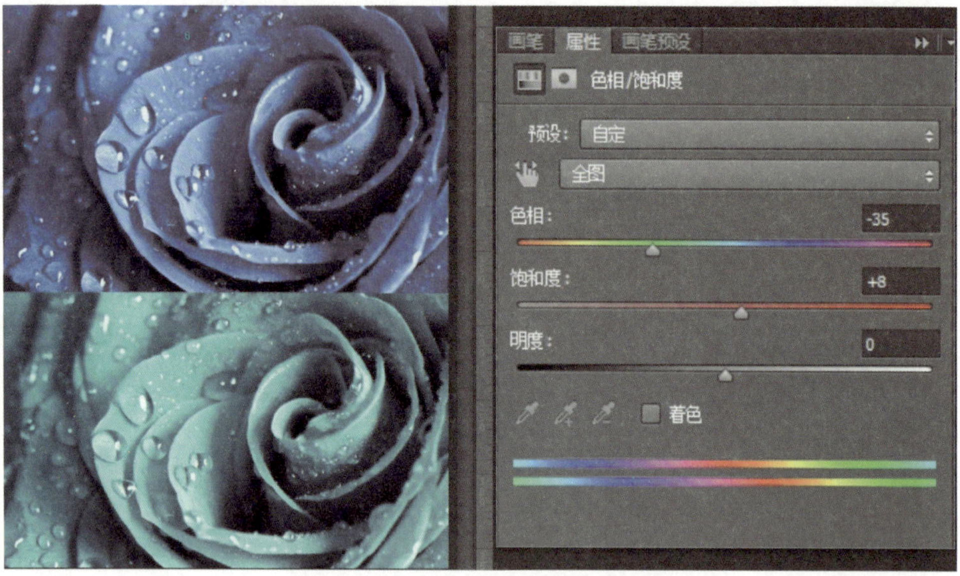

图 13-25　色相/饱和度调整蓝色为绿色

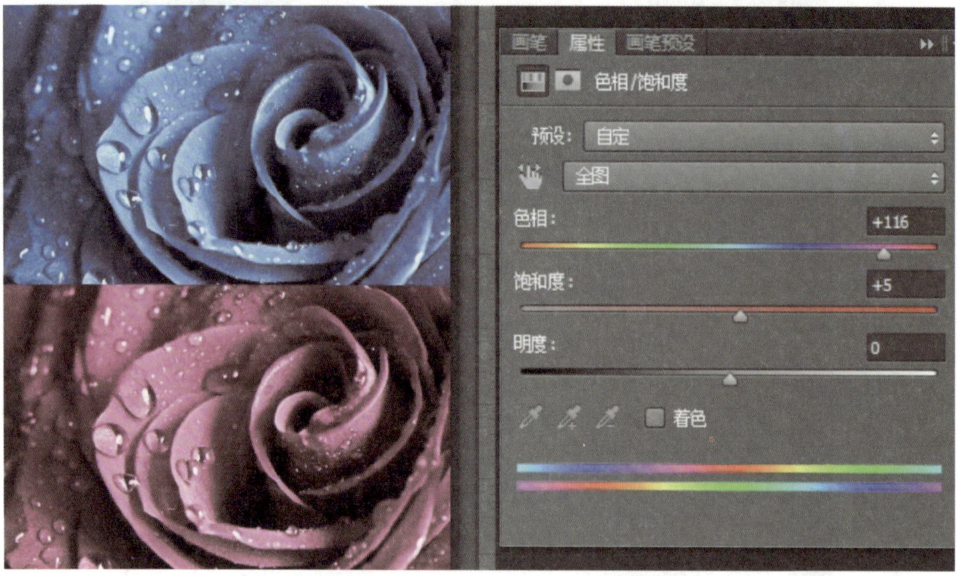

图 13-26　色相/饱和度调整蓝色为红色

7. 色相/饱和度自动选色

小手：精准地选定颜色，在图像上单击并拖动可以改变图像的饱和度，按住 Ctrl 键单击并拖动可以改变色相，图 13-27 左 3 树叶和图 13-28 左 6 树叶，为利用色相/饱和度的小手，从上方颜色替换为下方颜色的数值设置。

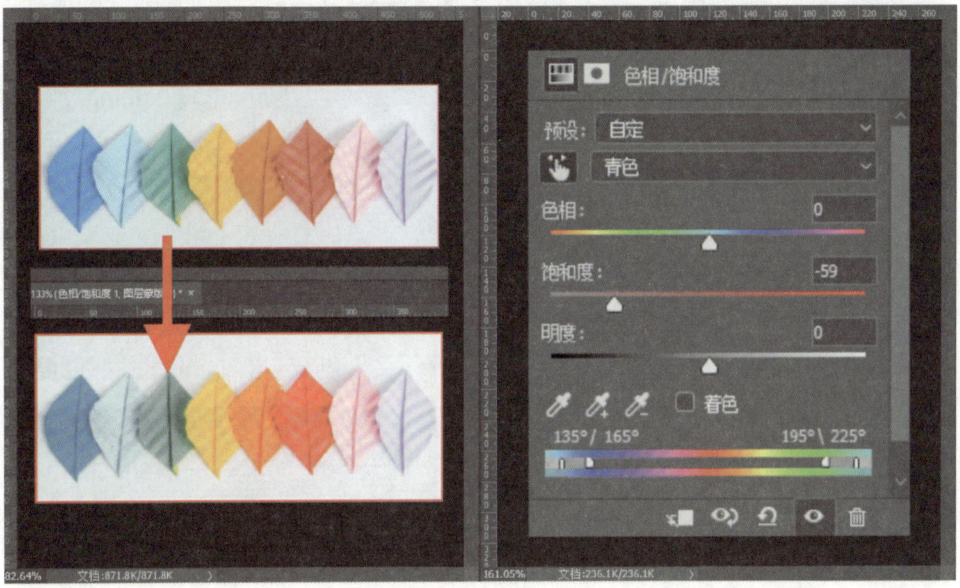

图 13-27　色相/饱和度自动选色调左 3 树叶

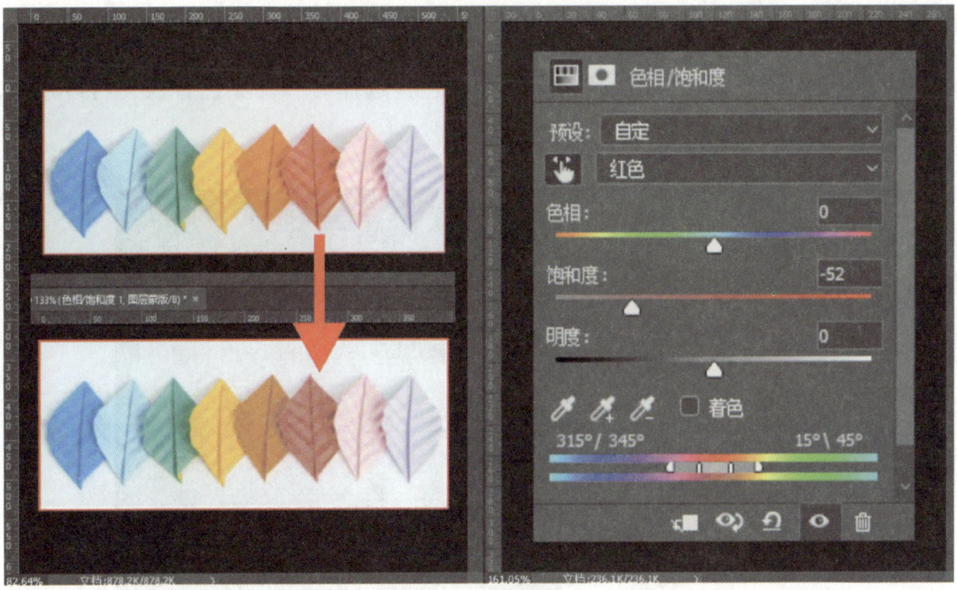

图 13-28　色相/饱和度自动选色调左 6 树叶

8. 渐变映射

渐变映射：将对应的颜色映射到暗部和亮部，一般结合混合模式和不透明度来使用，通俗地说就是用所设定的颜色，对应到原图的色彩上，用这种效果可以达到某些非常夸张的色彩搭配效果，如图 13-29 所示，用渐变映射柔光混合模式调整风景图片效果。

图 13-29　渐变映射调整风景图片效果

9. 替换颜色

使用“替换颜色”命令可以改变图像中某些区域颜色的色相、饱和度、明暗度，从而达到改变图像色彩的目的，具体用法是拾取一种颜色，选择另一种颜色替换，可以用添加吸管添加颜色(图 13-30)。

图 13-30　替换颜色更改图像色彩

10. 色彩平衡

将图 13-31 上方图片调成下方图片，添加色彩平衡和色相饱和度调整图层，具体数据如图 13-31 所示。

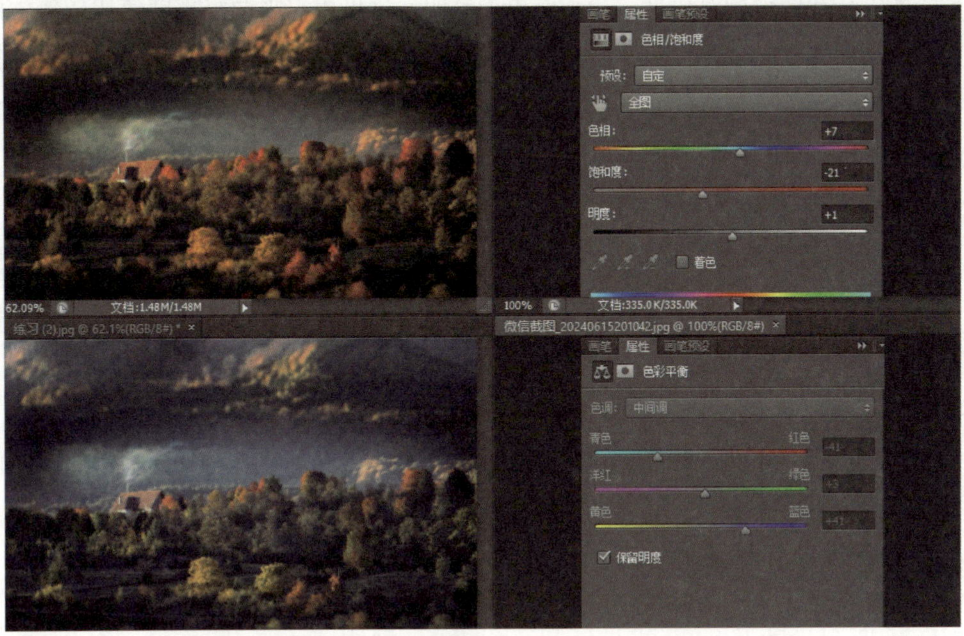

图 13-31　色彩平衡和色相饱和度更改色彩

【任务实施】

根据班级人数将学生分成若干实训活动小组，每组设组长一名，负责安排、协调、督促小组完成实训任务，同时做好实训活动记录。

活动一　调整图层功能记忆大比拼

根据【知识准备】中的相关资料，分析常见调整图层的用途。

步骤一：总结调整图层分类

序号	作用	调整图层
1	调光	亮度/对比度、色阶、曲线、黑白、曝光度、阴影/高光
2	调色	色相/饱和度、色彩平衡、自然饱和度、照片滤镜、可选颜色

步骤二：分析调整图层的用途

1. 曲线：菜单栏“图像>调整>曲线”

用于精准控制图像的明暗和色彩分布，用它来调整图像的亮度。具体做法为：用鼠标在曲线上拖动会出现一个控制点，把控制点向左上方拖动可调亮图像；把控制点向右下方拖动可调暗图像。

2. 色阶：菜单栏“图像>调整>色阶”

色阶能够优化图像的对比度，让画面更加鲜明，这里用它来调整亮度值比较集中的图像，图像的色阶根据亮度强弱从暗到亮被分成0~255的范围。有些图像中应该黑暗的部分不暗，应该明亮的部分又不亮，亮度比较集中，给人的感觉灰蒙蒙的。通过色阶可把这类图像中应该黑暗的部分调暗、应该明亮的部分调亮。

3. 亮度/对比度：菜单栏“图像>调整>亮度/对比度”

这个对话框中常用的是“对比度”，而调整图像亮度通常用“曲线”功能，增加对比度可让图像更鲜明，更突出主题，但也可能会让明亮部分过度曝光，因此要根据照片来适度调整对比度。

4. 颜色平衡：菜单栏“图像>调整>色彩平衡”

“色彩平衡”对话框用于纠正偏色的照片，如图像偏蓝色时就把滑块向黄色拖动，偏红色时就把滑块向青色移动。

5. 阴影/高光：菜单栏“图像>调整>阴影/高光”

这里主要用于把图像中比较暗的部分调亮，同时又不会把明亮部分调得太亮。

6. 锐化清晰：菜单栏“滤镜>锐化>USM 锐化”

用于把模糊的图像变清晰，不过如果图像太模糊则无法变清晰。

步骤三：总结调整图层作用

（1）曲线：用于精准控制图像的明暗和色彩分布。

（2）色阶：能够优化图像的对比度，让画面更加鲜明。

（3）亮度对比度：简单直观地提升照片的整体明亮度和对比效果。

（4）色彩平衡：精确调控图像的色彩平衡，让画面更加和谐自然。

（5）阴影/高光：专注于改善照片暗部细节和高光区域的过渡，使画面层次更加丰富。

（6）锐化：能够增强照片的清晰度，让每一个细节都清晰可见。

步骤四：学生分组记忆并讲解调整图层用途

组长抽取序号，并选出一名代表讲解本组的讨论和记忆结果。

步骤五：师生点评

每个小组选出一名评委，对任务完成情况进行打分，小组间互评，最后由教师进行点评。

小资料卡片

任何网络图片都会以 RGB 模式显示，大部分工具和滤镜只能在 RGB 模式下使用；RGB 模式和 CMYK 模式之间不能实现无损转换，CMYK 模式与 RGB 模式处理图片颜色的方法完全不一样，CMYK 模式更像是对色彩的削弱。比如使用油漆工具，在 CMYK 模式下，多种颜色的混合会有变暗淡的效果，而在 RGB 模式下变得明亮。

活动二　人物风景图片色彩调整

根据实训作业案例的具体要求，分析完成实训任务的操作步骤和知识要点。人物风景图片色彩调整素材如图 13-32 所示。

图 13-32　人物风景图片色彩调整素材

步骤一：导入素材并存储文件

(1) 导入原图素材并另存一份 psd 格式的源文件。

(2) 将文件命名为“人物风景图片色彩调整”。

步骤二：调整图片整体影调

(1) 使用亮度/对比度调整图层加强亮度，再使用曲线使画面整体提亮(图 13-33)。

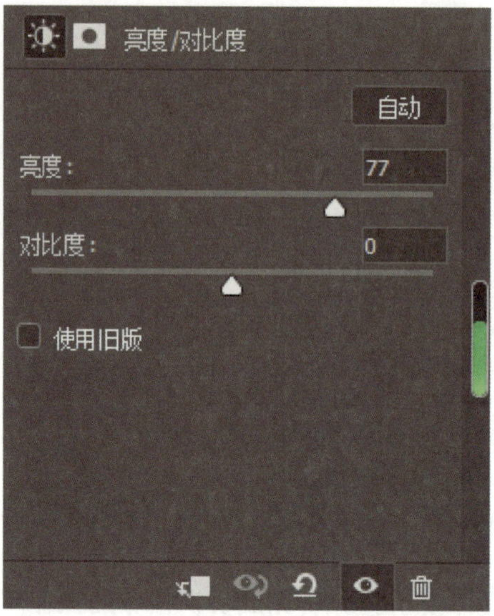

图 13-33　使用亮度/对比度调整图层加强亮度

（2）使用 S 形曲线加强图片的明暗对比，此时整体画面偏暗，注意调整弧度不要太大，只要数值变化一点即可（图 13-34）。

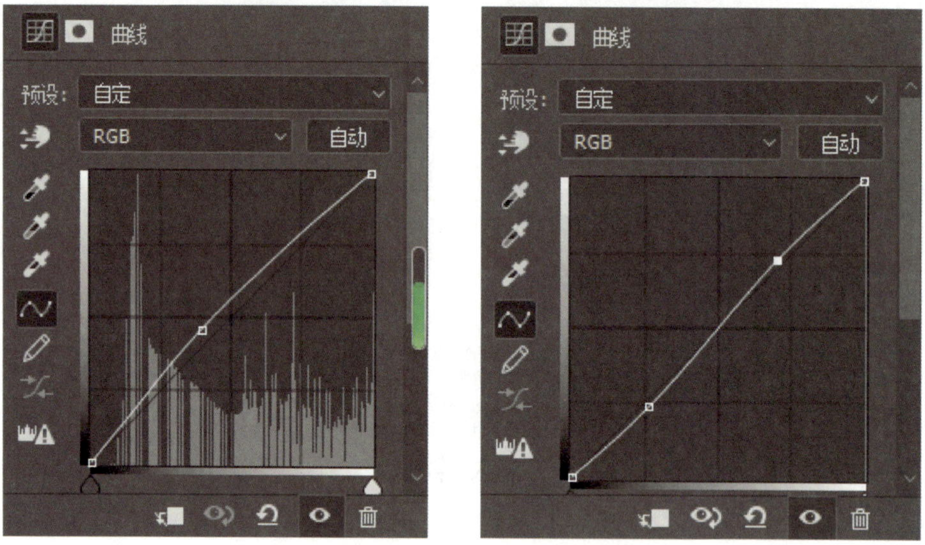

图 13-34　使用 S 形曲线加强图片的明暗对比

步骤三：调整图片整体色调

（1）使用色相/饱和度自动选择功能，点击青山部分，提高青山部分饱和度，注意数值变化不要太大。

（2）使用色相/饱和度自动选择功能，点击小草部分，提高黄色小草的饱和度，同样注意数值变化不要太大（图 13-35）。

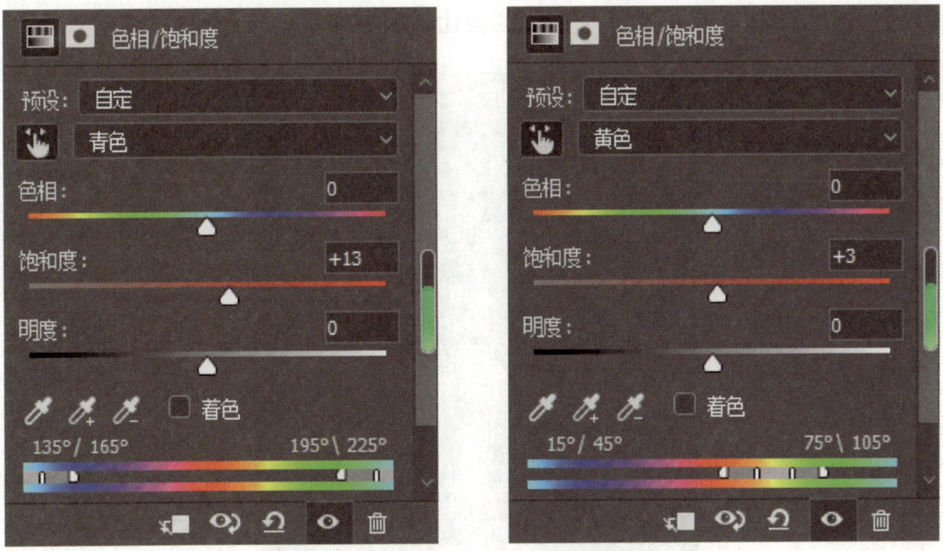

图 13-35　调整图片整体色调

步骤四：合成天空并调色

(1) 使用快速选择工具在原图上生成天空部分选区，在优选区的情况下为天空素材添加图层蒙版。

(2) 使用黑色画笔降低不透明度和流量，在天空蒙版边界进行涂抹，使得融合部分更加自然，新建色阶调整图层，剪切进天空图层，将灰色色块往左移动降低透明度(图 13-36)。

图 13-36　合成天空并调色

(3) 使用色相饱和度调整图层创建剪贴蒙版进入天空图层，降低天空图层的饱和度，可以看到此时天空融合效果比较好(使用色阶加饱和度让整体的画面更加协调，直接降低饱和度天空会显得灰蒙蒙的，色阶加饱和度会让画面更加自然）(图 13-37)。

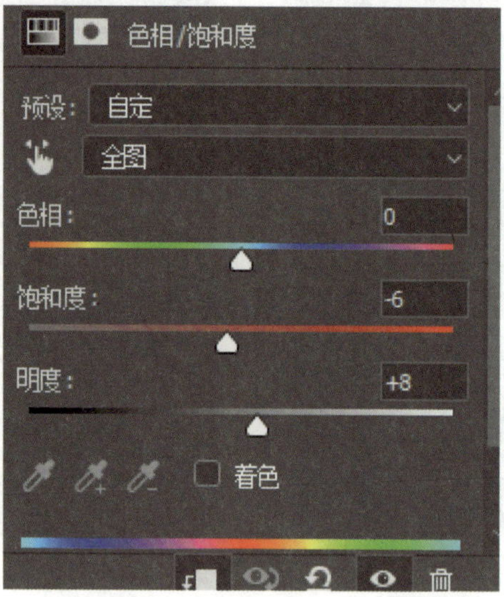

图 13-37　降低天空图层饱和度

步骤五：添加帽子镜头光

(1) 新建图层并填充黑色，使用滤镜→渲染→镜头光晕，点击确定。

(2) 将图层混合模式变成滤色，降低不透明度后放在帽子的边缘制作帽子光晕。

步骤六：添加其他装饰元素

(1) 在工具栏中找到矩形工具，填充并关掉描边，打开绘制矩形，调整描边粗细并调整矩形大小。

(2) 同时选中矩形和整体画布，执行上下左右居中对齐操作。

(3) 将文字素材导入 PS，调整大小后放到合适的位置(图 13-38)。

步骤七：保存图像并提交作业

(1) 在制作的过程中不断地按 Ctrl+S 键保存图像，此时制作过程会保存在已经存储的 psd 格式的源文件中。

(2) 图片制作完成后按 Ctrl+Shift+S 键另存一份 jpg 格式的图片提交作业(图 13-37)。

步骤八：学生讲解任务完成情况

组长抽取序号，并选出一名代表讲解本组图片作业完成情况。

步骤九：师生点评

每个小组选出一名评委，对任务完成情况进行打分，小组间互评，最后由教师进行点评。

图 13-38 添加其他装饰元素

【任务书】

任 务 书

任务内容	人物风景图片色彩调整
实训过程	
理论知识梳理	
实训过程总结	
教师记录、点评：	

【巩固提高】

一、选择题

1. (　　)指光学三原色，也是调色运用最多的一种颜色模式。

A. RGB　　B. CMYK　　C. 灰度模式　　D. 不确定

2. (　　)指印刷用的颜色青、洋红、黄、黑。

A. RGB　　B. CMYK　　C. 灰度模式　　D. 不确定

3. (　　)不包含颜色，只有黑白灰三种颜色，并影响之后的颜色使用。

A. RGB　　B. CMYK　　C. 灰度模式　　D. 不确定

4. (　　)下，拾色器里的任何颜色都是不同程度的灰色。

A. RGB　　B. CMYK　　C. 灰度模式　　D. 不确定

5. 去色是把图像的(　　)降到最低，不影响色彩模式，对于之后的颜色使用没有影响。

A. 明度　　B. 饱和度　　C. 亮度　　D. 不确定

6. 去色改变的是(　　)，灰度模式改变的是整个选项卡的颜色模式。

A. 当前图层　　B. 选项卡　　C. 下方图层　　D. 不确定

7. 调整图层一般都建立(　　)，可以对单个图层进行调整，否则调整的是下方所有可见图层。

A. 矢量蒙版　　B. 快速蒙版　　C. 图层蒙版　　D. 剪贴蒙版

8. 使用(　　)命令可以调整图像的高光、中间调、暗调的强度级别。

A. 亮度　　B. 色阶　　C. 颜色替换　　D. 不确定

9. 使用(　　)命令可以修复图像中过亮或过暗的区域，从而使图像尽量显示更多的细节。

A. 阴影/高光　　B. 色阶　　C. 颜色替换　　D. 不确定

10. (　　)将对应的颜色映射到暗部和亮部，一般结合混合模式和不透明度来使用。

A. 渐变映射　　B. 颜色替换　　C. 色相饱和度　　D. 色彩平衡

二、填空题

1. “色阶”命令从左到右的滑块分别代表(　　　　)的像素信息。

2. 灰度模式下，拾色器里的任何颜色都是(　　　　)的灰色。

3. 去色的快捷键是(　　　　)。

4. 去色改变的是当前图层，灰度模式改变的是整个(　　　　)的颜色模式。

5. 三对互补色是红色与青色、蓝色与黄色和(　　　　)。

6. 调整图层(　　　　)可以对单个图层进行调整，否则调整的是下方所有可见图层。

7. 亮度对比度、色阶、曲线等，调整对应图层的(　　　　)。

8. 色相饱和度、色彩平衡、颜色替换等，调整对应图层的(　　　　)。

9. 使用“色阶”命令可以调整图像的高光、中间调、暗调的强度级别，校正(　　　　)。

10. 色阶浮动面板左侧有(　　　　)，分别代表黑白灰三种颜色，选择相应的吸管在图片中进行吸取，为颜色的定场。

三、判断题

1. 色阶直方图黑色和白色信息都无缺失，但画面整体偏白，需将灰色色块向右调整。(　　)

2. 曲线命令整合了“色阶”“亮度/对比度”等多个命令的功能。曲线上可以添加 14 个控制点，移动这些控制点可以对色彩和色调进行非常精确的调整。(　　)

3. “曲线”上按 Shift 点击可以选中并控制多个控制点，按 Delete 键可以删掉控制点，或者用鼠标点击后扔掉。(　　)

4. 曲线 X 轴代表调整之前的数值，Y 轴代表调整后的数值。(　　)

5. 绘制曲线：高手专属，一般会使用手绘板进行调整。(　　)

6. 颜色替换将对应的颜色映射到暗部和亮部，一般结合混合模式和不透明度来使用。(　　)

7. 使用“阴影/高光”命令可以修复图像中过亮或过暗的区域，从而使图像尽量显示更多的细节。(　　)

8. 色彩三要素：色相、饱和度和明度。(　　)

9. 饱和度：改变图片色彩的浓度或纯度。(　　)

10. 明度：改变图片的亮度。(　　)

项目十四

图片精修之综合练习

【项目简介】

本章学习图片精修的结构塑造和光影重塑部分，主要包括产品精修的概念和行业现状、产品精修的修图技法，讲解产品精修要解决的光影形色质的问题分别是什么，并梳理产品精修的流程。通过本章的学习，同学们对产品精修的基本概念、修图技法和修图流程会有非常清晰的认识，并通过案例部分的实际操作，使同学们掌握画图的基本技巧和结构塑造的知识要点，本次课程项目实训主要侧重使用形状工具对产品进行结构重塑，以及掌握产品基础布光打造立体感。

【学习目标】

知识目标

掌握产品精修的修图流程和光影基本知识；

掌握产品精修的概念并了解产品精修行业现状。

能力目标

能够根据修图需求对图片进行精修；

能够在修图过程中明确要解决光影形色质哪方面的问题。

素养目标

在使用形状工具抠图的过程中，体会精益求精的工匠精神；

在产品布光反复调整的过程中，培养追求最佳效果的职业理念。

【知识框图】

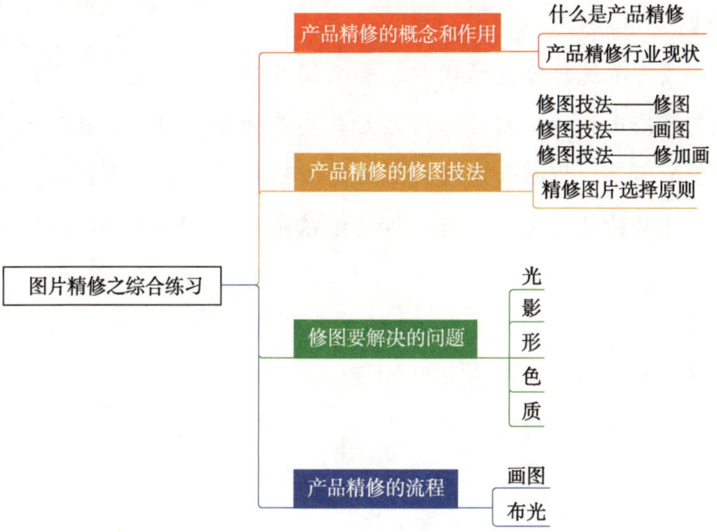

图 14-1　图片精修之综合练习

【任务描述】

PS 产品精修的基本概念涉及多个方面，包括但不限于分材质修图、产品重绘、结构塑造、光影及色彩调整等。首先，图片精修因为材质不同选择的修图方法也不同，包括在原图基础上进行规整，去除瑕疵并重塑光影；当图片拍摄质量不佳时，可以通过产品重绘来提高图片质量。此外，精修过程中还会涉及结构的打造和颜色及光效的调整，以使产品图片更具吸引力。本次课程项目实训主要侧重点在结构塑造，也会涉及产品基础布光塑造立体感。

案例一：精修图片选择有什么标准？不同修图手法有什么优势和劣势？

1. 情景设计

校园美工小达人彬彬和子博收到 XW 美工设计公司下发的设计图片，根据任务要求两人需要对不少场景类似的图片选择后进行精修，刚刚学过图片精修的两个人跃跃欲试，准备构建合理的结构并强化光影效果。拿到素材后分工合作，彬彬沉着自信地开始选图并修饰，只见他有时候使用形状工具抠图布光，有时候直接抠图后在原产品上进行形状规置和光影强化，旁边的子博却迟迟无法下手，或者选择图片后无从下手，不知道用什么技法修图。彬彬伸过头来一看赶紧提醒，你选择的图片有问题，怎么能修好呢？

2. 任务描述

修图的第一步是要选择合适的图片，如果图片选择有问题，修图就事倍功半，甚至无法达成既定的修图目标。图片选择之后就要开始分析图片存在的问题，分析比较之后要确定修图的方法。彬彬和子博为了避免以后在修图过程中出现图片选择困难或者不知道怎么修图的情况，决定一起分析总结精修图片的选择标准以及不同修图手法的优势和劣势。

3. 任务分解

步骤一：学习常见的修图手法

步骤二：分析修图手法的优劣势

(1) 纯修。

优势：修图结果比较自然，跟原图相比不失真。

劣势：修图结果不是很工整，有些瑕疵修饰效果不太好，而且耗时比较长。

(2) 纯画。

优势：画图效果比较工整，修图的效率比较高，相对节省时间。

劣势：不是特别自然，很多材质画不出来，比如毛绒类和食品类。

(3) 修加画。

画：方方正正的外形，偏向金属塑料材质，如果修得比较慢就画。

修：大自然材质，画不出来的物品就修。

修加画：两种方法相结合加强或塑造物体的色彩、形状和结构。

步骤三：分组讲解精修图片选择标准

适合做产品精修图片的特点。

不适合精修的图片的特点。

步骤四：学生讲解任务完成情况

组长抽取序号，并选出一名代表讲解本组的任务完成情况。

步骤五：师生点评

每个小组选出一名评委，对任务完成情况进行打分，小组间互评，最后由教师进行点评。

案例二：绘制出来的产品图能和原图一样吗？

1. 情景设计

初次接触产品精修的小顾和笑泽学习热情空前高涨，本次课程项目实训发下来后，大家跃跃欲试都想第一个完成修图任务，本节课程项目实训是精油瓶子的修饰，经过分析精油瓶子的瑕疵有点多，应该选择绘制，但是面对老师提出需要完全绘制产品的要求后，两个人都有点蒙圈，绘制出来的产品图能和原图一样吗？

2. 任务描述

对于金属或塑料质地的产品，如果原图的光影比较混乱，或者原图上的瑕疵比较多，精修需要耗费大量的时间，此时绘制产品就是最佳选择。打开网上购物平台选择此类产品仔细观察就会发现，金属质地产品如微波炉，塑料质地产品如洗面奶等，很多都是使用直接绘制的形式，此类产品绘制能够呈现比较好的效果，同时出图效率高。于是小顾和笑泽准备梳理一下产品修图纯画的步骤和方法。

3. 任务分解

步骤一：导入素材并分析修图思路

步骤二：矫正形态并用形状工具抠图

步骤三：利用形状工具填充羽化并降低不透明度给产品布光，注意布光的过程一定要建立以产品轮廓选取的蒙版，这样才能保证无论如何操作，布置光影位置都不会出绘制区域，整体绘制的效果才会更逼真。

步骤四：利用高饱和的绿色为瓶身布光并绘制瓶身标签，将文字素材导入并调整文字素材横线，使之有一个跟原图方向一致的拱起。

步骤五：保存图像并提交作业

【知识准备】

随着电子商务行业的发展，传统电商行业对视觉设计要求的提高，产品精修越来越受到卖家的重视。在电商平台浏览产品，精美的产品图片往往能勾起买家的购买欲望。而现实中的产品通过产品拍摄有可能会出现暗哑无光、缺乏层次感或立体感不足等问题，因为照片仅仅是一个平面，即使拍摄技术再强的摄影师也无法弥补自身不足，只能通过后期处理，让平淡无味的照片变得生动，赋予产品“生命力”，展示产品优点和精美的外观。

一、产品精修的概念和作用

1. 什么是产品精修

产品精修是指使用 Photoshop 等图像处理软件对产品图片进行细致的编辑和优化，以提升图片质量、突出产品特点、增强视觉效果的过程。这一过程包括但不限于抠图、校正、结构分层、瑕疵修复、材质质感表现等多个方面，具体来说，产品精修的目的在于通过技术手段改善产品的外观表现，使其在电子商务、广告宣传等领域中更具吸引力和说服力(图 14-2)。

图 14-2　产品精修的概念

2. 产品精修行业现状

产品精修是电商行业不可或缺的环节之一，它的目的是通过美化、修图等技术手段，提高商品图片的品质和吸引力，从而增加消费者的购买意愿。电商产品精修需要掌握一定的技巧。随着摄影技术的普及和人们对美的追求，修图行业逐渐崭露头角。目前，市场上已经涌现出许多专业的修图机构和自由职业者，他们凭借精湛的技术和丰富的经验，为客户提供高质量的修图服务。产品精修流行起来最大的一个原因是电商崛起，产品精修其实就是电商衍生出来的工作内容，图片的质量直接影响消费者对产品的购买欲。此外对于线下广告来说，产品精修也越来越重要了。产品图片精修行业主要有以下特点。

(1) 市场需求旺盛。

随着社交媒体和自媒体的发展，人们对图片质量的要求越来越高，无论是个人用户还是商业客户，都需要专业的修图服务来提升图片的质量和美观度，因此，修图行业具有巨大的市场潜力。

（2）创业门槛相对较低。

与其他行业相比，修图行业的创业门槛相对较低，只需掌握一定的修图技术、具备一定的市场敏感度，就可以开展修图业务。此外，随着技术的进步和在线教育的发展，学习修图技术也变得越来越容易。

（3）灵活多样的经营模式。

修图行业的经营模式非常灵活，既可以选择开设实体店铺，也可以选择线上接单，还可以通过与摄影师、设计师等其他行业从业者合作，拓展业务范围，实现多元化发展。

（4）高利润回报。

由于修图服务的附加值较高，往往能够带来较高的利润回报，只要不断提升技术水平和服务质量，就能够在激烈的市场竞争中脱颖而出，实现可观的收益。

3. 修图的职业认知

修图的领域分支较多，可以分为修人像、风景、静物、美食、动物、汽车、广告、合成等，而单独人像这个领域又能细分出很多垂直领域，例如 4A 广告人像、时尚人像、婚纱写真人像、证件照人像、淘宝美工人像、婚礼活动等，静物领域如果根据产品的品类区分也可分为非常多垂直领域，例如护肤品类、服饰类、珠宝类等，每一个垂直领域对 PS 修图软件的使用和修图思维、力度的掌控都是不同的（图 14-3）。因此即使在某垂直领域工作了三四年的修图师，要转行至其他领域，也有可能是一名新手。

图 14-3　产品精修的形态纠正

修图不仅仅是对 Photoshop 工具的应用，也不仅仅是修掉灰尘污渍、增加滤镜、强化光影，它应该是体现修图师对美的判断，对光影的认识。修图是艺术的工作，修的是价值、修的是审美。每一个行业，都有二八定律，越是金字塔顶尖的行业就越小众，群体就越少。一个成熟的资深商业修图师，需要 4~8 年的顶尖职业生涯历练，高级修图师的需求很大，可是能成为高级修图师的群体少之又少，所以同学们需要努力学习 PS 软件操作，提升自己的专业技能的同时提升就业竞争力。

4. 商品图片为什么要精修

（1）拍摄环境简单。

拍摄条件有限，环境色有问题，角度不对，人像照片可能存在各种问题，如灰蒙蒙的背景、杂乱的发丝等，利用 PS 可以对这些问题进行有效的处理和改善。产品图的好坏直接影响产品的销量，产品在拍摄的过程中，有些问题通过拍摄是无法解决的。

注意：所有物体的明暗都是随着物体的形状走的，物体是直的，光影弯曲只能说明拍摄环境光有问题，环境太乱。

（2）产品修瑕。

有时候已经拍摄完成的图片有瑕疵，需要用到 PS 软件进行瑕疵的修复(图 14-4)；在拍摄过程中由于灯光或其他拍摄道具问题，抑或产品本身对光的吸收和反射过强或过弱，都会导致产品的光影有问题，此时就需要用软件对产品图片重布光影(图 14-5)；如果在拍摄过程中因为产品摆放位置或者拍摄镜头角度不对，导致产品图片结构扭曲或不对称，此时就需要对产品图片重塑结构。

图 14-4　产品精修去除瑕疵

（3）重塑体积感。

体积感指的是还原产品的空间感和立体感，产品在空间中占用了一定的体积，通过二大面五大调的基础绘制光的过渡和层次来体现体积感，产品因为有光的变化才会有光的过渡，有光的过渡才能体现体积感。如果体积感不明显，需要用 PS 软件重塑产品图片的体积感(图 14-6)。

图 14-5　产品精修光影强化

图 14-6　产品精修重塑立体感

（4）处理穿帮。

很多产品在拍摄的时候，即便拍摄环境再干净，也非常容易穿帮，比如金属、戒指、墨镜等，特别容易反射出拍摄环境的其他物品从而出现穿帮现象，此时就需要使用修图工具修饰穿帮部分。

二．产品精修的修图技法

Photoshop 的形状工具允许用户自定义形状，这对于设计中的形状特征和颜色特征的塑造非常有用。液化工具是塑造人物形体和其他复杂形状的有效工具，它提供了向前变形工具等六个主要工具，在精修过程中，将产品分成不同的结构可以确保在修瑕时不干扰其他部分，更加有效地进行光影处理和形状塑造。例如，通过分析整体结构并绘制背景色块来塑造特定的场景或物体，利用PS的图像描摹功能，可以节省制作金属材质花纹边框的时间，同时添加光影以增强金属质感。对于合成中的光影处理，避免使用蒙版选区合成，采用简单、直接的方法可以快速解决大光比的合成问题等(图14-7)。

图14-7　产品精修处理金属材质穿帮

通过上述方法和技术的应用，可以在Photoshop中有效地加强或塑造形状、结构和光影，从而提升图像的整体质量和视觉效果。综合来看，可以将修图大致总结为以下三种手法：修图、画图、修图加画图(图14-8)。手法不同侧重点不同，应用范围不同，主要看使用哪种方法修图效率更高。

图14-8　产品精修的修图技法

1. 修图技法——修图

纯修指的是在原本产品的基础上调整与之不符的位置(图14-9)。适合纯修的产品如服装类、毛绒产品类、食品类等，因为这类产品如果画，可能会显得过假。PS修图常用的工具和技巧如下。

图像修复工具：包括修补工具、仿制图章工具、内容识别填充工具和污点修复画笔工具等。这些工具主要用于去除图片中的瑕疵、污点或者进行小范围的细节修复。例如，污点修复画笔工具适用于去除小面积的瑕疵或污点，内容识别填充工具可以用于更大范围的背景替换或填补。

调色和色彩校正：通过调整色彩平衡、对比度、亮度等参数来改善图片的整体色调和视觉效果。包括使用 Camera Raw 滤镜对色调曲线、细节等进行调整。

图层和蒙版的应用：利用图层和蒙版可以更精细地控制图像的编辑，如抠图合成、磨皮等。图层允许用户在不影响原始图像的情况下进行修改，蒙版可以在不显示整个图层的情况下工作，从而实现更加复杂的效果。

滤镜和特效：PS 提供了大量的滤镜选项，用于添加各种视觉效果，如模糊、锐化、扭曲等。这些滤镜可以帮助用户快速实现特定的艺术风格或视觉效果。

优势：比较自然，不失真。

劣势：修图结果不是很工整，耗时比较长。

2. 修图技法——画图

纯画指的是用形状工具勾勒出产品的形状之后，再对产品进行布光，塑造产品的质感和立体感(图 14-10)。绘制简单的图形可以通过自定义形状工具来实现，这不但是 PS 入门级的绘画技巧之一，也是图像修图中画图的重要方法，此外，钢笔工具也是一个非常强大的绘图工具，它允许用户精确地绘制路径，适用于需要精细控制线条形状的情况，更适合绘制形状相对复杂的产品，能够随心所欲地绘制产品的形状。

图 14-9　产品精修之纯修

图 14-10　产品精修之纯画

一般工业制作比较高的产品，画出来效果会比较好一点，因为其纹理比较细腻。如图 14-11 所示的微波炉，因为是金属材质反光比较明显，在图像拍摄过程中非常容易出现光影乱和穿帮等问题，可直接用软件绘制出来，不但没有瑕疵，而且质感比较好。

优势：比较工整，省时间。

劣势：不是特别自然，很多材质画不出来。

图 14-11 金属材质拍摄(左侧)与绘制(右侧)

3. 修图技法——修加画

Photoshop 修图技法中的“修加画”主要涉及图像修复和修饰，以及通过特定的工具和技术来增强或创造图像效果，有些产品结构比较复杂，需要两者结合起来，使修图的过程效率更高，修图效果更好(图 14-12)。

图 14-12　产品精修之修加画

画：方方正正的外形，偏向金属塑料材质，如果修得比较慢就画。

修：大自然材质，画不出来的物品就修。

修加画：加强或塑造物体的色彩、形状和结构。

4. 精修图片选择原则

精修图片无论是选择画还是修，抑或修画结合，都是一项非常耗费时间和精力的任务，要想提高图片精修的效率和效果，第一步非常重要，那就是要选择合适的图片来精修，否则修图的过程会非常费劲并漫长，修图结果也许还会不尽如人意，甚至还有可能出现耗费心力修完的图片依旧不能用的情况(图 14-13)。

图 14-13　精修图片的选择

(1) 图片选择要点。

拍摄角度没问题，光影关系合适，只要没有致命的问题，就适合做产品精修；产品外轮廓不完整、形态结构变形(异型)、产品图像素质量不高看不清楚，这些就不适合产品精修。精修图片选择原则如图 14-14 所示。

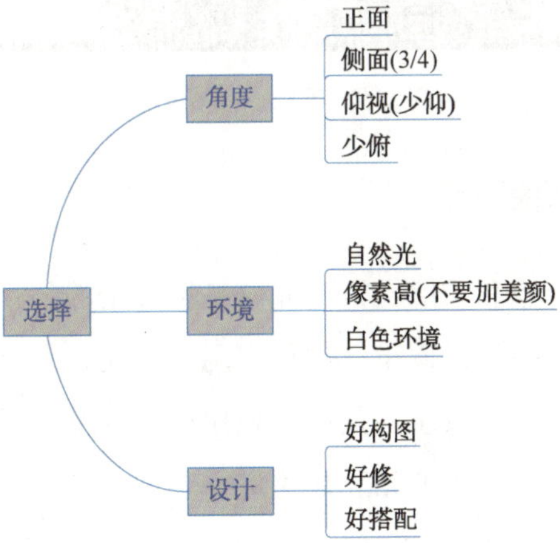

图 14-14　精修图片选择原则

小资料卡片

掌握这些选择技巧，并结合实际情况灵活运用，可以大大提升修图效率和质量，实践是提升技能的关键，不断尝试不同的工具组合，找到最适合当前项目的修图手法。

（2）不适合精修的图片。

前期拍摄质量较差。如果一张照片在拍摄时质量就非常低，那么即使使用软件进行后期处理，也很难达到理想的修复效果。这是因为过度依赖软件来弥补拍摄时的不足，往往会导致最终作品看起来不自然或失真。

素材本身不适合后期调整。有些图片由于拍摄的时候不太注意，导致素材在完整程度或清晰程度上都有问题，例如，图 14-15 最左侧的图拍摄角度有问题，而且拍摄主体不完整，中间图片拍摄主体没有展示平整，右侧图片太模糊，类似这样的图片都不适合精修。

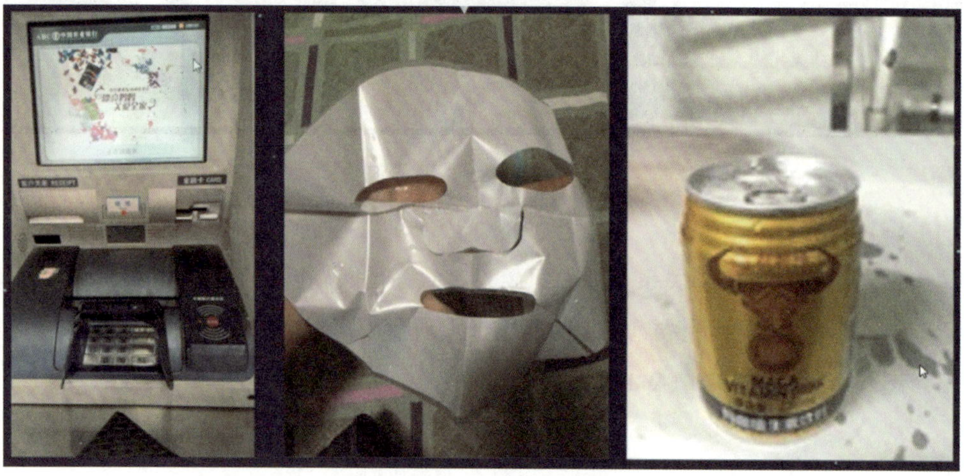

图 14-15　不适合精修的图片

三、修图要解决的问题

产品精修一般侧重于光感和质感，富有光感是很实用的一个设计技巧，无论是对图片合成设计、产品详情页设计还是平面设计都很实用。首先，图片精修在质感上必须有明显提升，并对产品本身固有色进行校正。其次，相比原图，精修后的图在高光的表现上应该更加明显，尤其是通过高光、反光的相互作用进行表现。最后，修饰完成的图片在材质的表现上应该更加鲜明有质感。综上所述，图片精修其实就是解决产品呈现的“光”“影”“形”“色”“质”的问题（图 14-16）。

图 14-16　修图要解决的问题

1. 光

图 14-17　修图要解决“光”的问题

光是图像处理中非常重要的元素，了解光线如何影响阴影是基础，光源与阴影的角度对光影效果至关重要，使用 PS 创建逼真的阴影与灯光，可以通过调整高光、阴影和中间调来拆解和重塑光影。此外，还可以通过曲线工具快速打造金属光感立体字，增强光影效果。所有产品都需要打光，想让产品看起来更加立体一点，一定要把产品的光影关系处理好（图 14-17）。

（1）光的三大面。

在 Photoshop 中塑造光影效果，主要涉及三大面的概念：受光面（亮面）、背光面（暗面）和侧光面（灰面），这三大面是构建光影效果的基础（图 14-18）。通过调整这些区域的明暗对比和色彩，可以有效地增强照片的立体感和氛围感。

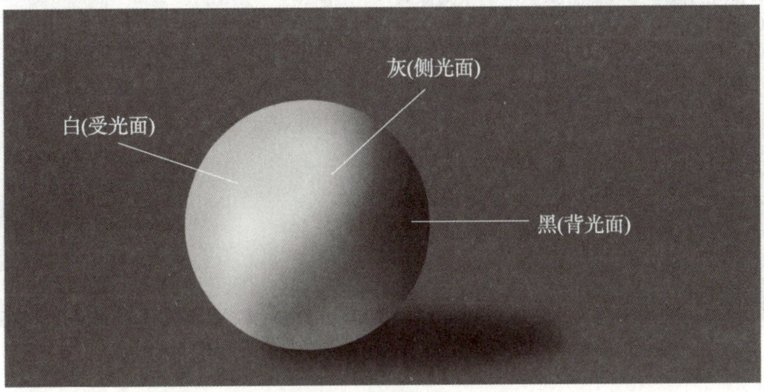

图 14-18　光的三大面

受光面：物体直接接受光线照射的部分，通常表现为较亮的颜色。在 PS 软件中，可以通过调整曝光、对比度等参数来增强这一区域的亮度和清晰度，使其更加突出。

背光面：位于物体的背面，不直接接受光线照射，因此相对较暗。在处理背光面时，可以通过降低亮度、增加阴影或使用渐变映射等技术来模拟这种效果，使画面更具层次感。

侧光面：介于受光面和背光面之间，受到部分光线照射，因此颜色介于亮和暗之间，呈现出灰色调，这一区域的处理对于整体光影效果的平衡至关重要，可以通过调整中间调的亮度和对比度来精细控制这一区域的效果。

为了实现这些效果 PS 提供了多种工具和技术，如光影笔刷、渐变工具、自由变换、曲线调整等，通过这些工具可以根据需要调整光影的强度、方向和分布，创造出丰富多彩的视觉效果。此外，还可以利用 PS 软件插件和预设来简化光影效果的制作过程，例如使用光影笔刷和光束大师插件可以快速生成自然且生动的光影效果，这些高级技巧和工具的应用，使得在 PS 中塑造光影效果变得更加灵活和高效。

总之，通过理解和应用 PS 中的三大面概念，结合各种工具和技术的灵活运用，可以有效地塑造出具有强烈视觉冲击力和艺术表现力的光影效果。

(2) 光的五大调。

调是指画面不同明度的黑白层次，是体面所反映光的数量，也就是面的深浅程度。在三大面中，根据受光的强弱不同，还有很多明显的区别，形成了五大调。除了亮面的亮调，灰面的灰调和暗面的暗调之外，暗面由于环境的影响又出现了“反光”；另外在灰面与暗面交界的地方，既不受光源的照射，又不受反光的影响，因此挤出了一条最暗的面，叫“明暗交界”，这就是我们常说的“五大调”(图 14-19)。

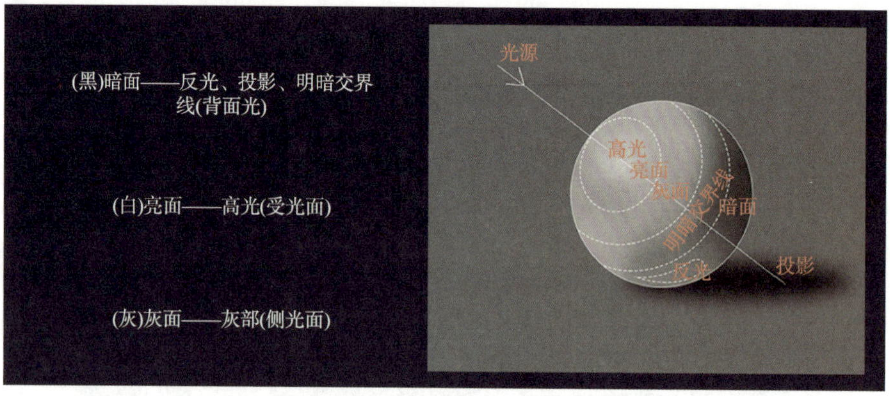

图 14-19 光的五大调

亮面(高光)：最亮的部分，不同材质的高光强度也不一样，同样强度光线的情况下，越是光滑的物体的高光部分越强，棉、毛、粗糙物体的表面则会相对柔和。

灰面(中间调)：中间调一般是物体本身的颜色。

明暗交界线：最深的部分，深浅的程度与光线和物体的材质都有关系，光线越强、硬度越高明暗交界线越明显，比如光滑的金属对比是很强烈的，如果是棉毛制品则相对柔和。

反光：跟光线强弱和材质也有关系，反光同时也受环境色的影响，越是光滑的表面受环境色影响越大。

投影：与光线强弱和材质一样有密切的联系，靠近物体的部分通常最深，透明物体投影相对也弱。

五大调是一切物体在一定光线下明暗变化的最基本格局，其具体明度的差别，要根据具体对象和具体光线比较表现，不是所有物体都有明暗交界线，圆柱体有，方形体没有(无弧度，灰面和反光无挤压交界)，流体如水也没有。

2. 影

影子存在的前提是有光，有光才会有影。还有就是有物体的遮挡，光的照射经过物体的遮挡，就会产生阴影，因为光源受到了遮挡，所遮挡的位置就是影子，只有光影合理的图片才更精准。想要有影子必须满足两个条件：一是有光源；二是附近有一个承载物体，能够让影子投射上去。

修图过程中要强化应该存在的影调，一般情况下影子分为三种：倒影、投影和闭塞阴影，修图过程中需要根据光的强弱和方向修整不同的影子(图 14-20)。

图 14-20　修图要解决“影”的问题

3. 形

每个物体都有形状，无论长什么样子。因此我们在精修产品的时候一定要注意还原其原本的形状。首先需要观察产品图的外观形态，通过水平垂直拉参考线，矫正产品的形态，让产品保持端正，直立拍摄的物品不要有角度的倾斜(图 14-21)。

如果修图是纯画，就通过形状工具绘制完全对称且放置水平的图形来纠正形态，如果是纯修，就需要首先将产品和背景分离，然后通过自由变换纠正形态。

图 14-21　修图要解决“形”的问题

4. 色

图片修色的时候尽量保证与产品颜色达到吻合状态，产品原本是什么颜色，就需要把它还原成什么颜色。但是图片本身会有色差，不可能与原本产品 100%相同，那么这个时候就需要将其原本的颜色增加一点饱和度。注意，增加饱和度的同时需要降低一点明度(图 14-22)。

图 14-22　修图要解决“色”的问题

5. 质

在 Photoshop 中提高图片质量主要涉及以下几个方面。

图像调整和优化：通过基本的图像调整、分辨率的调整与优化，可以提升图片的整体画质。包括使用滤镜和效果来增强画质，以及保存时的注意事项和使用图层与遮罩进行局部调整的方法。

锐化和降噪：Photoshop 提供了各种工具和功能来增强和提高低分辨率图片的质量，如图像调整大小、降噪和锐化等。

精修思路：对于“卖相不好”的产品图，可以通过分析并调整来提升图片质量，这也取决于 PS 技术的高低。

提升纹理质量：例如，复制材质层并更改混合模式为叠加，放大纹理的细节和对比。

提高分辨率和清晰度：通过复制背景图层并调整图层混合模式，点击图像模式更改RGB模式等方法来提高图片的分辨率和清晰度。

有的商品是镜面的，有的是磨砂质感的，想要做出磨砂质感，可以通过添加杂色的方法，即增强画面当中的质感，也就是磨砂纹理质感和颗粒感(图14-23)。

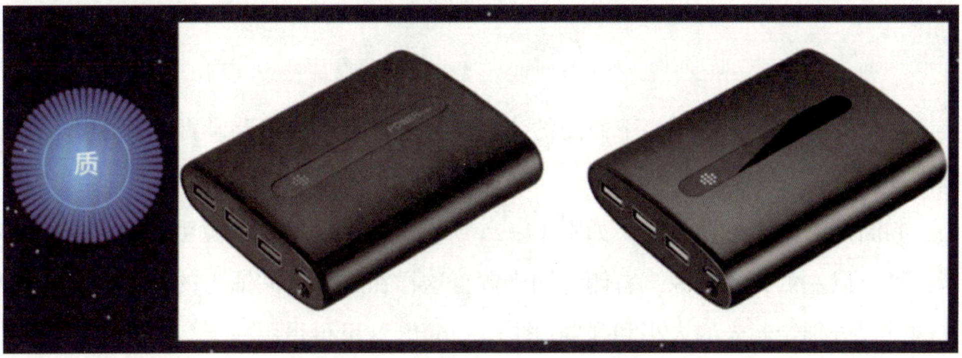

图 14-23　修图要解决“质”的问题

四、产品精修的流程

精修图片需要遵循一定的工作流程。首先需要进行产品分析，分析这个产品的大小、构图方式、光影的方向等，通过分析大体确定修图的方向，是修还是直接画；其次要进行形态纠正，去除多余的部分，补齐残缺部分，对于形态倾斜的要拉正；然后是背景分离，需要用到形状工具或钢笔工具等，将产品从背景中抠出来；接下来需要对产品进行修瑕疵，使用修复画笔工具或仿制图章工具等对产品进行净化处理；最后是产品铺光，根据光源的方向和原有产品的光影关系，增加、规整或强化原图的光影关系(图14-24)。

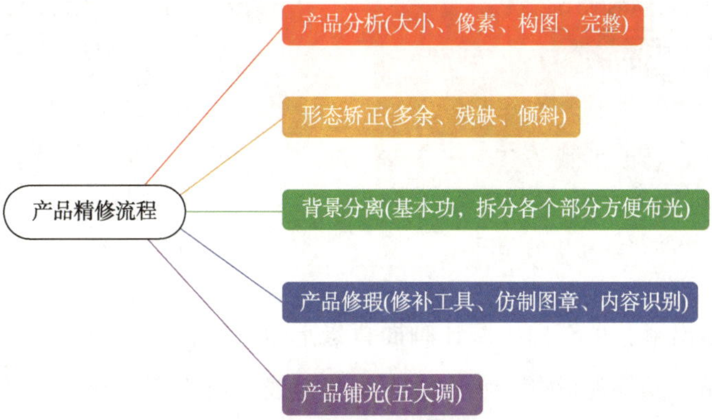

图 14-24　产品精修的流程

小资料卡片

产品精修的目的就是提高产品的质感和视觉感，从而增加产品的转化率。比如电器、化妆品类目等，都离不开产品的精修，因为这类产品的特殊性，没有好的产品视觉效果，消费者可能看都不会看，没有好的品牌形象就不会获得更多的客户。

接下来以实际案例来梳理一下修图的流程，通过这个制作思路掌握基本的产品精修技巧和基本逻辑。

（1）判断产品图的光源方向。如图 14-25 所示，拍摄的时候光源明显是从左侧打过来的，所以可以以左侧为主光源，右侧为辅光源，这样在进行产品铺光的时候，就可以根据主辅光的位置分别绘制光的大小和强弱(图 14-26)。这里再强调一下，同样的光源不同的材质光影关系也是不一样的，一定要具体问题具体分析。

图 14-25　产品精修的原图

图 14-26　分析原图光影关系

（2）把产品抠出来，填充白色底让画面背景干净一些，方便观察产品。

（3）观察产品图的外观形态。水平垂直拉参考线，矫正产品形态，使其保持端正，不要有倾斜(图 14-27)。

（4）对产品图进行基本的颜色矫正。主要把产品本来的颜色进行还原，也就是调出颜色的本来面目，千万不要过度去调色，可以在原色的基础上进行适当调整，但是千万要注意不要调得与原产品差距太大，要不然会有很麻烦的售后问题(图 14-28)。

图 14-27　产品精修形态纠正

图 14-28　产品精修颜色矫正

(5) 对产品进行修瑕去瑕。虽然这一步看上去无关痛痒，但是当把产品的瑕疵去掉，前后的对比还是比较明显的，细节决定成败，因此这一步骤也很关键(图 14-29)。

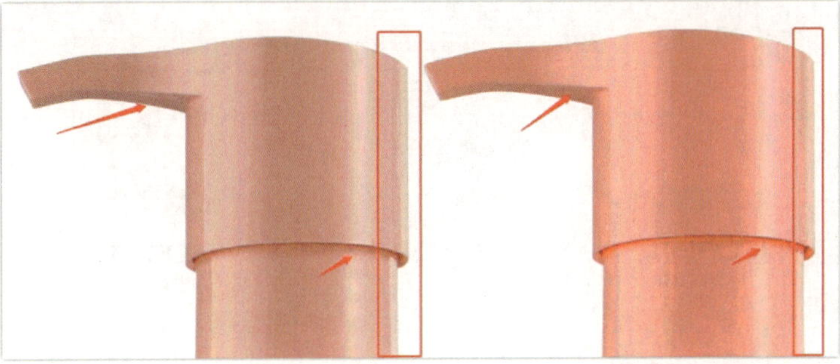

图 14-29　产品精修去除瑕疵

(6) 瓶口的部分要注意一下，光去修这些小的杂点肯定不行，中间部分光已经乱了，需要用到“混合器画笔工具”，将混乱的光影调整齐(图 14-30)。

(7) 对瓶盖和瓶身进行铺光加强对比，增强产品的质感。这里要注意一下，有些转折地方要适当加一些高光线，小的细节可以增加不少产品的质感效果(图 14-31)。

(8) 给产品制作倒影，图 14-32 为原图和精修图片的对比效果。

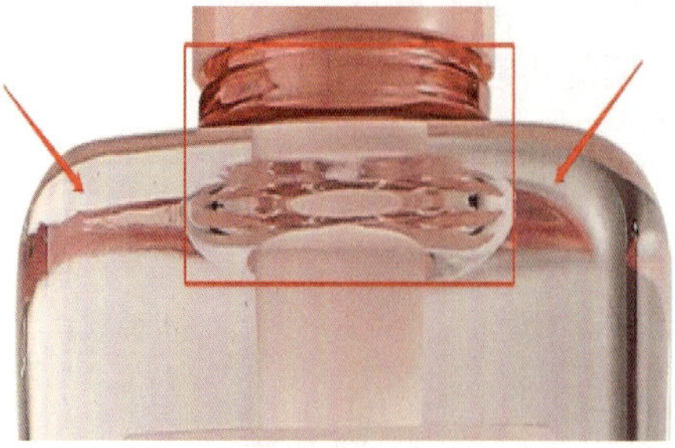

图 14-30　产品精修细节调整

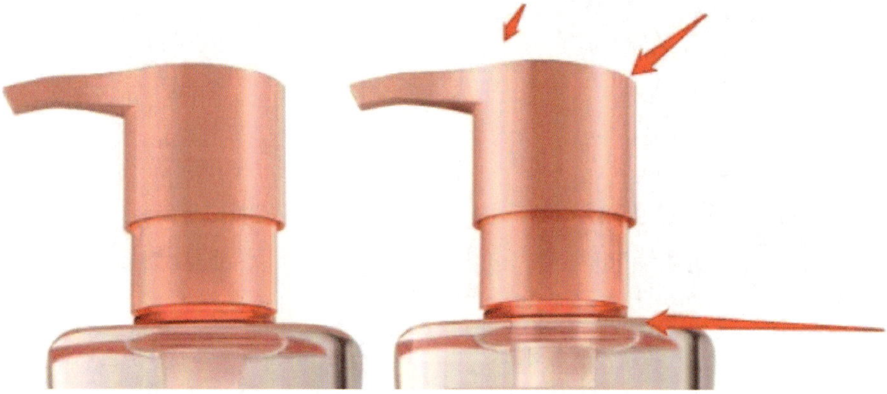

图 14-31　产品精修强化光影

图 14-32　精修图与原图的对比效果

【任务实施】

根据班级人数将学生分成若干实训活动小组，每组设组长一名，负责安排、协调、督促小组完成实训任务，同时做好实训活动记录。

活动一　总结常见修图手法和图片选择标准

根据【知识准备】中的相关资料，总结常见修图手法和图片选择标准。

步骤一：学习常见的修图手法

序号	修图手法	特　　点
1		纯修指的是在原本产品的基础上调整与之不符的位置，适合纯修的产品如服装类、毛绒产品类、食品类等，因为这类产品如果画，可能显得过假
2		纯画指的是用形状工具勾勒出产品的形状之后，再对产品进行布光，塑造产品的质感和立体感。绘制简单的图形可以通过自定义形状工具来实现，这不但是 PS 入门级的绘画技巧之一，也是图像修图中画图的重要方法
3	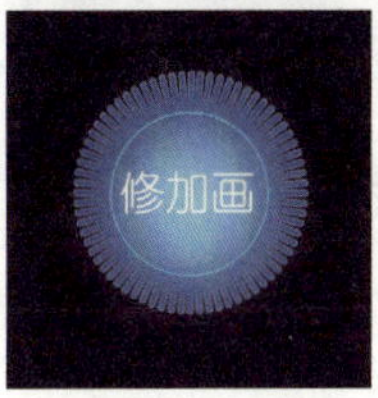	PS 修图技法中的“修加画”主要涉及图像修复和修饰，以及通过特定的工具和技术来增强或创造图像效果，有些产品结构比较复杂，就需要两者结合使用

步骤二：分析修图手法的优劣势

1. 纯修

优势：修图结果比较自然，与原图相比不失真。

劣势：修图结果不是很工整，有些瑕疵修饰效果不太好，而且耗时比较长。

2. 纯画

优势：画图效果比较工整，效率比较高，相对节省时间。

劣势：不是特别自然，很多材质画不出来，比如毛绒产品类和食品类。

3. 修加画

画：方方正正的外形，偏向金属塑料材质，如果修得比较慢就画。

修：自然材质，画不出来的物品就修。

修加画：两种方法相结合加强或塑造物体的色彩、形状和结构。

步骤三：分组讲解精修图片选择标准

拍摄角度没问题，光影关系合适，只要没有致命的问题，就适合做产品精修；产品外轮廓不完整、形态结构变形(异型)、产品图像素质量不高看不清楚，这些就不适合产品精修。

不适合精修的图片：前期拍摄质量较差，如果一张照片在拍摄时的质量就非常低，那么即使使用 PS 进行后期处理，也很难达到理想的修复效果。这是因为过度依赖 PS 来弥补拍摄时的不足，往往会导致最终作品看起来不自然或失真。

素材本身不适合后期调整，有些图片由于其独特的艺术风格或特定的视觉效果，可能并不适合进行广泛的后期调整。拍摄角度有问题、拍摄主体不完整、主体没有展示平整、图片太模糊等图片都不适合精修。

步骤四：学生讲解任务完成情况

组长抽取序号，并选出一名代表讲解本组的讨论结果。

步骤五：师生点评

每个小组选出一名评委，对任务完成情况进行打分，小组间互评，最后由教师进行点评。

活动二　精油瓶绘制

根据实训作业案例的具体要求，分析完成实训任务的操作步骤和知识要点。精油瓶制作素材如图 14-33 所示。

图 14-33　精油瓶制作素材

步骤一：导入素材并分析修思路

（1）直接把原图拖到 PS 中打开，将画布向右拉动，如图 14-34 所示，并拉参考线查看精油瓶形态。

图 14-34　导入素材并查看形态

（2）用矩形选框工具框选精油瓶，Ctrl+J 原位复制出来，并给产品加上白色背景（白色背景修图方便布光）。

（3）分析产品瑕疵比较多，而且瓶盖螺旋纹已经模糊，如果修图的话不但费时费力，而且效果不会特别好。经过综合考量使用纯画的修图手法。

（4）点击菜单栏“文件”，选择“另存为”命令，存储一份名称为“精油瓶绘制”psd 格式的源文件。

步骤二：产品形态纠正

（1）仔细观察参考线位置，为了绘制出来的图形形态标准，首先需要使用自由变换的旋转将产品扶正。

（2）为了让产品边缘贴合参考线更有利于观察，先将中心点移动到产品的左下角，再旋转。

步骤三：绘制产品形状

（1）为了更好地绘制形状，无论是瓶盖还是瓶身都利用矢量工具进行描边，先关掉填充，最后统一填充颜色和布光。

（2）在工具栏中找到圆角矩形工具，设置左上角和右上角圆角半径为 10px，沿着原有形状绘制一个圆角矩形，然后复制一份调整大小，再使用椭圆工具绘制椭圆，放到两个圆角矩形的上方，如图 14-35 所示。

（3）分别关闭这三个形状图层的描边，打开填充，合并三个图层，瓶盖绘制完成如图 14-36所示，合并图层重命名为“瓶盖 1”。

图 14-35

图 14-36

（4）为了方便观察绘制，将瓶盖填充再关掉，然后打开描边，选择圆角矩形工具绘制瓶盖下方，设置上方圆角半径为 10px，下方圆角半径为 0px，沿着瓶盖边缘绘制，如图 14-37 所示。

图 14-37

（5）绘制完成给矩形上下添加锚点，往上移动锚点，调整上下直线为符合产品形状的弧线，并将图层命名为“瓶盖 2”（图 14-38）。

（6）用钢笔工具绘制瓶盖衔接处，并添加锚点调整形状使之贴合产品边缘的同时要对称，如图 14-39 所示，并将图层命名为“瓶盖 3”。

图 14-38

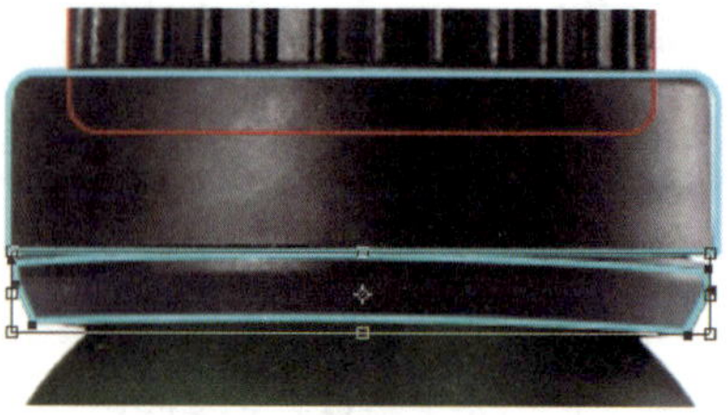

图 14-39

（7）用钢笔工具绘制瓶身，为了布光方便，在瓶身与瓶盖衔接处绘制重叠部分，并命名为“瓶身”，至此产品抠图部分完成，如图 14-40 所示。

图 14-40

步骤四：产品“瓶盖 1”布光

（1）将“瓶盖 1”图层描边关掉，填充为黑色，注意为了强化光影不要填充纯黑色。

（2）按住 Ctrl 键单击瓶盖 1 缩览图生成选区，给瓶盖 1 图层打组，带着选区在瓶盖 1 图层上添加蒙版，如图 14-41 所示，这样无论如何布光都不会出瓶盖区域。

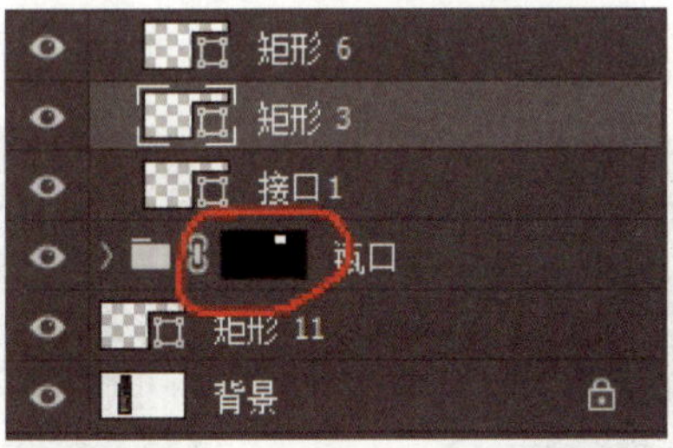

图 14-41

（3）在“瓶盖 1”组内使用形状工具绘制白色矩形，增加羽化值并降低不透明度绘制亮面，如图 14-42 所示，因为不是金属是塑料材质，一定要给足够的羽化并降低不透明度。

（4）将亮面图层复制一层，调窄一点降低羽化制作高光，再复制一层降低不透明度移动到最右侧制作右侧反光，同理复制一层降低不透明度，放到最左侧制作左侧反光(图 14-43)。

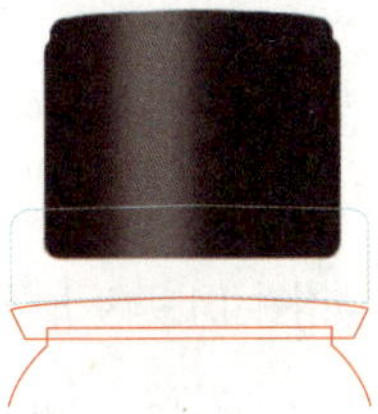

图 14-42

图 14-43

（5）使用黑色矩形给瓶盖制作暗面，同样使用羽化并降低不透明度，复制一层暗面放到左侧，如图 14-44 所示。

（6）使用椭圆工具填充黑色，使用变形往上拱起，调整角度给瓶盖增加厚重感，羽化并降低不透明度，同样的方法使用椭圆工具绘制白色高光，如图 14-45 所示。

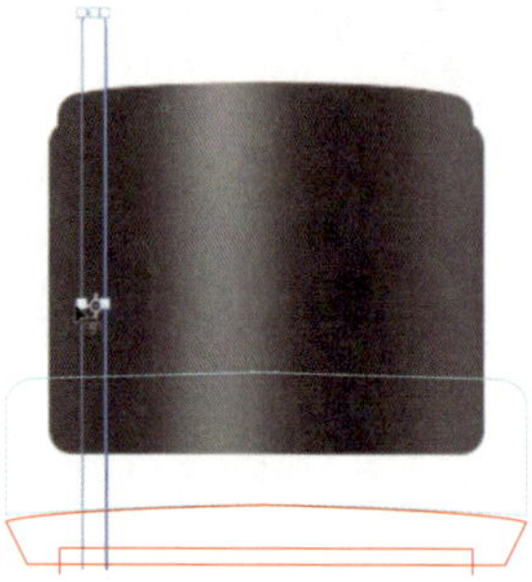

图 14-44

图 14-45

（7）通过观察原图螺旋纹的光影进行绘制，使用圆角矩形沿着原图大小和颜色进行绘制，螺旋纹上有两个黑白高光和灰色，利用圆角矩形分别绘制，排列到合适的位置，羽化后降低不透明度，一个螺旋纹绘制完成后打组，将螺旋纹在产品图上按照原来的结构复制并排列，全部打组，如图 14-46 所示。

（8）将螺旋纹组移动到绘制的“瓶盖 1”组内，如图 14-47 所示，瓶盖 1 的布光完成。

图 14-46

图 14-47

步骤五：产品“瓶盖 2”和“瓶盖 2”的布光

（1）使用与步骤四相同的方法为“瓶盖 2”布光，如图 14-48 所示。注意需要给瓶盖顶部添加黑色羽化图层增加瓶盖的厚重感。

（2）使用与步骤四相同的方法为“瓶盖 3”布光，如图 14-49 所示。注意“瓶盖 3”布光需要分上下两部分进行，上方高光角度需要按照实际情况调整，同时瓶盖下方也需要添加黑色图层羽化增加厚重感。

图 14-48

图 14-49

步骤六：瓶身布光并绘制标签

（1）将瓶身图层描边关掉，填充为深绿色，按住 Ctrl 键单击瓶身缩览图生成选区，给瓶身图层打组并添加蒙版(图 14-50)。

（2）使用与步骤四相同的方法，选择高饱和的绿色为瓶身布光，如图 14-51 所示。

图 14-50

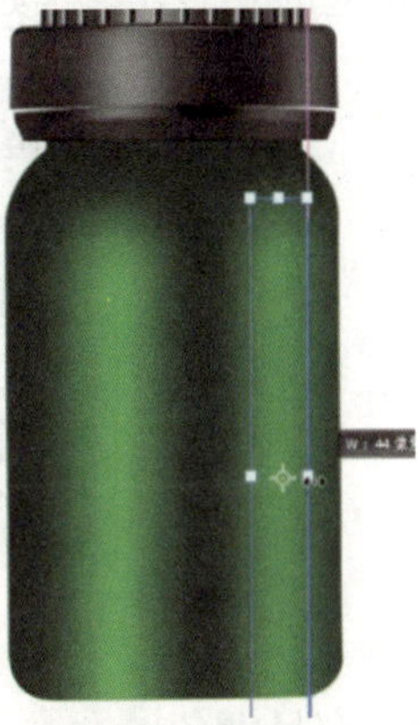

图 14-51

（3）在产品图上用矩形工具绘制瓶身标签，绘制过程中使用添加锚点的方法调整上下的弧度，使之符合产品图的形状，填充颜色并放到绘制图形中，放入标签后继续布光，如图 14-52所示。

图 14-52

（4）建立瓶身选区并新建图层。填充黑色后使用选框工具从下往上移动选区 5px 左右，删除上方黑色，对图层执行高斯模糊制作瓶底的厚重感，如图 14-53 所示。

（5）利用椭圆工具绘制高饱和的绿色，执行高斯模糊后降低不透明度，放到瓶底，制作瓶子的坐地感，如图 14-54 所示。

图 14-53

图 14-54

（6）将文字素材导入，调整大小后放在合适的位置，根据原图的透视关系给中间横线做一个往下拱起的变形处理，如图 14-55 所示。

图 14-55

步骤七：产品调色

将绘制完成的产品打组，给上方添加曲线调整图层，进行提亮和压暗处理，如图 14-56 所示。

图 14-56　产品调色

步骤八：保存图像并提交作业

（1）在制作的过程中不断地按 Ctrl+S 键保存图像，此时制作过程会保存在已经存储的 psd 格式的源文件中。

（2）图片制作完成后按 Ctrl+Shift+S 键另存一份 jpg 格式的图片提交作业(图 14-57)。

图 14-57　精油瓶绘制效果图

步骤九：学生讲解任务完成情况

组长抽取序号，并选出一名代表讲解本组任务完成情况。

步骤十：师生点评

每个小组选出一名评委，对任务完成情况进行打分，小组间互评，最后由教师进行点评。

【任务书】

任　务　书

任务内容	精油瓶绘制任务
实训过程	

续表

任务内容	精油瓶绘制任务
理论知识梳理	
实训过程总结	
教师记录、点评：	

【巩固提高】

一、选择题

1. (　　)指通过修图技法来加强或塑造产品的形状、结构、色彩等特点。

A. 产品精修　　B. 左右构图　　C. 三角形构图　　D. 中轴构图

2. (　　)使产品更加美观、精致，从而更好地传递商品信息，促进产品的销量。

A. 产品精修　　B. 左右构图　　C. 三角形构图　　D. 中轴构图

3. 电商在一定程度上靠图去吸引消费者，靠图片去提高(　　)，图片的质量直接影响消费者对产品的购买欲。

A. 产品口碑　　B. 产品曝光度　　C. 产品质量　　D. 产品的销量

4. 所有物体的明暗都是随着物体的形状走的，物体是直的光影弯曲只能说明(　　)。

A. 正常　　B. 拍摄环境光有问题，环境太乱

C. 产品有瑕疵　　D. 相机有问题

5. 产品精修技法中，(　　)不工整，耗时比较长。

A. 纯修　　B. 纯画　　C. 修加画　　D. 不确定

6. 产品精修技法中，(　　)比较自然，不失真。

A. 纯修　　B. 纯画　　C. 修加画　　D. 不确定

7. 产品精修技法中，(　　)是在原本产品的基础上去调整与之不符的位置。

A. 纯修　　B. 纯画　　C. 修加画　　D. 不确定

8. 一般工业制作比较高的产品，(　　)出来会比较好一点，因为它的纹理比较细腻。

A. 纯修　　B. 纯画　　C. 修加画　　D. 不确定

9. 产品精修技法中，(　　)不是特别自然，很多材质画不出来。

A. 纯修　　B. 纯画　　C. 修加画　　D. 不确定

10. 所有产品都需要打光，如果你想让产品看起来更加立体一点，一定要把产品的(　　)处理好。

A. 光影关系　　B. 透视关系　　C. 颜色搭配　　D. 字体

二、填空题

1. 一般工业制作比较高的产品，(　　　　)出来会比较好一点，因为它的纹理比较细腻。

2. 精修手法中纯画的劣势：(　　　　)，很多材质画不出来。

3. 所有物体的明暗都是随着物体的形状走的，物体是直的光影弯曲只能说明(　　　　)。

4. 产品外轮廓不完整、(　　　　)、产品图像素质量不高看不清楚，这些就不适合产品精修。

5. 图片拍摄角度没问题、(　　　　)没问题，只要没有致命的问题，就适合做产品精修。

6. 产品精修其实就是解决产品身上的光、影、(　　　　)、(　　　　)、质问题。

7. 想要有影子必须满足两个条件：一是有光源；二是附近有一个(　　　　)，能够让影子投射上去。

8. (　　　　)前提是有光，有光才会有(　　　　)。

9. 不是所有物体都有明暗交界线，(　　　　)有，(　　　　)没有，流体如水也没有。

10. 所有产品都需要打光，想让产品看起来更加(　　　　)，一定要把产品的光影关系处理好。

三、判断题

1. 产品精修通过修图技法来加强或塑造产品的形状、结构、色彩等特点，使产品更加美观、精致，从而更好地传递商品信息，促进产品的销量。(　　)

2. 产品精修加强或塑造形状、结构和光影。(　　)

3. 产品精修流行起来最大的一个原因是电商崛起，产品精修其实就是电商衍生出来的工作内容。(　　)

4. 网销在蓬勃地发展，现在属于卖图时代，我们靠图去吸引消费者，靠图片去提高产品的销量，图片的质量直接影响消费者对产品的购买欲。(　　)

5. 某些特殊材质拍不出光影，或者需要调颜色加强颜色的时候需要精修。(　　)

6. 产品在进行拍摄的过程当中，所有的瑕疵都是通过拍摄无法解决的。(　　)

7. 纯修是在原本产品的基础上去调整与之不符的位置。(　　)

8. 一般工业制作比较高的产品，画出来会比较好一点，因为它的纹理比较细腻。(　　)

9. 有一些产品适合精修，有一些不适合精修。(　　)

10. 产品精修其实就是解决产品身上的“光”“影”“形”“色”“质”问题。(　　)